五彩彰施

中国古代植物染色文献专题研究

赵翰生 王越平 著

化学工业出版社

·北京·

内容提要

本书系统整理了古文献中有关植物染料和染色技术的内容，并结合今人研究成果进行阐述和论证。上篇是关于古代植物染色的综述，展示了历史上各种植物染材的特点、染色工艺及由此衍生出的色彩文化；上篇第二节中二维码内容展示了详细的摘录文献，涉及先秦起至清代为止有关植物染料、染色技术的相关记载，摘录的染料植物有蓝草、红花、紫草、苏木、柘木、栀子、黄栌、地黄等近 50 种；中篇是从细节出发，对几种重要染料文献记载进行了梳理和解析；下篇是以色样的方式，直观地将几种植物染材所染色彩呈现出来。

本书可供从事色彩文化研究者、植物染色研究者、服装行业人员、纺织服装院校师生参考。

图书在版编目（CIP）数据

五彩彰施：中国古代植物染色文献专题研究/赵翰生，王越平著. —北京：化学工业出版社，2020.6（2023.4重印）
ISBN 978-7-122-36418-0

Ⅰ.①五… Ⅱ.①赵… ②王… Ⅲ.①植物-染料染色-技术史-研究-中国-古代 Ⅳ.① TS193.62-092

中国版本图书馆 CIP 数据核字（2020）第 041075 号

责任编辑：李晓红　张　欣　　　　　　　装帧设计：刘丽华
责任校对：杜杏然

出版发行：化学工业出版社（北京市东城区青年湖南街13号　邮政编码100011）
印　　装：北京天宇星印刷厂
710mm×1000mm　1/16　印张14¼　字数267千字　2023年4月北京第1版第4次印刷

购书咨询：010-64518888　　　　　　　售后服务：010-64518899
网　　址：http://www.cip.com.cn
凡购买本书，如有缺损质量问题，本社销售中心负责调换。

定　价：98.00元

五彩彰施
WUCAI ZHANGSHI

序
一

　　天高气爽的秋季，是一个丰收的季节，作者给我送来了《五彩彰施——中国古代植物染色文献专题研究》一书的初稿，嘱请我写序。为此，带着浓厚兴趣，非常高兴地以第一个读者的身份拜读了这部大作。

　　爱美之心人皆有之，先民首先从用于御寒蔽体的织物上，尝试用不同色彩、不同图案来表达自己的爱好、思维以及社会地位。据考证，文献和实物资料均表明中国的植物染料染色工艺体系是在先秦时期发展起来的。也正是在这个时期，染色发展成为一个独立的手工专业。正是由于当时染色技术的大发展，可供选择的色谱骤增，不仅大大改善和美化了人们的生活，色彩甚至成了区分等级的标志，出现了五方正色、五方间色之说，各种色彩自此有了宗法和哲学意义的内涵。

　　一本有关植物染色历史的学术著作，无非是根据文献资料，汇集相关研究的最新成果，经过分析整理，全方位宏观地阐述植物染色的渊源和发展脉搏，同时对一些莫衷一是的问题，充实材料做出澄清，或提出新见解。我们知道，历史上关于可染色植物的内容，散见于一些正史、政书、文学作品及相关古籍典著中，可喜的是作者在"综述"篇里，基本做到了将浩瀚古文献中非常零散的有关植物染料和染色技术的内容进行了整理，再结合今人研究成果，综合分析，并在此基础上提炼出具有说服力的文字表达，示人以系统的、完整的了解有关古代植物染料和染色技术的概貌。实乃不易！

　　"专论"篇中的论题，虽然不多，但仍可大致分为三类。

　　第一类是前人虽有研究，但还有许多不够明晰之处的问题，如对《考工记》所载"锺氏染羽"的染材，以及"筐氏"的工种。作者通过细致梳理文献，颇具说服力地指出锺氏染羽所用染材之"朱"和"丹秫"，实为植物"红豆杉"和矿物

"朱砂"；筐氏的工种，实为缫丝。再如对蓝染植物"吴蓝"和"苋蓝"的考辨，摒弃以前从制靛判定二蓝原植物的思路，只关注可以染蓝这一路径，来判定二蓝的原植物，进而得出新的观点。

第二类是因文献太少，前人没有涉及，或虽有涉及却没有深入研究的。如大家都知道先秦时期是以一些鸟的羽毛做色泽标准，但这些鸟的原型，在当代动物学分类鸟纲中，究竟为何种科目以及名称？却没有人探讨。作者独辟蹊径地将《周礼》记载的王后及命妇的三种礼服，即袆衣、揄翟、阙翟上面的鸟类图案特征，比对当代鸟类学的认知描述，对翚、鹞和鷩三种鸟的原型，进行了甄别，从侧面得出判定结论。

第三类是将文献材料结合染色实验，试图以实证的方式定量地界定某种颜色。如对郁金色的界定，便是根据古代色名的命名方式以及染色实验结果而得出。尤为难得的是通过实验，还实证得出"不同的郁金品种只有姜黄具染色价值。凡文献中出现郁金时，如偏重强调色彩，此郁金肯定是指姜黄；反之，可能只是指郁金的某个品种"。这个判定澄清了以往对郁金和姜黄都能染色的错误认识。

这些专论文章，以开阔的视野、敏锐的眼光来发现问题，再辅以丰富的文献资料为基础，旁征博引，不妄发空言，不厌其烦地一步步推论解决问题。而且显然在文献搜集和消化过程中下了大功夫，才能将这些材料驾驭自如。尽管所得的判定结论，不一定正确，有待进一步验证，但内容给人以翔实新鲜的感觉，不失为填补空白的创造性研究，着实令人耳目一新。其努力探索求真的精神更是值得点赞。

研究植物染色的历史，虽然卷帙浩繁内容丰硕的文献典籍是基础，但由于不同色彩，从光物理学角度来讲，是由射入人眼光线的波长决定的，具色相、纯度、明度三个基本特性。就具体某个颜色或颜色词而言，既具象，又抽象。如历代古文献对色彩的形容，就包括字义的表征、心理的反射以及写实的描述等，相当复杂。如单一的从文字理解，难免会与实际的色彩有一定的偏差。作者显然意识到了这个问题，为此不惜花费大量精力和时间，尽力从各地搜寻不同染材，比照古代染法，通过染色实验将10余种重要的植物染料所染之色直观地呈现出来，得到了该染材在色调上的分布范围。其研究结果毫无疑问地可作为色彩相关领域、古物复原或技术理解的重要参考依据。

　　文献是科学研究的基础。早在两千多年前孔子就有"夏礼吾能言之，杞不足征也；殷礼吾能言之，宋不足征也。文献不足故也。足，则吾能征之矣"之说。任何一项科学研究都必须广泛搜集文献资料，在充分占有资料的基础上，分析资料的种种形态，探求其内在的联系，进而才能做出更深入的研究。做研究的人最苦恼的就是可资利用的文献不足，以及文献搜集过程中的枯燥和烦琐。作者感同身受，将其日常搜集的有关蓝草、红花、栀子、黄栌、槐米等数十种染色古文献整理和辑录出来，附在相关植物介绍的文后以二维码形式展现，以便助益相关研究人员高效、准确和便捷地利用。其整理、辑录、助益之功不可埋没，再次为之点赞。

　　随着社会的进步和科学技术的发展，一方面人们对美好生活的追求越来越高；另一方面随着工业和技术的发展，环境污染越来越严重，影响到人们的生活和身体健康。在这对矛盾面前，寻求返璞归真、回归自然的呼声越来越强烈，并成为越来越多人的理念和潮流。在这种浪潮的推动下，人们对合成染料对环境产生的严重污染进行了深刻反思。而植物染色的染料，取之于自然，染色后的残留液可生物降解，与生态环境具有很好的贴合性和相融性。中国传统植物染色积累起来的染色材料、工艺技术等方面的知识，呈现出的"天有时，地有气，材有美，工有巧"生产技术思想，对当下植物染色工艺的研究、恢复与传承有积极的现实作用，越发被人们重视，成为今日"绿色生态"不可或缺的重要组成部分。该书的内容恰好契合了这一潮流，具很好的借鉴和参考价值。

邢声远

2020 年 3 月

前　言

　　追求自身美和显示自身在社会群体中的位置，是人类的天性，所以从出现用于御寒蔽体的织物起，先民就开始尝试用不同色彩、不同图案的织物来表达自己的爱好、思想以及社会地位。文献和实物资料表明中国的植物染色工艺体系是在先秦时期发展起来的，也是在这个时期染色发展成一个独立的手工专业。正是由于当时染色技术的大发展，可供选择的色谱大增，不仅大大美化了人们的生活，而且从各方面改变了人们的生活。最典型的例子是色彩成了区分等级的标志，出现了五方正色、五方间色之说，具备了宗法和哲学寓意。其后的历朝历代植物染色工艺体系逐渐完善并臻成熟。深入剖析古代植物染料的内容，有助于我们加深了解染色技术对中国人色彩观形成的影响。

　　在浩瀚的古文献中，相关织物颜色、染料和染色技术的内容相对来说非常零散。尽管如此，这些内容保留了许多当时科学技术和社会文化的第一手资料，其中很多是对织物色彩、染料及染色技术简洁、准确传神的描述，并由此衍生出许多与此相关的专用词汇。其种类之多、数量之大、频率之高、范围之广，涵括了社会各阶层，可惜至今对此进行全面系统的科学界定和综合研究的论著不多。对相关史料进行系统整理和以古法再现各种染色色彩，不仅可展现出古代利用染料的概貌，了解各个时期人们对颜色的认知及审美取向，还可为今后研究古代染色技术及社会文化和风俗提供有价值的研究资料。

　　在追求绿色生活的今天，人们对于生态、绿色及环保的呼声越来越强烈。我国历史悠久的植物染色技术，既能够满足染色需求，又可减少对自然环境造成的影响。对植物染色历史，染材的种类、性能、分布区域、种植与加工、生产技术和产品，做些必要的文献梳理和分析，无疑契合今人对"绿色"的追求。因此，健康、环保和饱含历史文化渊源的植物染色，是最值得调查、挖掘、保护、利用、传承和发展的中国传统工艺之一，深化研究不仅具有重要的学术意义，现实借鉴意义也是不言而喻的。

本书分上、中、下三篇，其中前两篇由赵翰生撰写，下篇由王越平撰写，王丽完成实验工作。上篇是关于古代植物染色的综述，全景式地展示了历史上所用各种植物染材的特点、染色工艺及由此衍生出的色彩文化，以便对古代植物染色情况有个大体的了解。中篇是从细节出发，对几种重要染料文献记载进行了梳理和解析，希望通过对这些若干具体个案的分析，能够澄清以往关于古代植物染色记载中一些莫衷一是的说法。下篇是以色样的方式，直观地将几种植物染材所染色彩呈现出来。其目的是，由于色彩的表达属于较抽象的部分，没有具体的形，只是视觉上的感觉而已。很多色彩，尤其是古籍中不同植物染料所染之色，如单一的从文字理解，难免会与实际的色彩有一定的偏差。为克服这一缺陷，有必要通过实验对传统染色做技术复原和记录，将不同染料所能得到的颜色还原，以色样的方式直观地呈现出来，从而弥补文字释义的单一性以及现存文物色彩失真的不足。古文献中出现的染料和染色技术的原文记载，则由赵翰生整理摘录，以二维码的形式呈现，方便读者深入阅读。希望此书能为植物染色专业研究者和爱好者提供最大的便捷，从而节省时间，摆脱烦琐的文献搜集。

由于涉及的内容广泛，时间跨度大，资料来源零散且繁杂，加上作者学识谫陋，综述中难免有疏漏，对一些染材的推论判定更会有不当之处。恳请业内专家、学者和读者批评指正，不胜感激！

作者
2020 年 3 月

目　录

上篇　古代植物
染色综述

中篇 古代植物
染色文献
专题研究

下篇　古代植物染料的色彩重现

上 篇
古代植物染色综述

第一节 植物染的出现和发展

古人将染色亦称之为"彰施"。云："霄汉之间云霞异色，阎浮之内花叶殊形。天垂象而圣人则之，以五彩彰施于五色。"并云："甘受和，白受采。世间丝、麻、裘、褐皆具素质，而使殊颜异色得以尚焉。"❶ 对织物施色方式的解释是："染必以石，谓之石染""凡染用草木者，谓之草染"❷。石染和草染施色原理是大相径庭的，其本身虽可使织物具备特定的颜色，却不能和染色相比，所施之色也经不住水洗，遇水即行脱落。草染则不然，在染色时，其色素分子由于化学吸附作用，能与织物纤维亲和，而改变纤维的色彩，虽经日晒水洗，均不脱落或很少脱落，故谓之"染料"，而不谓之"颜料"。在古代，草染是为服饰施色的主流。

一、植物染的出现

根据现有资料，石染应是最早出现的施色方式。颜料是一些容易得到，不经过复杂处理就可直接使用的矿物，如赤铁矿和朱砂。赤铁矿又称赭石，在自然界分布较广，主要化学成分三氧化二铁（Fe_2O_3），呈棕红色或棕橙色，用其涂绘，稳定持久，但色光黯淡。朱砂，又称辰砂或丹、丹砂等，主要化学成分为硫化汞（HgS），具有纯正、浓艳、鲜红的色泽和较好的光牢度。原始人除用它涂绘饰物外，还出于对太阳、火或血液的崇拜，将它作为殉葬物放于墓中。在北京周口店山顶洞人遗址中曾发现赤铁矿粉末和用赤铁矿施色的饰物❸；在新石器时代晚期的青海乐都柳湾马家窑文化墓地亦曾发现一具男尸下撒有朱砂❹。说明赤铁矿和朱砂是最早利用的两种施色材料。

草染施色方式的出现，无论从考古资料和文献材料两个方面看，都要晚于矿物。但据传说始于轩辕氏之世，因为在许多古文献中都载有：黄帝制定玄冠

---

❶ ［明］宋应星. 天工开物［M］. 钟广言注释. 广州：广东人民出版，1976：111.

❷ ［清］孙诒让. 周礼正义. 卷十六［M］. 长沙：商务印书馆，1928.

❸ 周口店"山顶洞人"遗址所在地，后人称为"龙骨山"，山上富含赤铁矿，随处可见该矿物露头，非常容易采取。

❹ 青海省文物管理处考古队，中国社会科学院考古研究所. 青海柳湾——乐都柳湾原始社会墓地［M］. 北京：文物出版社，1984.

黄裳，以草木之汁，染成文采。其中宋罗泌《路史》记载，"黄帝有熊氏……名荼……房观雉翟、草木之花，染为文章"。即是说黄帝有熊氏，下令参照雉科鸟类和草木的花色染成衣服的色彩及纹样。此外，《后汉书·南蛮传》记载：昔高辛氏以女配槃瓠"生子一十二人，六男六女，槃瓠死后因自相夫妻，织绩木皮，染以草实，好五色衣服"。高辛氏是上古时期部落联盟首领，槃瓠是南方苗、瑶、畬等少数民族共同尊奉的祖先，他们与黄帝同时代。这段记载是说高辛氏之女的后代在南方少数民族地区传播草木染技术。这些虽然都是传说，但传说是历史的影子，隐藏着部分真实的内容。黄帝时代相当于仰韶文化晚期到龙山文化初期，距今五六千年，考古资料表明，该时期农业生产已非常发达，产生草染技术是完全可能的。参考矿物颜料的使用情况，当时似乎确已开始使用植物染料染色，选用的植物，应该是一些可以直接上染属直接染料的植物，种类不会很多。因没有考古资料作佐证，只能做些推测，毕竟染料植物来源丰富，容易得到，施色牢度远胜矿物颜料，人们不可能不注意和利用它。

草木的色素是隐藏在植物的根、枝干、叶或花果中，先民是如何发现它们可作为施色材料利用的，现有多种说法。但据赵丰先生研究，各种直观的、偶然的发现草木色素的机会很多，但最重要的途径不外乎有四种：一是直观的原始发现。这是先民出于对自然界红花绿叶本能的喜爱，将它们采摘下来渍出汁染于织物上，亦就是"房观雉翟、草木之花，染为文章"所说的方法。二是食用过程中发现。神农氏"尝百草之实，察酸苦之味，教民食五谷"的传说，反映了农业生产的发现是经过了尝草察味的实践过程。先民们在这一实践过程中，发现了一些草木所含的色素，如鼠曲草、姜黄、丝瓜等。三是制药过程中发现。据传草药的发现者也是神农氏，这是他在与"尝百草之实"同时得到的产物，以致我国较早的一部药学著作就冠名为《神农本草经》。一些既不易直观发现又不宜用作常食的草木色素，极可能是在人们进行药物试验时才被发现的，如茜草、紫草、荩草等，这些草药一般都是加水煎汁饮服。若是在煎汁时得到了浓而鲜艳的色泽，那就有可能被选作染料了。四是利用香料过程中发现。古代很早已利用香料植物，如"其根芳香而色黄"的郁金，周代酿酒时用郁金和之，则酒香而黄。可见郁金的色和香是非常被先民看重的❶。

二、先秦时期的植物染

虽然在新石器时代即已出现使用植物染料的迹象，但自夏商之时，一些染料植物才开始大规模人工种植。收录进汉代《大戴礼记》的据传为夏代著作的《夏小正》，除记载了一年12个月的物候、气象、星相外，还记载了有关农事生产方

---

❶ 赵丰. 草木染的起源［J］. 丝绸，1984（3）：54-57.

面的重要事项，其中蓝草种植便是一项，谓："五月启灌蓝、蓼。"及至周代，植物染色出现了一套比较完整的工艺，逐渐成为主要的染色方法，并发展成一个独立的手工专业。其时，染料植物无论是在品种、数量，还是在染色技术上，较之以前均有质的飞跃。为此，周代专门设置了染草的管理机构。《周礼·地官》记载了"掌染草"之官员的职责："掌染草，掌以春秋敛染草之物，以权量受之，以待时而颁之。"郑玄注："染草，茅蒐、橐芦、豕首、紫苑之属。"贾公彦疏："言'之属'者，更有蓝皂、象斗之等，众多，故以之属兼之也。"孙诒让正义说："掌染草者，凡染有石染、有草染。此官掌敛染色之草木，以供草染。"

春秋时期，草染基本取代了石染成为染色的主流方法，诸如直接染、套染、媒染等草染工艺均已出现，并运用娴熟。可以推测当初试染的染料植物种类一定是相当多的，一些要么失传不被人知，要么在试用一段时间后因性能不理想被淘汰。现有据可考用量较大的染料植物有：蓝草、茜草、紫草、荩草、皂斗等。出现的仅纟部和糸部的特定色彩文字便有：红、紫、绛、绀、緅、绯、缥、缁、缇、缎等十余个。

色彩文字的丰富，对特定颜色的命名，意味着染色操作流程的高度规范化，并普遍采用可比对色泽的标准色标。《周礼·天官·染人》载："染人掌染丝帛。凡染，春暴练，夏纁玄，秋染夏，冬献功。"郑玄注："染夏者，染五色。谓之夏者，其色以夏狄为饰。《禹贡》曰羽畎夏狄是其总名。其类有六：曰翚，曰摇，曰鹝（同"鹞"），曰甾，曰希，曰蹲。其毛羽五色皆备成章，染者拟以为深浅之度，是以放而取名焉。"《后汉书·舆服志》载："上古穴居而野处，衣毛而冒皮，未有制度，后世圣人易之以丝麻，观翠翟之文，荣华之色，乃染帛以效之，始作五采（彩），成以为服。"可见当时为保证服饰颜色的一致性，选用的色标是翠、鹝、鸫、鹑、鹝、鹩等几种鸟的羽毛颜色。同时亦说明当时的染色工匠不但能提供较多的色谱，而且能熟练自如地掌握染色过程终端的色泽，使它符合规定的标准。

三、秦汉时期的植物染

秦汉时期，染色技术继承先秦的传统并得到进一步发展，染料植物的品种除继续沿用先秦已发现的茜草、蓝草、紫草、荩草、皂斗等品种外，郁金、栀子等也被作为染料植物广为利用，红色植物染料中着色最为鲜艳的红花，也从西域传入中原大地被广为利用。

这一时期，染色色谱随着染料植物品种的增加，也得到迅速扩展。据统计，仅湖南长沙马王堆一号汉墓和新疆民丰东汉遗址出土的大量五光十色的丝、绣、麻、毛织品，颜色就有朱红、深红、大红、米红、深蓝、浅蓝、藏青、天青、深棕、浅棕、深黄、浅黄、橙黄、金黄、叶绿、油绿、翠绿、绛紫、茄紫、银灰、粉白、黑灰、黑等三十余种，充分展示了汉代染色技术的水平和当时染匠谙练的浸染、套染及媒染技巧。另外，各种色彩的专用名词也有了显著增加。

西汉史游《急就篇》中便有一段形容织物色彩的文字，原文及颜师古注文如下：

"春草鸡翘凫翁濯（注：春草，象其初生纤丽之状也。鸡翘，鸡尾之曲垂也。凫者，水中之鸟，今所谓水鸭者也。翁，颈上毛也。既谓春草鸡翘之状，又象凫在水中引濯其翁。一曰：春草、鸡翘、凫翁，皆谓染彩而色似之，若今染家言鸭头绿、翠毛碧云），郁金半见缃白穀（注：自此以下皆言染缯之色也。郁金染黄也。缃，浅黄色。半见，言在黄白之间，其色半出不全成也。白穀谓白素之精者，其光穀穀然也），缥缤绿纨皂紫砡（注：缥，青白色也。缤，苍艾色也。东海有草，其名曰菉❶，以染此色，因名缤。云绿，青黄色也。纨，皂黑色也。紫，青赤也。砡，以石辗缯尤光泽也），烝栗绢绀缙红繎（注：烝，栗黄色，若烝熟之栗也。绢，生白缯似缣而疏者也，一名鲜支。绀，青而赤色也。缙，浅赤色也。红，色赤而白也。繎者，红色之尤深，言若火之然也），青绮绫穀靡润鲜（注：青，青色也。绮即今之缯。绫，今之杂小绫也。穀，今梁州白穀。靡润，轻渼也。鲜，发明也，言此缯既有文采而又鲜润也），绨络缣练素帛蝉（注：绨，厚缯之滑泽者也，重三斤五两，今谓之平绸。络，即今之生纻也，一曰今之绵绸是也。缣之言兼也，并丝而织，甚致密也。练者，煮缣而熟之也。素，谓之精白者，即所用写书之素也。帛，总言诸缯也。蝉，谓缯之轻薄者，若蝉翼也。一曰缣已练者呼为素帛，若今言白练者也）。绛缇䌳绸丝絮绵（注：绛，赤色也，古谓之纁。缇，黄赤色也。抽引粗茧绪纺而织之曰绸。绸之尤粗者曰䌳。茧滓所抽也。抽引精茧出绪者曰丝。渍茧擘之精者为绵，粗者为絮，今则谓新者为绵，故者为絮。古亦谓绵为纩，纩字或作絖）。"

色彩来之于自然，反映着自然，与天地万物有着广泛的联系。《急就篇》是西汉的启蒙读物，为便于儿童理解，史游巧妙地借助各种动植物的生动色彩，向儿童描述出各色织物的绚丽。另外，在东汉《释名》中，也有很多关于纺织品色彩和专用词的解释。此书作者刘熙，生活年代似乎在桓帝、灵帝之世，曾师从著名经学家郑玄，献帝建安中曾避乱至交州，陈寿《三国志》说，吴人程秉、薛综、蜀人许慈都曾从熙问学，但正史无传。据其卷首自序中所言，自古以来器物事类"名号雅俗，各方名殊……夫名之于实，各有义类，百姓日称，而不知其所以之意，故撰天地、阴阳、四时、邦国、都鄙、车服、丧纪，下及民庶应用之器，论叙指归，谓之《释名》，凡二十七篇"。说明刘熙撰写目的是使百姓知晓日常事物

❶　菉即荩草。

得名的缘由或含义。

其中刘熙在"释采帛"篇中解释的颜色词有："青，生也，象物生时色也。赤，赫也。太阳之色也。黄，晃也。犹晃晃象日光色也。白，启也。如冰启时色也。黑，晦也，如晦冥时色也。绛，工也。染之难得色，以得色为工也。紫，疵也。非正色，五色之疵瑕以惑人者也。红，绛也。白色之似绛者也。缃，桑也，如桑叶初生之色也。绿，浏也。荆泉之水于上视之浏然绿色，此似之也。缥，犹漂漂。浅青色也。有碧缥，有天缥，有骨缥，各以其色所象言之也。缁，滓也。泥之黑者曰滓，此色然也。皂，早也。日未出时早起视物皆黑此色如之也。""素，朴素也。已织则供用不复加巧饰也。又物不加饰皆自谓之素，此色然也。绨似蜴虫之色绿而泽也。""绀，含也。青而含赤色也。"

另据许嘉璐统计，在中国第一部系统地分析汉字字形和考究字源的字书《说文解字》中，颜色词单用者出现频次为：白82次、黑68次、赤54次、黄53次、青36次、紫2次、骊黄1次、绛5次、朱7次、玄5次、乌3次、丹9次；颜色词联用者出现频次为：赤黄3次、赤白1次、赤黑3次、青赤2次、青黄2次，青黑6次、青白1次、黑黄1次、黑赤1次、白黄1次、白青1次、白黑1次、黄黑6次、黄白2次、紫青1、玄黄1、丹黄1次。❶

如将这三本书中所记色彩名称或专用词按色谱分类排列，可得到三四十种颜色。其中：

红色近似调有：红、缙、緅、绯、绛、缥、绌、绾、绮、絑、纂。

橙色近似调有：缇、纁。

黄色近似调有：郁金、半见、蒸栗、缃、绢。

绿色近似调有：绿、翠、缤、綟。

青色近似调有：青、缥、绡、綥。

蓝色近似调有：蓝、纳。

紫色近似调有：紫、绀、缲、缁。

黑色近似调有：缁、皂、纔、缫。

白色近似调有：縞、纨、缚、紵、縓。

如此多的色彩和专用名称，不仅表达出当时人的审美意识和人文情感，更反映出当时染色技术所取得的成就以及人们对色彩永无止境的追求。

汉代染匠为染出上述甚至更多的稀、奇、古、怪、偏的颜色，所用的染具可从文献记载和出土文物窥知一二。在《秦汉金文录》卷四中，记载有"平安侯家染炉"全形拓片，该染炉上的铭文是"平安侯家染炉第十，重六斤三两"（图1-1）。在《陶斋吉金录》卷六中，记载有"史侯家铜染杯"铭文拓片，其上铭文

❶ 许嘉璐. 说"正色"——《说文》颜色词考察 [J]. 中国典籍与文化，1995（3）：7-14.

是："史侯家染杯第四，重一斤十四两"。史树青先生认为此染炉、染杯系染色之用的染具 ❶。这两件染具，器形均不大。平安侯家染炉高才 13.2 厘米，长才 17.6厘米；史侯家染杯才合今一斤左右，显然不能用于染大量的布帛，只能染一些小把丝束或线束。因此这些小型染具的作用，一是用于染大量布帛前的试染，再就是染一些供刺绣、织成之用的少量特殊颜色的绣线。1954年广西贵县（今贵港市）东湖汉墓出土了一个五俑三眼红陶灶，其灶上有三眼，分置釜、双耳锅和甑各一件，二俑在旁操作。一俑呈正从中间锅内捞出染布状；一俑呈正往釜里投放物体状。陶灶左右两侧下方则各有一缸一俑，两俑皆呈双手向缸内舀水状（图1-2）。专家认为这是一个染坊的明器。❷

图1-1　平安侯家染炉拓片　　　　图1-2　东汉五俑三眼红陶灶明器

四、唐宋时期的植物染

唐宋时期，染色技术发展很快，植物染料品种更加丰富，在植物染料的栽培、制作加工、染料色素的提纯、媒染剂的使用等方面都有长足的进步。据统计，此期间见于记载的染料植物品种增加到了30多种❸，诸如苏枋、鼠李、黄檗、地黄、黄栌等新增染料植物已使用得非常普遍。《唐六典》卷二十二记载，唐代织染署下设置有：青、绛、黄、白、皂、紫六作，其中青、绛、黄、皂、紫五作是染色之作，"白作"则是从事练漂生产的。而且"凡染，大抵以草木而成。有以花叶，有以茎实，有以根皮。出有方土，采以时月"。另据文献记载，此期间用量较大的染料植物有红花、苏枋、茜草、栀子、槐花、蓝草、皂斗、鼠尾草、狼把草、乌桕、薯莨等。

红花、苏枋和茜草是用于染红的染料植物。其中红花是红色植物染料中染

❶ 史树青. 古代科技事物四考［J］. 文物，1962（3）：47-52.

❷ 覃尚文，陈国清. 壮族科学技术史［M］. 南宁：广西科学技术出版社，2003：140.

❸ 赵丰. 唐代丝绸染色之染料与助剂初探［J］. 中国纺织科技史资料第17集.

红色泽最纯正的一种。自汉代从西北传入中原，特别是自南北朝时开始红花色素提纯方法逐渐成熟后，至唐代已成为最重要的红色染料，种植已十分普遍。郭橐驼《种树书》❶收录了它的种植方法。唐人李中的诗句"红花颜色掩千花，任是猩猩血未加"形象地概况了红花夺人心魄的艳丽色泽。后人将红花染成的颜色称为真红或猩红，似即缘于此诗。苏枋是南方民间广泛使用的红色染料，苏敬《新修本草》说："用染色者，自南海昆仑来，交州、爱州亦有。"唐时，苏枋以其优良的媒染性能，鲜艳的色彩，引起染家的重视，从南方输入量渐多，成为一种新兴的红色染料。茜草是一种染色牢度良好的染料，但染红略带黄光，不如红花纯正光艳，其时用量大不如从前，但在一些出土文物中还能经常发现它的踪迹，如阿斯塔那108号唐墓出土红色绮，104号唐墓出土绛紫色绮，经分析，主要染料便是茜草❷。在［唐］段公路《北户录》中，还记载了广东肇庆利用一种叫"山花"植物染红的情况，云："山花，丛生，端州山崦间多有之，其叶类蓝，其花似蓼……正月开。土人采含苞卖之，用为胭脂粉，或持染绢帛，其红不下蓝花。"红花又名红蓝花，山花不知是何种植物，有待专门研究。

栀子和槐花是用于染黄的染料植物。有人认为栀子可能即西域的蒼人花，但也有人持反对观点。用它所染得的黄色，又称为蒼人金色。唐以前种植就非常普遍，梁代陶弘景《本草经集注》云，栀子"处处有之，亦两三种小异，以七棱者为良，经霜乃取，入染家用，于药甚稀"。入唐后栀子更为染家所重视，郭橐驼《种树书》里有它种植经验的记载。阿斯塔那108号唐墓出土黄色花树对鸟文纱，经分析，所用黄色染料即为栀子。槐花即槐树的花蕾，含黄色槐花素及芸香苷。槐树在唐代已普遍作为绿化植物来栽培，同时其花可以染黄色、其籽可以染色的染色性能也为人们所认识，是当时较为常用的染料❸。阿斯塔那105号唐墓出土绿地狩猎纹纱，其绿地即槐花与靛蓝套染而得。其他黄色染料还有黄栌、郁金等。黄栌茎干中含硫黄菊素，又名嫩黄木素，用铝、铁媒染可得淡黄、橙黄诸色。陈藏器《本草拾遗》说："黄栌生商洛山谷，四川界甚有之，叶圆木黄，可染黄色。"郁金生蜀地和西域，茎中含姜黄色素，可直接染黄，也可借助矾类媒染剂而得到不同黄色调，但耐日晒牢度稍差。张泌《妆楼记》载："郁金，芳草也，染妇人衣最鲜明，然不奈日炙，染成衣则微有郁金之气。"

蓝草是传统的染蓝植物。唐代用蓝草制取靛蓝的技术逐渐成熟，靛蓝染色高

---

❶ 《本草纲目》和《农政全书》等一些古籍都将《种树书》作为唐代的书征引。对此，今人有不同看法。如石声汉就认为作者是元末明初的俞宗本所著，因俞宗本卷入了"靖难之变"，被认为建文余党，他所著的书不能公开刊行，于是有人替它改头换面，假托为唐人郭橐驼撰。本文从李时珍和徐光启的观点。

❷ 新疆维吾尔自治区博物馆. 新疆出土文物［M］. 北京：文物出版社，1975：111.

❸ 朱新予. 中国丝绸史（通论）［M］. 北京：纺织工业出版社，1992：163.

度发达，织染署下的"青作"，就是一个专业的靛蓝染色作坊。都兰 DXMP2 所出唐代晕綗小花锦❶，其上蓝色晕綗颇能反映当时染蓝技术水平。靛蓝除专门用于染蓝外，还广泛用于与其他染料套染，阿斯塔那 105 号唐墓出土绿地狩猎纹纱，其绿地即是靛蓝与槐花套染而得。唐代染匠还东渡日本传授染色技术，日本古籍《延喜式》记载了他们传授的染蓝经验："深漂绫一匹，蓝十围，薪六十斤。帛一匹，蓝十围，薪一百斤"。按《延喜式》是日本奈良时代的著作，它记载的内容是唐代时中国传入日本的工艺。文中的"围"，日本学者认为可能是刈取"生蓝"的计量单位。

　　皂斗、鼠尾草、狼把草、乌桕、薯茛皆是用于染黑的染料植物。其中皂斗是古代著名的黑色染料植物，自商周时期被用于染黑后，一直是最主要的染黑染料植物，唐代也不例外。鼠尾草为百合科草本植物，最迟在晋代就已被作为染黑植物，《尔雅·释草》郭璞有注，云：鼠尾"可以染皂"。至唐代用者渐多，《名医别录》云："生平泽中，四月采叶，七月采花，阴干。"《本草经集注》云："田野甚多，人采作滋染皂。"狼把草为菊科一年生草本植物，唐代开始作为黑色染料植物使用，陈藏器《本草拾遗》说："野狼把草生山道旁，与秋穗子并可染皂。"乌桕为大戟科落叶乔木，它用于染色的最早记载也是见于《本草拾遗》，谓："乌桕叶好染皂，子多取压为油，涂头，令白变黑，为灯极明。"薯茛早在南北朝时可能就被用于染色和入药。1931 年广州西郊大刀山古墓曾出土东晋太宁二年（324年）的麻织物一块，此织物正反面颜色各异，一面为黑褐色，一面为红色，由外观和特征所示，是属于薯茛加工的纺织品❷。唐代《新修本草》也曾提到它，云："赭魁……不堪药用。"不过薯茛被广泛用于着色材料是从宋代开始的，沈括《梦溪笔谈》记载："今赭魁南中极多，肤黑肌赤，似何首乌。切破，其中赤白理如槟榔，有汁赤如赭，南人以染皮制靴。"说明当时以薯茛染制皮革之普遍，由此也可想见薯茛肯定也被用于纺织品的染色，可惜现今没有发现其他的宋代文献记载。直到明代李时珍《本草纲目》才明言薯茛可用于纺织品的染色，谓："赭魁，闽人用入染青缸中，云易上色。"这些染黑植物均含有单宁，皆需铁媒染剂助染。唐代铁媒染剂的来源主要是绿矾和铁浆。绿矾又名青矾、皂矾，成分是硫酸亚铁（$FeSO_4 \cdot 7H_2O$）。铁浆的制造方法有两种。一是用水直接锈蚀铁器，即《本草拾遗》中所载，"此乃取诸铁于器中，以水浸之，经久色青沫出，即堪染皂者"。其原理是铁在水中被氧化成氧化铁，并转化为氢氧化铁。二是用米泔水或醋锈蚀铁器，即宋代《证类本草》所载："取钢锻作叶，如笏或团，平面磨错，令光净。以盐水洒之，于醋瓮中阴处理之，一百日铁上衣生，铁华成矣。"其原理是铁在

❶ 新疆维吾尔自治区博物馆. 丝绸之路——汉唐织物［M］. 北京：文物出版社，1973.

❷ 陈维稷. 中国纺织科学技术史：古代部分［M］. 北京：科学出版社，1984：288.

米泔水或醋中形成醋酸铁或醋酸铁与乳酸铁之混合物。铁浆这种媒染剂，较之绿矾的有效成分为纯，对纤维有减少损伤的优越性❶。

此外，山矾作为染料植物在宋代得到广泛利用。根据文献记载，山矾既可作为直接染料染黄，还可以作为媒染剂来使用。不过用山矾直接染色的效果不是很理想，宋人郑域（号松窗）七言诗《玉蕊花》有句："后生不识天上花，又把山矾轻比拟。叶酸而涩供染黄，不著霜缣偏入纸。"因上染效果不好，只能得到极浅的颜色，故这不是山矾的主要用途，作为媒染剂帮助其他染料着色才是山矾参与染色的主要用途，但以山矾灰做媒染染色的植物有哪些，已无法详考。现尤能推定的只有姜黄。

因为颜色具有直观、凸显功能，所以颜色词语在唐诗宋词中的出现频率很高，直接或间接地反映出唐宋时期人们的价值观、审美观等方面的文化心理现象以及对各种色调的分辨水平。下面选取南宋黄昇所编《花庵词选》一书为对象，对唐宋期间出现的颜色词做一粗略统计，以便见微知著、窥斑知豹，了解当时人们对各种色彩的描述。因为在《花庵词选》全书二十卷中，前十卷选唐宋诸贤之词，始于李白，终于北宋王昴，凡一百三十四家，附方外、闺秀各一卷；后十卷选中兴以来各词家之词，始于康与之，终于洪瑹，凡八十八家，附黄升自作词三十八首，共录词七百五十余首。所以书中出现的颜色词颇能反映此期间惯用颜色的面貌。毕竟唐诗宋词如今流行歌一样，当时不仅传唱于宫廷和文人士大夫间，也流行于街巷市井小民之口。而且不难想见，众多的染坊和染匠出于经济目的，会利用各种染材竭力将这些流行的颜色呈现出来。

《花庵词选》中出现的颜色词语按色调可分为六类，即红色调、紫色调、黄色调、蓝绿色调、白色调和黑色调。

红色调类包括：红、朱、赤、绛、绯、赭和丹。形容这些色调的彩度与明度状态的词有：红紫、残红、红粉、春红、露红、新红、浅红、小红、轻红、繁红、娇红、青红、红白、红黛、高红、冷红、愁红、老红、暖红、早红、斑红、猩红、湿红、红碧、翠红、红绿、落红、凝红、红艳、碎红、慵红、乱红、腮红、卧红、抹红、油红、飞红、朱紫、赭黄、丹青、丹霞等。

紫色调类包括：紫、绀。形容这些色调的彩度与明度状态的词有：翠紫、紫金、紫青、紫烟、紫云、紫翠、红紫、朱紫、绀碧等。

黄色调类包括：黄、金。形容这些色调的彩度与明度状态的词有：赭黄、草黄、郁金、蜂黄、淡黄、莺黄、鹅黄、柳黄、深黄、金黄等。

蓝绿色调类包括：蓝、绿、青、苍、翠、黛、碧。形容这些色调的彩度与明度状态的词有：草绿、水绿、新绿、翠绿、凝绿、柳绿、小绿、颜绿、绿云、嫩

---

❶ 陈维稷. 中国纺织科学技术史：古代部分［M］. 北京：科学出版社，1984：266.

绿、蛾绿、润绿、草青、青蛾、青红、山青、青骢、青柳、青钱、青烟、青灯、青玉、青丝、丹青、青荧、初青、青羽、苍烟、苍茫、苍崖、苍璧、苍玉、苍藓、苍颜、苍苔、翡翠、岫翠、凝翠、小翠、紫翠、残翠、翠壁、翠红、暖翠、紫翠、翠黛、粉黛、水碧、碧天、草碧、浅碧、澄碧、红碧、晴碧、青碧、金碧、深碧等。

白色调类包括：白、素。形容这些色调的彩度与明度状态的词有：白浪、花白、白云、白露、白沙、白璧、白雪、白银、白日、月白、素玉、素白等。

黑色调类包括：黑、墨、乌、玄。形容这些色调的彩度与明度状态的词有：乌夜、乌云、乌木、玄黄等。

五、元、明、清时期的植物染

元、明、清三代，植物染色技术无论是染料植物品种数量，还是染料植物的制取保存、媒染剂的使用、色谱的扩展等各个方面，在继承前代已出现的技术或经验基础上，另有一些值得注意的创新和进步，同时期大量文献资料的记载，翔实地展示出其时植物染料染色技术繁荣发达的图景。

染料植物品种方面。在李时珍《本草纲目》中，记载了 50 余种染料植物，直接写明可染色的植物有：冬青、虎杖、红蓝花、茜草、紫草、番红花、檞木、苏方木、栀子、蓼蓝、木蓝、马蓝、菘蓝、鸭拓草、鼠李、柘、桑、黄栌、槐、姜黄、莨草、藤黄、郁金、檗木、椑柿（漆柿）、金樱子、五倍子、安石榴、毗梨勒、胡桃、乌臼木、杨梅。其中：安石榴，即石榴，晋张华《博物志》载："汉张骞出使西域，得涂林安石国榴种以归，故名安石榴。"安石国大致是现在的巴尔干半岛至伊朗及其邻近地区。毗梨勒，李时珍没有介绍为何种植物。这两种植物均为黑色染料，多用来染头发和胡须，但可能亦用来染织物。鼠李，又名牛李，系可以直接染绿色的染料植物，我国在晋代时即已用其染色，但直至元代以前似乎用途不是很广。元代时鼠李的用量激增，《大元毡罽工物记》记载了当时宫廷织染机构征用植物染料的情况，其中用于羊毛染色而征用的鼠李数量，大德二年（1298 年）为 169 斤，泰定元年（1324 年）为 1056 斤，泰定三年为 503 斤，泰定五年为 399 斤，天历二年（1329 年）为 182 斤。与征用的其他各种染料相比，数量仅次于靛蓝居第二位，可知其用途之广。宫廷织染机构如是，民间的用量当然会更多，说明鼠李自此时开始已是大宗主流染料之一。

染料植物制取和贮藏方面。有关的记载更加简明，工艺也愈加实用。以红花为例，魏晋时，由于制红花饼技术尚未过关，经常发生霉变，故《齐民要术》不主张在"染红"时用饼。到明代时，开始在制红花饼过程中加入有杀菌防腐作用的青蒿，防止了红花饼霉变，大大延长了红花染料的存放时间，红花染色不再

受季节限制，故而在《天工开物》里有红花"染红"必用饼之说。此外，槐花的保存方法也颇值得注意。由于槐米的收取季节性较强，采摘后必须经过处理方能长期贮存和大量贩运。最初采用的方法是先蒸后晒，元末明初《墨娥小录》卷六"采槐花染色法"说："收采槐花之时，择天色晴明日，早起采下，石灰汤内漉过，蒸熟，当日晒干则色黄明，或值雨，若隔夜不干，便不妙。煎汁染色时先炒过碾细。"到了宋应星生活的年代，人们已将槐花分为花蕾及花朵，并分别进行加工处理。据《天工开物》卷三"彰施"篇载：加工花蕾的方法是"花初试未开者曰槐蕊。绿衣所需，犹红花之成红也。取者张度篾稠其下而承之。以水煮一沸，漉干捏成饼，入染家用。"加工花朵的方法是"既放之花，色渐入黄，收用者以石灰少许晒拌而藏之。"据现代对槐花中黄色槐花素的检测，新鲜花蕾中槐花素含量较丰富，染色力强，染家采集后最好趁新嫩时立即使用；而花朵含槐花素相对低一些，长时间地贮存对其染色效果影响不大，所以将它采集来后晒干，再加拌石灰，以供其他季节使用❶。《天工开物》记载的花蕾及花朵处理措施，既简易，又相当科学。

　　媒染剂使用方面。元末明初成书的《多能鄙事》卷四"染色法"记有：染小红法、染枣褐、染椒褐、染明茶褐、染暗茶褐、染荆褐、用皂矾法、染博褐、染青皂法、染白皂法、染白蒙丝布法、染铁骊布法、染皂巾纱法等。其中"染小红法"包含了拼染、套染和媒染等多种染色工艺；"染明茶褐法"和"染荆褐法"则采用了明矾予媒、绿矾后媒的多媒染色工艺。宋应星《天工开物》卷三"彰施"篇记载了13种常用植物染料和27种色调染法。13种染料计有：红花、苏木、乌梅、黄栌、黄檗、菘蓝、蓼蓝、苋蓝、马蓝、木蓝、槐、栗、莲等。27种色调为：大红、莲红、桃红、银红、水红、木红、紫色、赭黄、鹅黄、金黄、茶褐、大红官绿（深、浅）、豆绿、油绿、天青、葡萄青、蛋青、翠蓝、天蓝、玄色、月白、草白、象牙色、藕褐、包头青色、毛青布色。其中属媒染染料的有苏木、乌梅、黄栌、槐、栗、莲，媒染得到的色调有木红、紫色、金黄、茶褐、大红官绿（深、浅）、油绿、包头青色。

　　色谱扩展方面。据统计，在《碎金》《辍耕录》《多能鄙事》及一些元朝典章制度史料中，出现的色泽名称有70余种，其中红色类有12种、黄色类7种、青绿类12种、紫色类2种、褐色类30种、黑色类6种、白色类1种❷。而在明清时期，染坊以色别而分业，一个染坊只能染一个或几个近似色调，不同的色调基本上都是分别由不同染坊所出。据《太函集》载，芜湖染业颇为发达，那里有专门染制一种颜色的红缸、蓝缸等类作坊，万历时一个叫阮弼的人开的染局，生意

❶ 赵匡华，周嘉华. 中国科学技术史：化学卷［M］. 北京：科学出版社，1998：649.

❷ 朱新予. 中国丝绸史：通论［M］. 北京：纺织工业出版社，1992：259-260.

特别兴隆，以致"五方购者益集，其所转毂遍于吴、越、荆、梁、燕、鲁、齐、豫之间，则又分局而毂要津"❶。又据褚华《木绵谱》卷十一载："染工。有蓝坊，染天青、淡青、月下白；红坊，染大红、露桃红；漂坊，染黄糙为白；杂色坊，染黄、绿、黑、紫、古铜、水墨、臼牙、驼绒、虾青、佛面金等。"由此可见染坊因所染之色而得名，且所染色调分工非常明确。当时染必用灶，染坊用灶加热染液已是非常普遍的工艺，同治《湖州府志》卷三十三载："染有灶，有场，有架，名皂坊。"经大致统计，在《本草纲目》《天工开物》《天水冰山录》《蚕桑草编》《苏州织造局志》《扬州画舫录》六书所载织物色泽及染色名目中，红色调有赤、红、朱、绛、绯、紫赤、赭红、铁朱、猩红、赤红青、大红、莲红、桃红、水红、木红、暗红、银红、西洋红、朱红、鲜红、浅红、粉红、淮安红等；黄色调有黄、金黄、嫩黄、蛾黄、柳黄、明黄、赭黄、雌黄、牙黄、谷黄、米色、沉香、秋色、杏黄等；绿色调有绿、碧、黛、官绿、草绿、油绿、豆绿、柳绿、墨绿、砂绿、大绿、鹦哥绿、绿青、黑绿、空绿、石绿等；蓝色调有蓝、碧、绿、天蓝、翠蓝、宝蓝、石蓝、砂蓝、葱蓝、潮蓝、湖色等；青色调有青、天青、元青、赤青、葡萄青、蛋青、淡青、包头青、雪青、石青、真青、白青、青白、碧青、回青、大青、青碧、曾青、佛头青、杨梅青、太师青、沔阳青、波斯青黛等；紫色及褐色调有紫色、茄花色、酱色、藕褐、古铜、棕色、豆色、沉香色、鼠色、茶褐色等；黑白色调有黑、乌、皂、玄色、黑青、白、月白、象牙白、草白、葱白、银色、玉色、芦花色、西洋白等。《扬州画舫录》卷一说，这些色调有以地命名的，如淮安红、沔阳青；有以形色定名的，如嫩黄似桑初生，蛾黄似蚕欲老，杏黄为古兵服；有以其店之缸命名的，如太师青即宋染色小缸青；有依习惯命名的，如玄青，玄在缁缁之间，合则为缥艳。实际上当时染色所得的色谱应远远不止于此，故张謇在《雪宦绣谱》中说：以天地、山水、动物、植物等自然色彩，深浅浓淡结合后，可配得色调704色。如此多的色彩，特别是在一种色调中明确区分出多层次的几十种近似色，要靠熟练地掌握各种染料的组合、配方及工艺条件方能达到。

---

❶ 吴淑生，田自秉. 中国染织史［M］. 上海：上海人民出版社，1988：258.

第二节　染料植物的种类

我国古代利用的染料植物种类非常多，依植物学分类，这些染料植物有草本和木本之分，木本如柘木、黄檗、槐树等；草本如蓝草、红花、紫草等，故植物染色被统称为草木染。不过汉儒郑玄注《论语》时，也曾将其分别称之为草染和木染两类，谓："绀、缌，木染，不可为衣饰，红、紫，草染，不可为亵服。" ❶
无论是木染，还是草染，均是或以花叶、或以茎实、或以根皮。

因古代染料植物种类之繁多，兼之染料植物分布之广袤，故形成了不同地域应用的染料植物种类、结构以及染色文化区域体系的差异。有学者以东周秦汉魏晋时期为背景，依据相近时代的资料，将古代中国染色文化区域体系划分为三大独立区和三大交界区，共六大区域，即华北独立区、岭南独立区、西域独立区、陕甘边区交界区、长江中下游交界区、巴蜀滇交界区，并从染料分布、染色工艺和区域交流三个方面予以了论证。认为各个区域既有独特的文化特征，又特别明显地受到来自相邻区域的影响，而且在魏唐之后的中国染色文化体系虽有发展，但已无大变。其中，华北独立区：以华北平原为主体，东至海滨，南到淮河，北及长城，西面包括泾渭平原。利用的染料植物有茜草、黄栌、天名精、荩草、紫草、麻栎、棠叶、栀子、地黄、槐花等。采用的染色工艺以直接染和媒染为主。岭南独立区：南岭与福建南平的连接线以南，西至云贵高原前。利用的主要染红植物为苏木、都捻子；主要染蓝植物为槐蓝；主要染黄植物为姜黄；主要染黑植物为五倍子、薯莨。染色工艺的特点是：用槐蓝进行制靛和靛青还原染色工艺；直接染色法占有较大的比重；在少量的媒染工艺中，工艺多为后媒法。媒染剂多取之于天然的媒染浴，如苏木染渍以大庚之水，薯莨染用含有铁质的河泥媒染。西域独立区：以今甘肃走廊和新疆地区为主。主要使用的染红植物为红花；染黄植物则是红花中的黄色素；染蓝染料多用蓝草制成的靛青，但其制靛的来源却很难说清，很可能有菘蓝、甘蓝等；染黑植物为胡桃皮。采用的染色工艺有媒染、还原染、酸性染，表现出的工艺特点是媒染剂大量使用矾石，包括铝矾和铁矾。最具特色的是用红花染色，如用红花解决两种色彩的染色，以红花素酸性浴染红，以黄色素明矾媒染染黄，而且红花素的分离和提取所用的酸剂也是取材于产

---

❶　何晏集解，皇侃义疏，论语集解义疏：卷五［M］//文渊阁四库全书：子部十一．台北：台湾商务印书馆，1983.

于西域的安石榴❶。

据统计，古代见于文献著录的染料植物有50多种❷，今依此做些补充（见25页表1-1），并按它们施染后所得的主色调，大致分黄、红、蓝、绿、紫、黑六类。

一、黄色调染料植物

在众多的染料植物中，可以染出黄色调的植物有许多，现知见于文献著录的就有10多种，如荩草、栀子、黄檗、槐米、地黄、黄栌、柘木、小檗、栾树、郁金、山矾、姜黄等。下面对荩草、栀子、黄檗、槐米、地黄这几种重要黄色染料做些简要介绍。

1. 荩草

荩草（*Arthraxon hispidus*），古代又名菉（绿）竹、王刍、戾草等。禾本科一年生细柔草本植物，叶片卵状披针形，近似竹叶，生草坡或阴湿地。茎叶可药用，茎叶液可直接染黄。另外，从荩草又名菉竹来看，古代多用它与蓝草复染进而得到绿色。早在先秦时期，荩草便是用量最大的染材之一。《诗经》中有多处与荩草有关的诗句。如：《诗经·卫风·淇奥》谓："瞻彼淇奥，绿竹猗猗。"《诗经·豳风·七月》："八月载绩，载玄载黄。"《诗经·邶风·绿衣》："绿兮衣兮，绿衣黄里。""绿兮衣兮，绿衣黄裳。"《诗经·小雅·采绿》："终朝采绿，不盈一掬"。这些内容，说明春秋时期利用荩草染黄或绿的技术已十分成熟。

荩草色素成分为荩草素，属黄酮类衍生物，在化学结构4位上有羟基（—OH）供电子基团，可以产生深色效应而发色。一般来说黄酮类化合物可直接浸染织物使之着色，亦可在染液中加媒染剂后使织物着色。荩草液直接浸染丝、毛纤维可得鲜艳的黄色，与靛蓝复染可得绿色。

2. 栀子

栀子（*Gardenia jasminoides* Ellis），茜草科栀子属常绿灌木，多生长于我国南方和西南各省。秦汉时期，栀子是应用最广的黄色染料。当时因野生栀子不敷需求，始大面积人工种植，司马迁《史记·货殖列传》载："千亩栀茜，千畦姜韭，此其人皆与千户侯等"，反映了汉初栀子种植的规模、获利丰厚之程度以及用栀子染黄之普遍。长沙马王堆一号汉墓出土的多种深浅黄色纺织品，经多种手段进行分析和测定，发现有一些即为用栀子染液直接或加入媒染剂染制而成。梁代陶弘景的《本草经集注》记载："栀子处处有之，以七棱者为良，经霜乃取，入染家。"用栀子的浸液可以直接染丝帛得鲜艳的黄色，上染简易，上色均匀，但耐日晒的能力较差，因此自宋代以后则部分地为光色更为坚牢的槐米染料所取代。

❶ 朱新予. 中国丝绸史（专论）［M］. 北京：中国纺织出版社，1997：235-246.
❷ 朱新予，中国丝绸史（专论）［M］，北京：中国纺织出版社，1997：220-224.

在有的文献中，栀子还常常与薝卜混为一谈，为此，李时珍在《本草纲目》中予以了澄清，云：栀子"佛书称为薝葡，谢灵运谓之林兰，曾端伯呼为禅友。或曰薝葡金色，非栀子也。"

栀子果实中含有栀子黄素和藏红花酸。其中栀子黄素属于媒染染料类，藏红花酸属于直接染料类，两者结构式如下：

栀子黄素　　　　　　　　　　　　　藏红花酸

栀子果实中含有黄酮类栀子素、藏红花酸和藏红花素，用于染黄的色素是藏红花酸。入染的栀子经霜时采取，以七棱者为良。栀子色素的萃取方法是：先将栀子果实用冷水浸泡一段时间后，再把浸泡液煮沸，色素即溶于水中。制得的染液可直接染黄，也可加入不同的媒染剂，以得到不同的黄色调。未加媒染剂染出的黄色为嫩黄色；加铬媒染剂染出的黄色为灰黄或橄榄色；加铝媒染剂染出的黄色为艳黄色；加铜媒染剂染出的黄色为微含绿的黄色；加铁媒染剂染出的黄色为黝黄色 ❶。

3. 黄檗

黄檗（*Phellodendron amurense* Rupr.），又名黄柏、黄柏栗，属芸香科落叶乔木，主产于东北和华北各省，河南、安徽北部、宁夏也有分布。黄檗最初是被用于入药，南北朝时才又被用于染纸和染丝。染纸的记载见《齐民要术》卷三"染潢及治书法"："染潢，……檗熟后，漉滓捣而煮之，布囊压讫，复捣煮之。凡三捣三煮，添和纯汁者，其省四倍，又弥明净。写书，经夏然后入潢，缝不绽解。"其法染出的纸，即古代著名的黄纸，东晋末桓玄下令废竹简改用纸，所选便是此纸。染丝的记载见刘宋鲍照"拟行路难十九首"之一的诗句："挫檗染黄丝，黄丝历乱不可治。"乃至明代，在《天工开物》所记染色工艺中，黄檗多次出现，表明黄檗作为黄色染材仍盛行不衰。

黄檗茎内皮中所含色素为黄柏素小檗碱，可在弱酸性染液中将毛或丝染黄。黄檗可能是中国古代所应用的染料植物中唯一的碱性色素染料。小檗碱结构式如下：

小檗碱

---

❶　杜燕孙. 国产植物染料染色法［M］. 北京：商务出版社，1960：159.

4. 槐米

槐米系国槐树上所结花实。国槐树（*Sophora japonica* Linn），豆科槐属的落叶乔木，有槐树、槐蕊、豆槐、白槐、细叶槐、金药材、护房树、家槐之别称。因槐花蕾形似米粒，所以又称槐米。早在周代，槐树就已被人们关注，不过槐米染黄的记载直到唐代才出现。自宋代开始，槐米是主流黄色染材之一。此时槐米染料的加工，也因为认识到花蕾色素含量较花开放后要多，分档使用花蕾和花朵现象更为普遍，并制作槐花饼以便于贮存，供常年染用之需。

槐树早在周代时已为人们关注，有"槐华黄，中怀其美，故三公位之"的说法。三公是指太师、太傅、太保，是周代三种最高官职的合称。后人因此用三槐比喻三公，成为三公宰辅官位的象征，槐树也因此成为中国著名的文化树种。在古人看来槐树不仅神奇异常，而且有助于怀念故人，决断诉讼，是公卿的象征。周代朝廷种三槐九棘，公卿大夫分坐其下，面对着三槐者为三公座位。后世在门前、院中栽植有祈望子孙位列三公之意。战国时期人们对槐树的不同品种便有了认识，《尔雅·释木》中即提到槐有数种。总之记载很早、很多，但直到唐代才出现槐花染黄的记载，北宋唐慎微《证类本草》引陈藏器云：花堪染黄，子上房七月收之，染皂木为灰，长毛发。宋代时槐米染黄已非常普遍，欧阳修《文忠集》有如是记载："曾记得一方，只用新好槐花（寻常市中买来染物者）于新瓦上慢火炒令熟。"寇宗奭《本草衍义》则有："槐花今染家亦用，收时折其未开花，煮一沸出之。釜中有所澄下稠黄滓，渗漉为饼，染色更鲜明。"

槐米内含有黄色槐花素及芸香苷，花蕾中含量较多，花开放后便减少。这种色素属于媒染染料，可适用于染棉、毛等纤维。用明矾媒染可得草黄色，如再以靛蓝套染可得官绿；以绿矾媒染则得灰黄。因为槐黄染色色光鲜明，牢度良好，是黄色植物染料的后起之秀。清代皇袍的明黄色就是用它染成。

芸香苷主结构骨架如下：

芸香苷

5. 地黄

地黄（*Rehmannia glutinosa*），又名苄和地髓，玄参科草本植物，早在《尔雅·释草》中就有地黄的记载："苄，地黄。"注曰："一名地髓，江东呼苄，苄音户。"东汉崔寔《四民月令》也提到它，谓："八月，……干地黄做末都。"其后的各家医书也都提到它，《神农本草经》曾将它列为上品药。作黄色染料之用似乎是从南北朝时开始的，《齐民要术》在"河东染御黄法"中详细记载了用地

黄染熟绢的工艺方法，云："碓捣地黄根令熟，灰汁和之，搅令匀，搦取汁，别器盛。更捣滓使极熟，又以灰汁和之如薄粥，泻入不渝釜中，煮生绢，数迴转使匀，举看有盛水袋子，便是熟绢，抒出着盆中，寻绎舒张。少时，捩出、净搌、去滓，晒极干。以别绢滤白淳汁，和热抒出，更就盆染之，急舒展令匀。汁冷，捩出曝干，则成矣。……大率三升地黄染地一匹御黄。"所述实际包含了制取地黄染料、漂练绢帛和染色三种工艺过程，灰汁在此工艺中既作精练剂，又作媒染剂，不仅节省原料，还大大缩短了漂练和染色时间。

地黄的根茎中含地黄素（又名地黄苷），可以染黄，其结构式如下：

地黄苷

二、红色调染料植物

可以染出红色调的染料植物大致有茜草、红花、苏木、虎杖、棠梨、落葵、都捻子、冬青、枣木、橪木、番红花等十余种，较为重要的是前三种。

1.茜草

茜草（*Rubia cordifolia* L），茜草科多年生攀援草本植物。古代使用最广泛的红色染料，有茹藘、茅蒐、蒨草、地血、牛蔓等40余种别名。《尔雅·释草》谓："茹藘，茅蒐。"晋郭璞注云："今之蒨也，可以染绛。"邢昺疏曰："今染绛蒨也，一名茹藘，一名茅蒐……陆机云：一名地血，齐人谓之牛蔓。"在春秋两季均可采挖（春季所采茜草，因成熟度不够，质量远不如秋季所采），以根部粗壮呈深红色者为佳。鲜茜草可直接用于染色，也可晒干贮存，用时切成碎片，以温汤抽提茜素。茜草所染织物，红色泽中略带黄光，娇艳瑰丽，而且染色牢度较佳，是春秋期间最受妇女偏爱的颜色之一。《诗经》中有多处提到茜草和其所染服装，如《诗经·郑风·东门之墠》："东门之墠，茹藘在阪。"《诗经·郑风·出其东门》："缟衣茹藘，聊可与娱。"20世纪80年代，在新疆且末县扎洪鲁克一座断代为公元前1000—公元前800年的墓葬中，曾出土过一些呈红色深浅不一的毛织物，经分析，这些红色毛织物，染料成分均含有茜素和茜紫素，显然都是用茜草染成，印证了先秦时期染茜工艺所达到的水准❶。西汉以来，开始大量人工种植，司马迁在《史记》里说，新兴大地主如果种植"十亩卮茜"，其收益可与"千户侯等"。《汉宫仪》记有"染园出卮茜，供染御服"。长沙马王堆汉墓曾出土很多茜染织物，如其中的"深红绢"和"长寿绣袍"的红色底色，经化验即是用茜素和媒染剂明矾多次浸染而成。因茜草所染之色，是比较暗的土红，不如红花所染鲜艳，汉以后随着红花的普遍种植，茜草的地位有所下降，但利用也是很普遍，故而在许多文献中仍多有记载。

茜草根部含有多种蒽醌类化合物，其中色素主要成分是茜素和茜紫素。染色时如将织物直接浸泡在纯茜草液中虽也可使之着色，但由于茜草中的色素成分几乎全是以葡萄糖或木糖苷的形式存于植物体内，葡萄糖的大分子结构使色素缺乏染着力，效果不是很好，只能得到单一的浅黄色。所以秦以后提取茜素采用的是类似靛蓝的发酵水解法，即通过微生物的作用将配糖体的甙键水解断裂，再施以铝、铁、铜等不同的金属媒染剂，便会得到从浅至深的十分丰富的红色色调。其中尤以铝媒染剂所得色泽最为鲜艳。茜素和茜紫素结构式如下：

茜素　　　　　茜紫素

2. 红花

红花（*Carthamus tinctorius*），在古代又名黄蓝、红蓝、红蓝花、草红花、刺红花及红花草，菊科红花属植物，株高达 4 ～ 5 尺（1 尺 =33.33cm），叶互生，夏季开呈红黄色的筒状花。从考古发现来看，红花是人类最早利用的植物染料之一，约在距今 5000 年之前，埃及已开始应用红花染料了。而中国利用红花的时间较晚，据考证，红花先经中亚传入我国西北地区，然后传入中原，传入时间应是在汉代张骞通西域后❷。西晋张华《博物志》载："张骞得种于西域，今魏地亦种之。"东晋习凿齿《与燕王书》载："山下有红蓝，足下先知否，北方人采取其花染绯黄，采取其上英者做胭脂。"表明至迟在晋代一些地方很可能已种植红花并作为染料使用。因红花是红色植物染料中染红色最艳丽的一种，故其很快取代其他红色染材成为主要的染红染料。唐宋时期，几乎各地都有红花种植，其中关内道的灵州和汉中郡、山南道的兴元府和文州、江南东道的泉州和兴华军，贡赋产品中都有红花。明代李时珍曾考证红花名称的来历，谓："其花红色，叶

---

❶ 解玉林，熊樱菲，陈元生，等. 周-汉毛织品上红色染料主要成分的鉴定［J］. 文物保护和考古科学，2001（1）.

❷ 赵丰. 红花在古代中国的传播、栽培和应用［J］. 中国农史，1987（3）：61-71.

颇似蓝，故有蓝名。"❶另据《闽部疏》万历十五年序所记，明代用红花染红，以京口最为有名，当时福建因为"红不逮京口，闽人货湖丝者，往往染翠红而归织之"。

红花的花冠内含两种色素，其一为含量约占30%的黄色素；其二为含量仅占0.5%左右的红色素，即红花素。其中黄色素溶于水和酸性溶液，在古代无染料价值，而在现代常用于食物色素的安全添加剂。含量甚微的红花素则是红花染红的根本之所在，它属弱酸性含酚基的化合物，不溶于水，只溶于碱液，而且一旦遇酸，又复沉淀析出。近代染色学中提取红花素的方法是利用红色素和黄色素皆溶于碱性溶液，红色素不溶于酸性溶液，黄色素溶于酸性溶液的特性。先用碱性溶液将两种色素都从红花里浸出，再加酸中和，只使带有荧光的红花素析出，可用于多种纤维的直接染红。中国古代染匠虽不了解红花色素的组成和化学属性，但文献中记载的提取红花素的工艺方法，却是和上述化学原理完全一致的。红花黄色素和红花红色素结构式如下：

红花黄色素   红花红色素

3. 苏木

苏木（*Caeslpinia sappan*），又名苏方木，或苏枋、苏方，属豆科常绿小乔木。它原产东南亚和中国的岭南地区，但古代很多人都认为是外来植物，如李时珍《本草纲目》说："海岛有苏枋国，其地产此木，故名。今人省呼为苏木尔。"之所以出现这种误说，究其缘由，可能是由于元明时期苏木是东南亚地区输入中国大宗货品之一造成的。苏木用于染红的记载始见于西晋嵇含《南方草木状》。与其他红色植物染料相比，苏枋比茜草的色彩艳丽，比红花提取简便，所以它自魏唐之际跨过南岭进入中原后便成为最重要的一种染红染材，并对我国染色文化产生了很大影响。不过很多文献在记述苏木时，大多言其染绛，殊不知染绛是用其心材，根材还可以染黄。关于苏木染黄，似仅见于原本《说郛》所引《南方草木状》，谓："苏枋树，类槐，黄花，黑子，出九真，南人以染黄绛，渍以大庚之水，则色愈深。""九真"系西晋时的郡名，在今越南中部；"大庚"可能指大庚岭，即江西、广东交界处的梅岭❷。值得注意的是，此引文在其他各文献中都脱去"黄"字，写作"南人以染绛"。

❶ 李时珍. 本草纲目［M］. 北京：中国医药科技出版社，2011：508.

❷ 赵匡华，周嘉华. 中国科学技术史：化学卷［M］. 北京：科学出版社，1998：646.

苏木的赭褐色心材中所含无色的原色素叫"巴西苏木素"，经空气氧化变成有色的"巴西苏木红素（$C_{16}H_{12}O_5$）"。它易溶于水中，可染毛、棉、丝纤维，其色彩视所加媒染剂种类而各殊，范围为红至紫黑，皆具有良好的染色牢度。一般铬媒染剂得绛红至紫色；铝媒染剂得橙红色，铜媒染剂得红棕色；铁媒染剂得褐色；锡媒染剂得浅红至深红色。用苏木染出的红色和用红花染出的蜀红锦以及广西锦的赤色，十分接近。与其他红色植物染料相比，苏木比茜草的色彩艳丽，比红花提取简便。

巴西苏木红素

三、蓝色调染料植物

蓝草是古代应用最早和最广的蓝色植物染料，品种很多，大凡可以制靛的植物均可称之为蓝草。在古文献中，出现的蓝草品种名称有蓼蓝、大蓝、槐蓝、芥蓝、马蓝、菘蓝、冬蓝、板蓝、吴蓝、甘蓝等10余种。有学者对这些不同的蓝草品种做了研究，认为古代实际上用于染蓝的常用蓝草品种只有寥寥4种，分别是蓼蓝、菘蓝、木蓝和板蓝。之所以出现这么多品种，是因为从很早开始，各地对蓝草的习用名便已五花八门，并随着书籍记载的混乱和知识的流传，人们的理解就出现了偏差，往往将同一品种误解为不同品种，实际上马蓝即板蓝；槐蓝即木蓝；冬蓝则是菘蓝；吴蓝可能是在吴地培植成功并得到推广的蓼蓝新品种❶。

1. 蓼蓝

蓼蓝（*Polygonum tinctorium*），又叫蓝靛草，蓼科一年生草本。一般在二三月间下种，六七月成熟，即可第一次采摘草叶，待随发新叶九十月又熟时，可第二次采摘。至迟在商周时期人们已对蓼蓝生长特性有了一定认识，《夏小正》里有这样的记载："五月，启灌蓼蓝"。据最早为这本书作注的《夏小正传》解释："启者，别也，陶而疏之也。灌也者，聚生者，记时也。"明人张尔岐注云："盖种蓝之法，先莳于畦，生五六寸许，乃分别栽之，所谓启也。"就是说，在夏历五月蓼蓝发棵时，要趁时节分棵栽种。又据《礼记·月令》记载："仲夏月令民毋刈蓝以染"。孔颖达《正义》云："别种蓝之体初必丛生，若及早栽移则有所伤损，此月蓝既长大，始可分移布散。"按仲夏月即夏历五月，正是蓝草发棵的季节，这时如果收采，会影响蓝草的生长。《礼记》所述与《夏小正》的记载是

❶ 张海超，张轩萌. 中国古代蓝染植物考辨及相关问题研究［J］. 自然科学史研究，2015（3）：330-341.

一致的，充分说明先秦时期人们对蓝草生长规律认识之深，使用之广泛。

2. 菘蓝

菘蓝（*Isatis tinctoria*），又叫做茶蓝、半蓝、中国大青、中国菘蓝，属于十字花科、二年生草本植物，顶生黄色小花，叶片类似菠菜或橄榄菜，花开在叶片中央，染色部位为叶片。宋代开始，用它制靛的记载非常多，如宋代罗愿《尔雅翼》记载用菘蓝作靛染青色。元代《至顺镇江志》记载"菘蓝可为靛"。明代《救荒本草》转引《本草》谓："菘蓝可以为靛，染青，以其叶似菘菜，故名菘蓝。"

3. 木蓝

木蓝（*Indigofera tinctoria*），古代称之槐蓝、大蓝、大蓝青、水蓝、小菁、本菁、野青靛，属于豆科多年生灌木，开赭粉红色的小花，以种子繁殖。木蓝始著录于宋，戴侗《六书故》记载："蓝三种，中有梗者曰木蓝。"其后李时珍《本草纲目》对其形态做了非常详尽的描述，谓："木蓝，长茎如决明，高者三四尺，分枝布叶，叶如槐叶，七月开淡红花，结角长寸许，累累如小豆角，其子亦如马蹄决明子而微小，迥与诸蓝不同，而作靛则一也。"

4. 板蓝

板蓝〔*Baphicacanthus cusia* (*Nees*) Bremek〕爵床科板蓝属。板蓝性喜潮湿，多生于亚热带地区的林边地带，主要分布在印度东部、东南亚、中国西南到东南的热带和亚热带地区。台湾学界至今习惯将板蓝称为山蓝❶。这种蓝草的利用时间也很早，《尔雅·释草》中便有相关的记载："葳，马蓝。"郭璞注："今大叶冬蓝也。"

蓝草染色原理是：蓝草叶中含有靛质，当蓝草在水中浸渍（约一天）后，靛质发酵分解出可溶于水的原靛素，此时的浸出液呈黄绿色。而原靛素在水中生物酶作用下，进一步分解成在植物组织细胞中以糖苷形式存在的吲哚酚（吲羟、吲哚醇）。吲哚酚又经空气氧化，生成不溶于水的靛蓝素（$C_{16}H_{10}N_2O_2$）析出。靛蓝是典型的还原染料，有较好的水洗和日晒色牢度。

大凡可以制靛的植物所含靛质基本相同，均为还原性的靛蓝素，其还原后所得为隐色素靛白，两者氧化还原结构式如下：

$$\text{靛白} \xrightleftharpoons[\text{[H]}]{\text{[O]}} \text{靛蓝素}$$

靛白　　　　　　　　　　　　靛蓝素

❶　张海超，张轩萌. 中国古代蓝染植物考辨及相关问题研究［J］. 自然科学史研究，2015（3）：330-341.

四、紫色调染料植物

古代用于染紫的染料植物有紫草、紫檀（青龙木）和落葵，其中紫草的染紫效果最佳，各地应用最为普遍。

紫草（*Lithospermum erythrorhizon*），紫草科多年生草本植物。古代又名茈、藐、紫丹、紫荆等。《尔雅·释草》谓："藐，茈草。"晋郭璞注："可以染紫，一名茈莫。"宋邢昺疏："一名茈草，根可以染紫之草。"早在春秋时期，紫草染色便在山东兴盛起来。《管子·轻重丁》记载："昔莱人善染练，茈之于莱纯缁"。茈即紫草，莱即古齐国东部地方，这段话的意思是齐人擅长于染练工艺，用紫草染"纯缁"。齐人工于染紫，是由于齐君好紫。《韩非子·外储说左上》说："齐桓公服紫，一国尽服紫。当是时也，五素不得一紫"。紫色系五方间色，对齐君这种有悖于周礼规定的颜色嗜好，儒家深恶痛绝，其代表人物孔子有"恶紫之夺朱"、孟子也有"红紫乱朱"的言论。北魏时期，贾思勰《齐民要术》中首次出现了有关紫草种植技术的详细记载，其后元代的《农桑辑要》《王祯农书》，明代徐光启《农政全书》，清代鄂尔泰《授时通考》中都有辑录，说明紫草的利用一直非常普遍。值得注意的是明代方以智《通雅》还记载了一种南宋时出现的可以提高紫草染效的方法，谓："淳熙中，北方染紫极鲜明中国亦效之，目为北紫。盖不先青而改绯为脚，用紫草少，诚可夺朱。"另据文献记载，唐宋时期山南道的唐州、剑南道的成都府和蜀州、河南道的青州、河东道的晋州和潞州、河北道的魏州，所产紫草品质较佳，都曾作为土贡产品进献朝廷。

紫草是典型的媒染染料，其色素主要存在于植物根部，采挖紫草根一般是在八九月间茎叶枯萎时。色素的主要化学成分是萘醌衍生物类的紫草醌和乙酰紫草醌，这两种紫草醌水溶性都不太好，染色时若不用媒染剂，丝、麻、毛纤维均不能着色，因此必须靠椿木灰、明矾等媒染剂助染，才能得到紫色或紫红色。紫草醌和乙酰紫草醌结构式如下：

紫草醌   乙酰紫草醌

五、绿色调染料植物

古代的绿色服饰大多由复染拼色而成，现知的可以直接染绿的植物似乎只有鼠李一种，但文献中亦有用丝瓜和鸭跖草染绿的记载，

是否是直接染，尚待考量。

鼠李（*Rhamnus davurica*），又名冻绿、山李子，属多年生落叶小乔木或灌木。中国古代染绿多是利用含蓝、黄两种色素的染料复染，可以直接单独染绿的染料植物没有几种，鼠李是其中之一，故又被称作"中国绿"。鼠李用于染色的历史很早，德国的吉·扎恩在其撰写的《染色历史》中国部分中写道："古代，非常有名的物质之一是绿色染料，中国话称为'绿果'，这类染料是由各种鼠李属的灌木制成的。这种树木的木材、多汁的果子，都被色素染成浓重的黄色。如果把它们的浓缩液和明矾、碳酸钾并用，即成绿色的植物染料。蚕丝直接吸收，染成蓝绿色，在弱酸染浴中可直接染植物纤维。"他认为鼠李染色技术大概在公元前二千年可能就已出现❶。从《太平御览》引郭义恭《广志》所载："鼠李，牛李，可以染"，可知晋代时鼠李被用于染色是没有问题的，虽然在晋代时即已用于染色，但直至元以前鼠李染色似乎用途不是很普遍。到元代时鼠李的用量激增，《大元毡罽工物记》记载了当时宫廷织染机构征用植物染料的情况，与征用的其他各种染料相比，数量仅次于靛蓝居第二位，可知其用途之广。宫廷织染机构如是，民间的用量当然会更多，说明鼠李自此时开始已是大宗主流染料之一。

鼠李的嫩实、叶子、枝皮等均含有丰富的绿色色素，其染色方法相当特别，光绪《永嘉县志》载："以绿柴皮煎汁染之，乘日未出，将布铺地令平，其下面着地，为寒气所逼，绿色葱蒨，背面则黯然无光。"其主要色素为天然绿二号（$C_{15}H_{12}O_6$），既可以直接上染天然纤维，也可以通过金属离子媒染而上染。天然绿二号结构式如下：

天然绿二号

六、黑色调染料植物

可染出黑色调的染料植物有非常多，见于文献著录的有麻栎、漆、鼠尾草、乌桕、狼把草、黄荆、鼠曲草、胡桃、石榴、榛、桑、茶、黑豆、芰、椑柿、薯莨、毗梨勒、榉柳、栲、莲、杨梅、扶桑、槲等20余种，其中以麻栎染黑最为普遍，是古代最主要的黑色染料植物。

麻栎（*Quercus acutissima* Carruth.）系多年生高大落叶乔木，又名柞树、柞栎、栩、橡、枥、象斗、橡栎、橡子树等。它的果实称为皂斗或橡实。皂，亦写作皁。《尔雅·释木》谓："栩，杼。"又谓："栎，其实梂。"晋郭璞注曰："柞

---

❶ 赵丰. 冻绿-中国绿——中国古代染料植物研究之二［J］. 中国农史，1988（3）：77-82.

树。"三国陆机疏云："今柞，栎也，徐州人谓栎为杼，或谓之栩，其子为皂或言皂斗，其壳为汁可以染皂，今京洛及河内言杼斗。"因黑色是五方正色之一，皂斗又是主要黑色染料，所以需求量非常大，《周礼·地官·大司徒》在谈及诸如山林、川泽、丘陵等五种不同自然环境的地物时，特别指出："山林，……其植物宜皂物。"汉郑司农注："植物，根生之属；皂物，柞栗之属。今世间谓柞实为皂斗。"《诗经》中有多处诗句提到皂斗，如《唐风·鸨羽》："肃肃鸨羽，集于苞栩。"《秦风·晨风》："山有苞栎，隰有六驳。"《小雅·四牡》："翩翩者雕，载飞载下，集于苞栩。"征收和发放皂斗（象斗）也是《周礼·地官》中所记"掌染草"官员的职责之一。

麻栎的果实皂斗和树皮中含多种鞣质，属于没食子鞣质与六羟基二苯酸的酯化产物，又称"逆没食子鞣质"（ellagitannin）。鞣质又称单宁，在空气中易氧化聚合，也容易络合各类金属离子，是一种结构十分复杂，具有多元酚基和羧基可水解的有机化合物。鞣质的可水解性使它非常容易提取，方法是将壳和树皮破碎后，用热水浸泡，使其溶出。水温以 $40 \sim 50\,℃$ 为宜，过高，鞣质易分解；过低，则浸出时间太长。其染色机理是在已浸出鞣质的染液中加入铁盐媒染，鞣质先与铁盐生成无色的鞣酸亚铁，再经空气氧化生成不溶性的鞣酸高铁。因鞣酸高铁是沉淀色料，沉积在纤维上后牢度非常好。

表1-1　古文献中明文著录可以染色的植物染料

序号	名称	别名	学名	科名	色素所存	所染色泽	著录年代	资料来源
1	菘蓝	茶蓝	*Isatis tinctoria*	十字花	叶	青	唐	苏敬《新修本草》
2	蓼蓝	蓝靛草	*Polygonum tinctorium*	蓼	叶	青碧	唐	苏敬《新修本草》
3	马蓝	大叶冬蓝、葳	*Strobilanthes cusia*	爵床	叶	青	晋	郭璞注《尔雅》
4	木蓝	槐蓝、蓝靛	*Indigofera tinctoria*	豆	叶	青	唐	苏敬《新修本草》
5	苋	苋菜、人苋、三色苋	*Amaranthus tricolor*	苋	叶	青	宋	唐慎微《证类本草》
6	紫草	茈、藐、紫丹、鸦衔草	*Lithospermum erythro-rhizon*	紫草	根、叶	紫	东周	《管子·轻重丁》
7	茜草	茹藘、茅蒐、蒨、地血	*Rubia cordifolia*	茜草	根	赤	东周	《诗经》
8	红花	红蓝、黄蓝、蓝花	*Carthamus tinctorius*	菊	花	红、黄	晋	张华《博物志》
9	苏木	苏方木、苏枋	*Caesalpinia sappan*	豆	木	红	晋	《南方草木状》

序号	名称	别名	学名	科名	色素所存	所染色泽	著录年代	资料来源
10	虎杖	苦杖	*Polygonum cuspidatum*	蓼科	茎	赤	晋	郭璞注《尔雅》
11	棠梨	杜梨、棠、赤棠	*Pyrus betulaefolia*	蔷薇	叶	绛	北魏	《齐民要术》
12	落葵	蔠葵、胭脂菜	*Basella rubra*	落葵	果	红紫	唐	《北户录》
13	都捻子	倒捻子	*Gacinia mangostana*	藤黄	花	红紫	唐	《岭表录异》
14	冬青	冻青	*Glex chinesis*	冬青	叶	绯	唐	《本草拾遗》
15	枣木		*Ziziphus jujuba* Mill.	鼠李	木	乌红	宋	《云麓漫抄》
16	楮木	檀木	*Padus buergeriana*	蔷薇	木	绛	明	《本草纲目》
17	樧木	杭樧、山楂	*Crataegus pinnatifida* Bunge	蔷薇	木	绛	明	《本草纲目》
18	番红花	泊夫蓝	*Crocus sativus*	鸢尾	花	红	明	《本草纲目》
19	紫檀	青龙木	*Peerocarpus indicus*	豆	木	红紫	明	《新增格古要论》
20	荩草	菉竹、戾草、王刍	*Arthraxon hispidus*	禾本	叶	黄	东周	《诗经》
21	栀子	鲜支、山栀、黄栀	*Gardenia jasminoides*	茜草	花	黄	汉	《史记》
22	黄栌	蘡芦、枦	*Cotinus coggygria*	漆树	木	黄	汉	郑玄注《周礼》
23	地黄	芐、地髓	*Rehmannia glutinosa*	玄参	根	黄	汉	《韩诗外传》
24	柘木	黄桑、奴柘	*Cudrania tricuspidata*	桑	木	赭黄	汉	《四民月令》
25	小檗		*Berberis thunbergii*	小檗	木、皮	黄	唐	《本草拾遗》
26	栾树	栾华	*Koelreuteria paniculata*	无患子	花	黄	唐	苏敬《新修本草》
27	郁金		*Curcuma aromatica*	姜	根	黄	宋	《本草衍义》
28	槐树		*Sophora japonica*	豆	花蕾	黄	宋	《本草衍义》
29	山矾	七里香	*Symplocos sumuntia*	山矾	叶	黄	宋	《诗林广记》
30	桦木		*Betula*	桦木	皮	黄棕	元	《大元毡罽工物记》
31	姜黄		*Curcuma longa*	姜	根	黄	明	《本草纲目》
32	黄檗	黄柏	*Phellodendron amurense*	芸香	木、皮	黄	明	《天工开物》
33	丝瓜	天丝瓜	*Luffa cylindrica*	葫芦	叶	绿	明	《本草纲目》
34	鸭跖草	碧竹子、蓝花草	*Commelina communis*	鸭跖草	花	碧	刘宋	郑缉之《永嘉郡记》
35	鼠李	冻绿、山绿柴	*Rharmnus davurica*	鼠李	皮、嫩实	绿	宋	郑樵《通志》
36	麻栎	橡椀、栩	*Quercus acutissima*	壳斗	果壳	黑	东周	《周礼·地官》

序号	名称	别名	学名	科名	色素所存	所染色泽	著录年代	资料来源
37	漆	山漆	*Toxicodendron vernicifluum*（Stokes）F. A. Barkl.	漆树	树脂	黑	战国	《禹贡》
38	鼠尾草	葝、乌草	*Salvia japonica*	唇形	茎、叶	黑	晋	郭璞注《尔雅》
39	乌桕	鸦白	*Sapium sebiferum*	大戟	叶	黑	唐	《本草拾遗》
40	狼把草	郎耶草	*Bidens tripartita*	菊	茎、叶	黑	唐	《本草拾遗》
41	黄荆	牡荆	*Vites negundo*	马鞭草	茎	黑、褐	唐	《本草拾遗》
42	鼠曲草	鼠耳草	*Gnaphalium affine*	菊	茎、叶	褐	唐	《本草拾遗》
43	胡桃		*Juglans regia*	胡桃	皮	黑	宋	《开宝本草》
44	石榴		*Punica granatum* L.	石榴	皮	黑	元	王桢《农书》
45	榛	秦木	*Corylus heterophylla*	桦木	皮	黑	明	《多能鄙事》
46	桑		*Morus* spp	桑	皮	黑、褐	明	《多能鄙事》
47	茶		*Camellia sinensis*	山茶	叶	黑、褐	明	《多能鄙事》
48	黑豆	乌豆	*Glycine max*	豆	果实	黑	明	《多能鄙事》
49	芰	菱	*Trapa* spp	菱	果壳	黑	明	《本草纲目》
50	椑柿	漆柿	*Diospyros oleifera*	柿	果	黑	明	《本草纲目》
51	薯莨		*Dioscorea cirrhosa*	薯蓣	根	黑	明	《本草纲目》
52	毗梨勒	三果	*Terminalia bellirica*（Caertn.）Roxb	使君子	果	黑	明	《本草纲目》
53	桱柳	柽柳、枫杨	*Tamarix chinensis*	柽柳	皮	黑	明	《物理小识》
54	梣	白蜡树	*Fraxinus chinensis*	木犀	皮	黑	明	《物理小识》
55	莲	睡莲、子午莲	*Nelumbo nucifera*	睡莲	莲子壳	黑	明	《天工开物》
56	杨梅		*Myrica rubra*	杨梅	皮	黑	明	《天工开物》
57	扶桑	朱槿、佛桑	*Hibiscus rosa-sinensis*	锦葵	花	黑	清	《格致镜原》
58	栲	红栲	*Castanopsis hystrix*	山毛榉	皮	黑	清	《于潜县志》
59	槲		*Quercus dentata*	榉	树皮	黑	清	《布经》抄本

七、其他及综合色调染料植物

摘录的其他及综合色调染料植物有杭木、荨、冬灰、紫衣、黄屑、竹青等6种，对应的古文献内容见二维码。

第三节　染料植物的种植、采收、贮藏和色素提取

　　在繁多的染料植物中有许多种是作为经济作物被广泛种植的。这些不同的染料作物有着不同的种植、采收、贮藏和色素提取方法。在中国现存最早的一部完整农书《齐民要术》中，记载的染料植物红花、蓝草、栀子、紫草、地黄、棠梨、安石榴、桑、柘、槐等，都是分别予以论述。其后出现的诸多《农书》，亦无例外。下面以蓝草、红花为例分述之。

1. 蓝草的种植和加工

　　蓝草是栽培历史最悠久的染料作物，不同品种的蓝，播种方式和时间是有差异的。蓼蓝、菘蓝、木蓝，北方地区多在三月播种，南方因气温相对北方高，可在正月播种。具体方式概括起来有两种，或在地里撒籽生芽，或浸籽生芽再畦种之。一般在六七月即可第一次采收，待九十月新叶又熟时，可第二次采收。板蓝在西南地区种植较多，因该地区常年气候温和，一年可采收多次，很难结出种子，多采用扦插繁殖。浸籽生芽的详细种植技术最早记载见于《齐民要术》，谓："蓝地欲良，三遍细耕，三月中浸子，令芽生，乃畦种之。治畦下水，一同葵法。蓝三叶浇之，晨夜再浇之。薅治令净。五月中新雨后，即接湿耧构，拔栽之。《夏小正》曰：'五月启灌蓝蓼。'三茎作一科，相去八寸。栽时溉湿，白背不急锄则坚确也。五遍为良。"扦插繁殖的较详细的记载则见于《天工开物》，谓："冬月割获，将叶片片削下，入窖造淀。其身斩去上下，近根留数寸。薰干，埋藏土内。春月烧净山土使极肥松，然后用锥锄（其锄勾末向身长八寸许），刺土打斜眼，插入于内，自然活根生叶。"

　　在制靛技术未出现以前，染蓝的季节性非常强。这是因为采摘下的蓝草鲜叶，时间一长就会发霉腐烂，植物体内的色素也随之损失或失效，必须及时用于染色，否则会失去染色价值。所以在制取技术较落后的先秦时期，染蓝只能在夏秋两季进行。制靛技术的出现，使蓝草的色素以蓝靛的形式呈现，而蓝靛不仅可以长时间存放，还便于随时取用，彻底改变了这一状况。

　　我国制造靛蓝的技术，起始于何时，不见记载，但从秦汉两代人工大规模种植蓝草的情况推测，估计不会晚于这个时期。待至三国以后，即已基本成熟。据研究，早期的制靛采用固态发酵，其工艺流程如下：草出后，将其叶铺在地板上，渍之以水，使起酵发热，待至干燥，上下搅和，又渍水发酵，如是多次，至酵全息，则成暗青黑色，谓之蓝靛。此法发酵出来的蓝色染料古人称为"蓝丸"，隋代《玉烛宝典》、唐代《初学记》和宋代《太平御览》都有类似的记载❶。南北朝时期出现了液态发酵制靛法，北魏贾思勰在其著作《齐民要术》卷五"种蓝"条中详细记载了这种制靛的工艺，云："刈蓝倒竖坑中，下水，以木石镇压，令没。热时一宿，冷时再宿。漉去荄，内汁于瓮中，率十升瓮，著石灰一斗五升。急抒之，一食顷止。澄清，泻去水。别作小坑，贮蓝淀著坑中。侯如强粥，还出瓮中盛之，蓝靛成矣。"其工艺原理是：放入水中的蓝草茎叶，经一定时间会发酵水解出蓝酐，加石灰后游离出吲哚，然后又经空气氧化，双分子缩合成靛蓝。蓝草发酵时还会产生酸及二氧化碳气体。加入的石灰有三个作用，一是破坏植物细胞加速吲哚游离；二是用以中和发酵时所产生的酸质；三是与二氧化碳气体反应产生的碳酸钙，能吸附悬浮性的靛质，加速沉淀速度。整个过程可简单表示如下：

$$蓝草 \longrightarrow 水浸 \xrightarrow{热时一宿，冷时再宿} 发酵 \xrightarrow{过滤} 蓝汁 \xrightarrow{加石灰搅之} 制靛 \longrightarrow 蓝靛$$

在《齐民要术》之后的许多书里，关于液态发酵制靛技术有很多论述，但基本都大同小异，其中最为大家重视的是明代宋应星《天工开物》记载，谓："凡造淀，叶者茎多者入窖，少者入桶与缸。水浸七日，其汁自来。每水浆一石下石灰五升，搅冲数十下，淀信即结。水性定时，淀沉于底。近来出产，闽人种山皆茶蓝，其数倍于诸蓝。山中结箬篓，输入舟航。其掠出浮沫晒干者，曰靛花。凡靛入缸必用稻灰水先和，每日手执竹棍搅动，不可计数，其最佳者曰标缸。"内容与贾书基本相同，但有些地方更为详细。所述蓝草水浸时间远较前者为多，这主要是为了增加靛蓝的制成率，当然也具备了更多的科学性。

2. 红花的种植和加工

红花自中原广泛种植之后，有关它的栽培方法便见诸各重要农书和本草著作中。由于红花是长日照植物，不同的生长发育阶段对日照有不同的要求。若要获得较高的产量应使红花幼苗有较长一段时间处于短日照的条件下，让它进行营养生长，待根繁叶茂之后再进入长日照条件，就能获得高产❷。所以种植红花一般可以选择三个时间播种，具体如《本草纲目》所记："红花二月、八月、十二月皆可下种。"第一个时间是早春二月，至于为何选择这个时间下种，宋应星解释是如果播种的太早，等红花苗长到一尺时，会有黑蚂蚁一样的虫子将根吃掉，使

❶ 张俪斌，王趁，李姗，等. 我国蓝草的传统植物学知识研究 [J]. 广西植物，2019（3）：386-393.
❷ 赵丰. 红花在古代中国的传播、栽培和应用——中国古代染料植物研究之一 [J]. 中国农史，1987（3）：61-71.

幼苗死亡。此时播种的红花"入夏即放绽"，当年五月就成熟了。第二个时间为八月，这种播种法以幼苗越冬，次年开花。从文献记载来看，在江浙地区较为常见。第三个时间为十二月，即腊月，种子在土壤中越冬，次年春天萌芽出苗。因此时播种的红花，生育期最长，故质量和产量均佳。播种方式，据《齐民要术》记载有三种："或漫散种；或耧下，一如种麻法；亦有锄掊而掩种者，子科大而易料理。"按现在的说法，这三种方法分别为撒播、条播和点播。撒播通常有较多的有效植株，一般只在土壤墒情较好、杂草较少、种子量充足的情况下采用。条播是用一种叫"耧耩"的工具，其形"状如三足犁，中置耧斗藏种，以牛架之，一人执耧，且行且摇，种乃随下"。此法因效率高，是古代采用最多播种方法。点播即刨坑点种再覆土，其好处在于培养或采花时易于处理。

红花的花期一般在一个月左右，呈"逐日放绽"之态，且整个植株约有五十个左右的花球，自顶而下地依序渐放，故必须边开边摘。而且因为红花叶子的叶缘和花序总苞上长着很多尖刺，采摘最好选择在清晨带露或乘凉之时。如果日中或日照强烈时采摘，不仅会因尖刺变得干硬伤人，采摘下的红花也会因日照强烈而迅速萎缩，不利于红花素萃取。为此《齐民要术》言简意赅的指出："花出，欲日日乘凉摘取。摘必须尽"。《天工开物》则特意较为详尽地专门作了论述，谓："花下作梂橐多刺，花出梂上。采花者必侵晨带露摘取。若日高露晞，其花即已结闭成实，不可采矣。其朝阴雨无露，放花较少，晞摘无防，以无日色故也。"

红花采摘后为了保存、运输、买卖和使用，需要对采摘的鲜花进行加工。古代一般采用两种方法：其一是将其直接晒成散乱的干红花；其二是制作成红花饼，这样可以极大缩减红花体积和重量，以及提高红色素比率。有关红花饼的制作方法，最早见于西晋张华"作燕支法"中，谓："取蓝花捣，以水挑去黄汁，作小饼如手掌，着湿草卧宿。便阴干。"不过在很长时间内，由于制饼技术不过关，所制之饼经常出现霉变，红花饼似乎不大受染匠推崇，所以《齐民要术》不主张在"染红"时用红花饼，云："于席上摊而曝干，胜于作饼。作饼者，不得干，令花浥郁也。"至迟在明代时，制红花饼技术才完全成熟，制法如《天工开物》所述："带露摘红花，捣熟以水淘，布袋绞去黄汁。又捣以酸粟或米泔清。又淘，又绞袋去汁，以青蒿覆一宿，捏成薄饼，阴干收贮。染家得法，我朱孔扬，所谓猩红也。"并明确指出"入药用者不必制饼。若入染家用者，必以法成饼然后用，则黄汁净尽，而真红乃现也。"由此亦说明当时"染红"已必用饼，而防止红花饼霉变办法就是在制饼过程中加入青蒿，现代科学分析证明属菊科植物的青蒿确实有杀菌防腐的作用。需要指出的是，我国古代不但能够利用红花染色，而且能从已染制好的织物上，把已附着的红色素，重新提取出来，反复使用。这在《天工开物》也有明确记载，云："凡红花染帛之后，若欲退转，但浸湿所染帛，以碱水、稻灰水滴上数十滴，其红一毫收转，仍还原质，所收之水藏于绿豆粉内，再放出染缸，半滴不耗。"其原理是利用红色素易溶于碱性溶液的特点，把它从所染织物上重新浸出。至于将它储于绿豆粉内，则是利用绿豆粉充作红花素的吸附剂。这也说明当时染匠对红花染色特性的认识是相当深刻的。

第四节　取法自然的各种染色工艺

植物染料的染色之术，虽推测自五六千年前即已出现，但自西周时期，人们对各种染料植物的性质已有很深的认识，并能根据所用染料植物的性质，采用不同的染色方法，且基本已运用的十分娴熟，却是不容置疑的事实。不过当时因染料植物贮藏技术尚不成熟，染色受季节的影响非常大。

《周礼·天官·冢宰》有这样的记载："凡染，春暴练，夏纁玄，秋染夏，冬献功。"将练染的季节性标识的非常清楚。

关于"春暴练"，贾公彦疏云："凡染，春暴练者，以春阳时阳气燥达，故暴晒其练。"这是比较容易理解的，因为春天气候温和，适宜各种户外生产，此时进行丝、麻的漂练，不会因气温过低影响生产和操作，也不会因日照太强损伤纤维品质。

关于"夏纁玄"，郑玄注云："纁玄者，天地之色，以为祭服。"贾公彦疏云："夏玄纁者，夏暑热润之时，以湛丹秋，易和释，故夏染纁玄，而为祭服也。"玄、纁二色除作祭服外，帝王、诸侯、卿大夫的六冕之服，即大裘冕、衮冕、鷩冕、毳冕、希冕、玄冕，皆为玄上纁下，这两色系国之重色，需求量最大，在漂练完成后应首先生产。

关于"秋染夏"，郑玄注曰："染夏者，染五色谓之夏者，其色以夏狄为饰。"贾公彦疏曰："秋染夏者，夏谓五色。至秋气凉，可以染色也。""夏狄"即"夏翟"，特指羽毛五色的野鸡，也是各种不同颜色野鸡的统称。以"夏狄为饰"即是说以野鸡羽色作为色泽的参照标准。"秋染夏"的意思可引申为在完成玄、纁二色生产后，在秋高气爽的季节里染制其他五颜六色的织物。

将染色定在夏秋两季是有一定道理的，一则可以与漂练较好地衔接，二则更主要是与植物的成熟、采集季节密切相关。如茜草根可在 5～9 月挖掘，与夏天染纁是一致的，蓝草叶应在 7～8 月采收，而其他染草大多也是在夏秋两季采集。再者，因为当时还不具备植物染料的提纯和储存技术，染料植物采收下来以后，为防止色素丢失、染液霉变影响染色效果，要及时染色。而染料植物的生长、采收是有时限的。《诗经·豳风·七月》所歌："八月载绩，载玄载黄。"《礼记·月令》所记："季夏之月，……命妇官染采黼黻文章，必以法故，无或差贷。"都说明了这一点。战国以后，随着植物染料保鲜、贮藏和提纯技术的进步，染色受季节的影响越来越小，在染色工艺中就不再强调季节了。需要注意的是，早期把染色事项分成四季，各有重点，看似刻板、教条，实为中国古代因势利导克服技术缺陷的一个典范。

古代一直沿用的染色工艺，概括起来主要有五种，一是直接复染法；二是套染法；三是媒染法；四是综合染法；五是缬染法。

一、直接复染法

其法是将待染织物直接放入到有染料植物的枝叶或其他富含色素部分的发酵染液里面，通过浸或煮的方式，并根据所定色调的深浅，在同一染液中一次或多次浸或煮织物，从而使之施色。之所以要反复投入染液中，是因为植物染料虽能和纤维发生染色反应，但受限于彼此间亲和力的高低，浸染一次只有少量色素附着在纤维上，得色不深，欲得理想浓厚色彩，须反复多次浸染。而且在前后两次浸染之间，取出的纤维织物不能拧水，直接晾干，以便后一次浸染能进一步更多地吸附色素。在古文献中，较为详尽且代表性鲜明的记述有两则。

一是《墨子·所染第三》中有关织物颜色、染料颜色与浸染次数之关系的阐释。谓："子墨子言，见染丝者而叹曰：染于苍则苍，染于黄则黄，所入者变，其色亦变，五入必，而已必为无色矣。"《尔雅·释器》中有关于复染的记载："一染谓之縓，再染谓之赪，三染谓之纁。青谓之葱，黑谓之黝，斧谓之黼。"縓是黄赤色，赪是浅红色，纁是绛（深红）色，葱是青色，黝是黑色，黼是黑白相间。

二是宋应星《天工开物》中所记用此法染得的色调。计有：大红、莲红、桃红、银红、水红、翠蓝、天蓝、月白、草白、象牙色、毛青布色。其中大红色染法如下：大红色的原料是红花饼，用乌梅水煎出后，再用碱水澄几次，或用稻草灰代替碱，效果相同。澄多次之后，色则鲜甚。我们知道红花中含有红花素和黄色素，红色素不溶于酸，而溶于碱，黄色素反之。乌梅水呈酸性，将红花饼用乌梅水煎的目的是进一步祛除黄色素，提纯红色素。莲红、桃红、银红、水红四色，原料亦是红花饼，工艺同大红色，不过颜色的深浅随红花饼的分量增减而定。

二、套染法

其法工艺原理与复染基本相同，也是多次浸染织物，只不过是多次浸入两种或两种以上不同的染液中交替或混合染色，以获取中间色。运用套染工艺，可以只选择几种有限的染料，而得到更为广泛的色彩，它的出现使染色色谱得到极大丰富。

先秦时期，绿色是最常见的服装流行色彩之一，很多人以身着"绿衣黄里"或"绿衣黄裳"为美。其时染制绿色的方法，很可能采用的就是荩草和靛蓝套染。主要依据：一是古代染绿基本都是以黄色染料与靛蓝套染而实现的，实例如宋应星《天工开物》所载染绿法。二是直到晋代才发现可以直接染绿的染料鼠李，郭

义恭《广志》载："鼠李，朱李，可以染。"唐宋以后才广泛利用。三是有人做过栀子染色试验，发现无论是直接染，还是加铝盐或铜盐媒染，所的色泽皆为黄色（加铝盐略含绿色）。而荩草染色性能与栀子相同 ❶。四是有学者曾将新疆且末县扎洪鲁克出土的两件绿色毛织物作了 X 射线分析，发现将草绿色样品中的蓝色素提出后，其反射光谱曲线与黄色样品十分接近，认为绿色毛织物很可能是黄色和蓝色染料套染而成 ❷。

关于套染工艺，早在《考工记·锺氏》中便有明确记载："三入为纁，五入为緅，七入为缁。"对这段话的注释，郑玄注比较简单，云："染纁者三入而成，又再染以黑，则成緅。今《礼》俗文作爵，言如爵头色（赤多黑少）也。又复再染以黑，乃成缁矣。"贾公彦的疏则较为详细，谓："三入谓之纁，……不言四入及六入。按《士冠》有朱纮之文。郑云：朱则四入与，是更以纁入赤汁则为朱。……纁若入赤汁则朱，若不入朱而入黑汁则为绀矣。若更以此绀入黑则为緅，而此五入为緅是也。……若更以此緅入黑汁即为玄，则六入为玄。……更以此玄入黑汁则名七入为缁矣。"结合前文所引《尔雅·释器》内容，贾氏所云工艺流程如下：

纤维织物 —一入红汁→ 纁 —二入红汁→ 赪 —三入红汁→ 纁 —四入红汁→ 朱

纤维织物 —一入红汁→ 纁 —二入红汁→ 赪 —三入红汁→ 纁 —四入黑汁→ 绀 —五入黑汁→ 緅 —六入黑汁→ 玄 —七入黑汁→ 缁

绀为赤色扬青，緅为青赤色，玄为黑而有赤色，缁为纯黑色。经四入至七入，黑色彻底盖住了红色。而从染红再染黑过程看，实为典型的复染和套染相结合的工艺。至于红汁，当为加入铝媒染剂的茜草纁染液，黑汁则为加入铁媒染剂的皂斗染液。

由于不同染料颜色的遮盖，运用不同染料进行套染要遵循一定的次序，《淮南子》在论述循序渐进的道理时，即以此举例说明。谓："染者先青而后黑则可，先黑而后青则不可。"此外，宋应星《天工开物》还记载了一些用套染法染得的色调。计有：豆绿、鹅黄、天青、葡萄青、蛋青。其中豆绿色是先用黄檗水染，再用靛水套染，如用苋蓝套染，可得甚为鲜艳的草豆绿。鹅黄、天青、葡萄青、蛋青、玄色诸色套染工艺则见表 1-2。这些色调俱用蓝靛，据记载，当时蓝草生产以福建的泉州、赣州等地最著名，如万历《闽大纪》说："靛出山谷，种马蓝草为之。……利布四方，谓之福建青。"万历《泉州府志》说泉州主要产两种蓝，"叶大高者为马蓝，小者为槐蓝，七邑皆有"。天启《赣州府志》说赣州："种蓝作靛，西北大贾岁一至，泛舟而下，州人颇食其利。"

❶ 杜燕孙. 国产植物染料染色法［M］. 北京：商务印书馆, 1950：189, 218.

❷ 解玉林，熊樱菲，陈元生，等. 周-汉毛织品上红色染料主要成分的鉴定［J］. 文物保护和考古科学, 2001（1）.

表1-2 《天工开物》所载套染工艺

色调	染料	一染	再染
鹅黄	黄檗、蓝靛	黄檗煎水染	靛水盖上
天青	蓝靛、苏木	入靛缸浅染	苏木水盖
葡萄青	蓝靛、苏木	入靛缸深染	苏木水深盖
蛋青	黄檗、蓝靛	黄檗水染	入靛缸
玄色	蓝靛、芦木、杨梅皮	靛水染深青	等量芦木、杨梅皮，煎水盖

三、媒染法

媒染又称媒介染色。在植物染料中，除少数几种外，大多数都对纤维不具有强烈的上染性，不能直接染色。必须借助金属盐类媒染剂，使染料分子中的配位基团和金属盐发生化学反应，色素才能以络合物的形式附着在纤维上。古代所用媒染剂见于古籍的有绿矾（皂矾）、明矾、石胆、涅、青矾、白矾、草木灰等。根据其化学组成，大致可分为铁离子媒染剂和铝离子媒染剂两大类。

铁离子媒染剂主要来源有三种：一是黄铁煤矿石的浆液或是锈蚀铁器的浆液；二是用黄铁煤矿石焙烧的绿矾；三是含铁的河泥。其中绿矾最为重要，因其能用于染黑，故又称皂矾。其化学组成为 $FeSO_4 \cdot 7H_2O$，易溶于水，可在空气中逐渐氧化成硫酸铁，其铁离子能与媒染染料中的配位基团络合。在中国古代众多应用矾中，这种矾的制造工艺是最早出现的，而它的出现很有可能就与染皂有关，甚至有学者认为"那时生产的绿矾实际上主要就是利用它来媒染皂黑" [1]。

铝离子媒染剂主要来源于明矾，亦即白矾。它系硫酸钾和硫酸铝的复盐，分子式是 $K_2SO_4 \cdot Al_2(SO_4)_3 \cdot 24H_2O$，入水即水解，生成氢氧化铝胶状物，其铝离子能与媒染染料中的配位基团络合。在自然界中并无明矾，它是人工焙烧白矾石的产物。我国开始焙制明矾的时间，有籍可查的，至少可追溯到汉代，在大约成书于西汉后期的《太清金液神气经》中的单方里曾明确提到使用明矾。少量来源于含铝离子植物的草木灰，历史上于烧灰作媒染剂的植物主要有藜、柃木、山矾、蒿等。据现代科学方法测定，它们之中均含有丰富的铝元素。

媒染不仅适用于染各种纤维，而且利用不同的媒染剂，同一种染料还可染出不同的颜色。如茜草不用媒染剂所染颜色是浅黄赤色；加入铝媒染剂，所染颜色是浅橙红至深红；加入铁媒染剂，所染颜色是黄棕色。荩草不用媒染剂所染颜色是黄色；加入铝媒染剂，所染颜色是艳黄色；加入铁媒染剂，所染颜色是黝黄色。紫草不用媒染剂织物不能上色；加入铝媒染剂，所染颜色是红紫色；加入铁媒染剂，所染颜色是紫褐色。皂斗不用媒染剂所染颜色是灰色；加入铝媒染剂则

---

[1] 赵匡华，周嘉华. 中国科学技术史·化学卷［M］. 北京：科学出版社，1998.

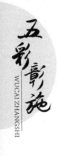

无效果；加入铁媒染剂，所染颜色是黑色。

就媒染具体工艺而言，又可分：同媒法、预媒法、后媒法和多媒法四种。

同媒法是将织物直接放在加有媒染剂的染液中染色，较有代表性的是《齐民要术》所载用地黄染御黄的方法。

“河东染御黄法：碓捣地黄根令熟，灰汁和之，搅令匀，搦取汁，别器盛。更捣滓，使极熟。又以灰汁和之，如薄粥，泄入不渝釜中，煮生绢数回，转使匀。举看有盛水袋子，便是绢熟。杼出着盆中，寻绎舒张。少时捩出，净搌去滓，晒极干。以别绢滤白淳汁和熟，杼出更就盆染之。急舒展令均，汁冷捩出，曝干则成矣。治釜不渝法：在醴酪条中，大率三升地黄，染得一匹黄，地黄多则好。柞柴、桑薪、蒿灰等物，皆得用之。”

整个工艺流程的构成如图 1-3[1]：

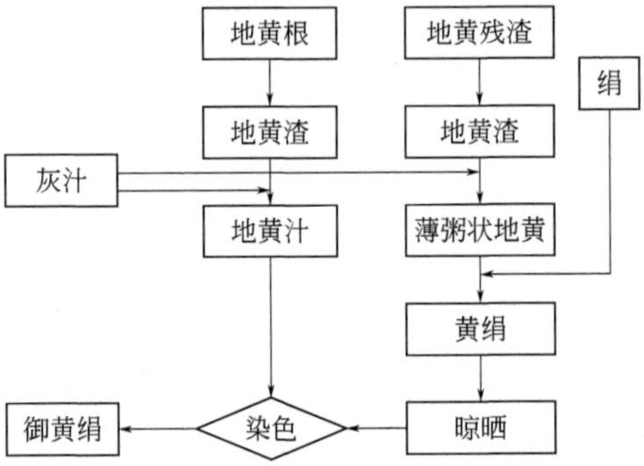

图1-3　同媒法工艺流程

预媒法是将媒染剂溶于水，织物先在这个水溶液浸泡一段时间后取出，再放入染液入染。较有代表性的是紫草染色，这是因为紫草色素的化学成分主要是萘醌衍生物，如紫草醌和乙酰紫草醌，由于这两种紫草醌的疏水性侧键比较长，因此水溶性要差一些，采用预媒染的方法可得到较好的染色效果。

后媒法与预媒法正好相反，即先织物在染液中浸染一段时间后取出，再放入有媒染剂的水溶液浸泡。它的特点是先以亲和性不很强的染料上染，使染料在纤维上和染浴中达到平衡、匀染，然后用媒染剂使其在纤维表面形成络合，并可根据需要掌握后媒浓度，以达到适当的色彩。因此，它较之于同媒或预媒的优点在于匀染好，终点准。较有代表性的是槐米染油绿色，其法是先用槐米薄染织物，取出后再用青矾盖。在《天工开物》所记媒染所得诸色：紫色、金黄、茶褐、大红官绿、油绿、包头青色、玄色诸色等皆采用后媒法（见表 1-3）。

---

[1] 赵丰．北魏御黄——《齐民要术》河东染御黄法的初步研究［C］//中国艺术研究院美术研究所．2016年中国传统色彩理论研讨会论文集．北京：文化艺术出版社，2016：125．

表1-3　《天工开物》所载媒染工艺

色调	染料	媒染剂	工艺
紫色	苏木	青矾	苏木水打底，再用青矾处理
金黄	黄栌	麻藁灰淋碱水	先用黄栌水染，再用灰水漂
茶褐	莲壳	青矾	莲壳煎水染，再用青矾处理
大红官绿	槐花、蓝靛	明矾	槐花煎水染，明矾媒染，蓝靛盖染
油绿	槐花	青矾	槐花薄染，再用青矾处理
包头青色	栗壳或莲子壳	铁砂、皂矾	先在栗壳或莲子壳水中煮一天捞出，再在铁砂、皂矾锅内煮一夜
玄色	蓝芽叶	青矾、五倍子	用蓝芽叶水浸过，然后放入青矾、五倍子浸泡

多媒法是指先用明矾预媒，然后染色，再用青矾后媒的媒染工艺。其原理是先使一些能与染料络合但得色较浅的媒染剂，如铝媒染剂，先与纤维以离子键结合；然后将预媒后的纤维染色，这样染料较易上染并与已有的金属离子络合；最后由得色较深的媒染剂盖上，如铁媒染剂，此金属离子就与大部分吸附在纤维表面的染料络合，或是将原来络合中的铝离子取而代之，从而获得较深、较匀、较牢的色泽。较有代表性的是《多能鄙事》卷四记载的"染明茶褐法"和"染荆褐法"，所述两种方法的染料配方和工艺过程如下：

"染明茶褐：用黄栌木五两，挫研碎，白矾二两研细。将黄栌依前苏木法作三次煎。亦将帛先矾了，然后下于颜色汁内染之，淋了时，将颜色汁煨热，下绿矾末汁内，搅匀，下帛，常要提转不歇，恐色不匀。其绿矾亦看色深浅旋加。"

"染荆褐：以荆叶五两，白矾二两，皂矾少许。先将荆叶煎浓汁，矾了绢帛，扭干，下汁内。皂矾看深浅旋用之。"

这两色的染法均采用了明矾预媒、绿矾后媒的多媒染色工艺。所染出的明茶褐和荆褐，皆系有光泽的褐色。其光泽即是明矾媒染产生的，因为明矾在水溶液中会慢慢水解生成胶状碱式硫酸铝或氢氧化铝，既可物理吸附某些染料分子，又可与含有螯合基团的有机染料分子生成深亮色沉淀色料。其褐色则是由绿矾媒染产生的，因为绿矾含有铁离子，与单宁化合会生成黑色鞣酸铁，所以绿矾的媒染作用主要是用于鞣质染黑；而且当绿矾水被吸附在纤维上后，经空气氧化，自身也会转变成棕黄色的 Fe_2O_3，显然在此过程中它又兼起着发色作用，故它特别适宜媒染黑色和褐色[1]。不同媒染剂的用量，直接关系到所染绢帛色调是否纯正，《多能鄙事》所载表明当时多媒染色工艺水平是相当高的。

在上述几种媒染染色工艺中，视不同的植物染料，染色效果好坏不一。但就多数媒染染料而言，预媒法得色不牢，终点不准；同媒法不易染匀染准；后媒法速度较慢；相对的多媒法染色工艺更为合理。总之，媒染染料较之其他染料的上

---

[1]　赵匡华，周嘉华. 中国科学技术史：化学卷［M］. 北京：科学出版社，1998：652.

色率、耐旋光性、耐酸碱性以及上色牢度要好得多，它的染色过程也比其他染法复杂，媒染剂如稍微使用不当，染出的色泽就会大大地偏离原定标准，而且难以改染。必须正确地使用，才能达到目的。

四、综合染法

综合染法是复染、套染和媒染几种方法并用。《多能鄙事》卷四所载"染小红法"即是这种方法的代表。据是书记载，其配方和工艺过程如下：

"以练帛十两为率，苏木四两，黄丹一两，槐花二两，明矾一两。先将槐花炒令香，碾碎，以净水二升煎一升之上，滤去滓，下白矾末些少，搅匀，下入沸汤一碗化开，下黄绢帛。浸半时许。先将苏木用水两碗煎熬至一碗之上，滤去滓，将汁顿起。留头汁，再入水一碗。半，煎至八分一碗。滤去滓，再与头汁相和别顿，起，将滓再入水二碗，煎至一碗，滤去滓，与第二汁相合，下黄丹在二汁内，搅匀。下入矾了黄绢，提转令匀，浸片时扭起。将头汁温热，下染，出绢帛，急手提转，浸半时许。可提六七次。扭起，眼于风头令干，勿令日晒，其色鲜艳，甚妙。"

整个工艺过程可拆分为四步：第一步将绢帛放入加有明矾的槐花染液打黄底；第二步将已染黄的绢帛放入矾液中浸泡，其作用是对苏木的预媒和对槐花的后媒；第三步将经矾液浸泡过的绢帛放入较稀的苏木染液中与黄丹媒染；第四步用温度稍高较浓的苏木染液复染。《墨娥小录》卷六也记载了这种染法，只不过将黄丹换成了五倍子。谓："苏木将些少口中嚼尝，味甜者佳，酸则非真，必降真之类，将来槌碎，煎汁，滤去渣，先以绢帛用槐花煎汁染黄。……却以矾些少煎化，多用水破浸绢帛，令匀，取出晒干。然后安入苏木汁内，却入已煎下五倍子汤，冲入。看颜色深浅，如未得好，再入些少。"按《墨娥小录》是一部杂录性质的著作，其作者及成书时间不详。《明史·艺文志》载有"吴继《墨娥小录》四卷"。但根据吴继引言："余暇日检箧藏书，偶及是集，名《墨娥小录》，……不知辑于何许人，并无脱稿行世。晦且湮者，亦既久矣。"可知吴继是刻印者而非作者。据今人考证，它大约成书于元末明初，书中材料主要采自江浙一带，辑录者有可能是《辍耕录》的作者陶宗仪❶。

五、缬染法

缬染的工艺实质是防染工艺，即利用"缬"的方法在织物的某些部位防染。其具体方式有夹缬、蜡缬和绞缬三种，各有独特而完整的工艺，如夹缬用夹板防染，蜡缬用蜡防染，绞缬用扎缝的方法防染，从而使施色后的织物，形成非单一

---

❶ 郭正谊. 《墨娥小录》辑录考略 [J]. 文物，1979（8）.

色泽，且风格迥异的图案和花纹。需要说明的是，这种方法施色前的工艺过程非常有特点，一般归为印花工艺范畴，但因其所用染液的调制基本如前文所述，实质仍是一种另类染色法。

1. 夹缬

夹缬，又谓之染缬，是用两块雕镂相同图案的木质花版，将布帛对折紧紧地夹在两板中间，然后将染液或灌注、或浸入镂空部位内，使织物着色。除去镂空版后对称花纹即可显示出来。有时也用多块镂空版，着二三种颜色复染。古代"夹缬"的名称可能就是由这种夹持印制的方式而来。宋代始出现，后广为流行的蓝印花布，因工艺与夹缬非常近似，实亦属夹缬之类。其常用的方法有两种：一种是用两块花版，近似前述的夹缬方法，差异是布帛对折紧紧地夹在两板中间后，不是将染液或灌注、或浸入镂空部位内，而是将防染浆料涂刮在镂空部位内，待防染浆料干后再入染缸。另一种是只用一块花版，将花版铺在白布上，用刮浆板把防染剂刮入花纹空隙漏印在布面上，干后入染缸。不管是哪种方法，晾干后刮去防染剂，都会显现出蓝白花纹。

据《事物纪原》卷十引《二仪实录》记载：夹缬"秦汉间有之，不知何人造，陈梁间贵贱通服之"。南北朝时期，夹缬在工艺上已非常成熟，出土的同时期实物有两块：一是新疆于田县屋于来克北朝遗址出土的一块蓝白印花棉布❶；二是新疆吐鲁番阿斯塔那北朝末年墓葬群中的309号墓出土的一块大红地白点纹缣❷。前者工艺是将织物紧紧夹在两块镂空版中，于镂空处涂刷或灌入色浆，待色浆完全干燥后，除去镂空板即告完成。后者工艺也是将织物紧紧夹在两块镂空版中，但在镂空处不是涂以色浆，而是涂以蜡。待蜡凝固后，解去镂空版，将织物放入染液中浸染。染后晾干去蜡，花纹便呈现出来。因夹缬具有操作简便、成本经济、图案清晰和适宜大批量生产的优点，从唐玄宗以后就开始在民间流行，并且在唐中叶时始被用于军服花色。唐"开元礼"制度，就规定染缬制品为士兵的标志号衣，皇帝宫廷御前步骑从队，一律穿小袖齐膝夹缬团花袄。染缬制品的盛行在唐诗中也得到反映，如白居易《玩半开花赠皇甫郎中》诗中有："成都新夹缬，梁汉碎胭脂"之句，李贺《恼公》诗中有："醉缬抛红网，单罗挂绿蒙"之句。另据研究资料，从吐鲁番出土夹缬实物来看，唐代染缬花版的纬宽大致幅宽的一半，即二尺二寸，相当于25～27厘米左右，一般均在10～15厘米左右，个别的达25厘米❸。

北宋初期，染缬在民间广为流行，但自大中祥符七年起，朝廷多次下令禁止民间服用染缬后，逐渐抑制了染缬在民间流行的势头，染缬在一段时间内变成军

❶ 沙比提. 从考古发掘资料看新疆古代的棉花种植和纺织 [J]. 文物, 1973 (8).

❷ 武敏. 新疆出土汉——唐丝织品初探 [J]. 文物, 1962 (Z2): 64.

❸ 武敏. 唐代夹板印花——夹缬 [J]. 文物, 1979 (8): 40.

队专用之品。据《宋史·舆服志》载，禁服染缬之令有：大中祥符七年"禁民间服销金及镀遮那缬"，八年"又禁民间服皂班缬衣"。天圣三年诏："在京士庶不得衣黑褐地白花衣服并蓝、黄、紫地撮晕花样，妇女不得将白色、褐色毛段并淡褐色匹帛制造衣服，令开封府限十日断绝。"政和二年诏："后苑造缬帛。盖自元丰初，置为行军之号，又为卫士之衣，以辨奸诈，遂禁止民间打造。令开封府申严其禁，客旅不许兴贩缬板。"前三次禁令仅是明文规定了民间不得服用的几个染缬品种，政和二年的诏令，严明染缬只能作为军用和仪仗之品，全面禁止民间服用染缬，而且市上不准贩卖染缬花版，以便从根源上杜绝染缬在民间的流行。宋朝廷仪仗队中服染缬的官兵是：旁头一十人，素帽、紫绸衫、缬衫、黄勒帛；仪锽四十人，皆缬帽，五色宝相花衫、勒帛；乌戟二百一十人，缬帽、绯宝相花衫、勒帛；仪弓二百七十人，缬帽、青宝相花衫、勒帛；每辇人员八人，帽子、宜男缬罗单衫、涂金银柘枝腰带；辇官二十七人，幞头、白狮子缬罗单衫、涂金银海捷腰带、紫罗里夹三襜；执仗服色为缬帽子、素帽子、平巾帻、武弁冠、五色宝相花衫、勒帛；五辂驾士服色为平巾帻、青绢抹额、缬绢对花凤袍、绯缬绢对花宽袖袄、罗袜绢袴、袜、麻鞋；辇官服色为黄缬对凤袍、黄绢勒帛、紫生色祖带、紫绢行縢 ❶。不过尽管北宋朝廷三令五申地禁止民间服用染缬，民间染缬并未绝迹，仍有不少染坊生产，并出现了一些雕刻花版的能工巧匠。张齐贤《洛阳绅缙旧闻记》记载："洛阳贤相坊，染工姓李，能打装花缬，众谓之李装花。"同时期契丹人统治的北方地区范围，民间染缬生产没有限制，染缬技术发展很快。山西应县佛宫寺曾发现一件辽代夹缬加彩绘的南无释迦牟尼佛像 ❷，其制作工艺相当复杂，印制时需用三套缬版，每套阴阳相同雕版各一块，分三次以阴阳相同雕版夹而染出红、黄、蓝各色，最后再在细部用彩笔勾画修饰。

　　到了南宋初期，民间禁服染缬制品得以改变。当时朝廷因财政紧张，号召节俭，不得不放开染缬生产。《宋史·舆服志》记载："中兴，掇拾散逸，参酌时宜，务从省约。凡服用锦绣，皆易以缬、以罗"，颇能说明染缬在民间再次流行的背景。染缬一经解禁，各式新奇染缬很快就出现在市场上，如《古今图书集成》卷八六一引《苏州纺织品名目》所云"药斑布"："宋嘉定中有归姓者创为之，以布抹灰药而染青，候干，去灰药，则青白相间，有人物、花鸟、诗词各色，充衾幔之用"。此药斑布即蓝印花布。当时民间染缬生产量，从《朱文公文集》卷十八"按唐仲友第三状"所载：唐仲友"又乘势雕造花版，印染斑缬之属，凡数十片，发归本家彩帛铺，充染帛用""染造真紫色帛等动至数千匹"，可窥一斑。如此大的生产量，交易规模自然也不会小，《梦粱录》载临安"金银采帛交易之所，屋

❶ 托克托，等. 宋史·仪卫志［M］. 北京：中华书局，1973.

❷ 国家文物局文物保护研究所，等. 山西应县佛宫寺木塔内发现辽代珍贵文物［J］. 文物，1982（6）.

宇雄壮，门面广阔，望之森然，每一交易，动即千万，骇人闻见"。山西南宋墓曾出土过一件镂空版白浆夹缬印花罗 **❶**，雕版及印浆均十分讲究，反映出当时染缬技术水平是相当高的。此外，南宋时期染缬在少数民族地区也非常盛行。赵汝适《诸番志》载，海南黎族人织成锦后，"染以杂色，异纹炳燃"。

元、明、清三代，出现了许多染缬产品，仅元代幼学启蒙读物《碎金·采帛篇》所载染缬名目便有：檀缬、蜀缬、撮缬、锦缬、茧儿缬、浆水缬、三套缬、哲缬、鹿胎缬等九种。这些染缬在当时均享有盛名，元降后失传，以致明人杨慎在《丹铅总录》里感叹："元时染工有夹染缬之名，别有檀缬、蜀缬、浆水缬、三套缬、绿丝斑缬诸名，问之今时机纺，亦不可知。"此时期，染缬制品是民间百姓日常生活的必备之品，盛行用它作为被面、衣巾、罩单、包裹、窗帘、门帘等日用品。

2. 蜡缬

蜡缬，又称蜡染。新疆于田县屋于来克北朝遗址出土的蓝色蜡缬棉织品，以及新疆吐鲁番阿斯塔那 85 号墓出土的西凉时期蓝地白花蜡缬绢，证实我国蜡缬的实际起源时间应不晚于南北朝。另据分析，阿斯塔那 85 号墓出土的蜡缬绢，图案是由七瓣小花和直排圆点构成，采取点蜡方法制成，即用几种凸纹点蜡工具蘸蜡点在织物之上，每一种工具蘸蜡部位都被分别刻成一排或一圈圆点。反映出当时制蜡和点蜡手段已相当熟练。到隋唐时期，蜡染技术得到较大发展，花纹除单色散点小花外，还有不少五彩的大花。蜡染制品不仅在全国各地流行，有的还作为珍贵礼品送往国外。日本正仓院就藏有唐代蜡缬数件，其中"蜡缬象纹屏"和"蜡缬羊纹屏"均系经过精工设计和画蜡、点蜡工艺而得，是古代蜡缬中难得的精品。及至宋代时，中原地区随着各种印染技术的成熟，蜡染因其只适于常温染色，且色谱有一定的局限，逐渐被其他印花工艺取代。但是在边远地区，特别是少数民族聚居的贵州、广西一带，由于交通不便，技术交流受阻，加之蜡的资源丰富，蜡染工艺得以继续发展流行。

传统的蜡染方法有两种：一种是夹缬的方法，即把布夹在两块镂空版中间，往镂空处灌入熔化的蜜蜡。采用这种方法生产的蜡染制品，历史上以广西瑶族的"瑶斑布"最为著名。周去非《岭外代答》记载："以木板二片，镂成细花，用以夹布，而熔蜡灌于镂中，而后乃释板取布，投诸蓝中，布既受蓝，煮布以去其蜡，故能变成极细斑花，炳然可观"。一种是画蜡的方法，即用三至四寸的竹笔或铜片制成的蜡刀，蘸上蜡液在平整光洁的织物上绘出各种图案。画蜡用的蜡刀用双层铜片或多层铜片叠摆在一起，铜片之间保持一定间距。以紫铜最好。沾蜡后蜡液就留存在铜片之间，接触布面后，敷着在布上。画蜡时，需掌握好蜡液的

---

❶ 陈娟娟. 故宫博物院织秀馆［J］. 文物，1960（1）：38.

温度，温度过高，蜡液会四处渗开；温度过低，蜡液浮在坯布面上会很快凝结而不能起防染作用。

两种蜡染方法的单色染和复色染，都主要采用靛蓝染料染色。前者是：待织物上的蜡液干后，缓缓地放入染缸，染20～30分钟，将织物捞出，在空气中氧化，再放入缸中染色。如此反复多次。一般浅色染2～3次，深色浸染可多达7～8次，甚至10次。最后几次染色前，可刷豆浆以加强染液的固着力。后者是用"套染"方法实现的，如深、浅蓝二色套染，可在浅蓝色染成后，用蜡封住要保留的浅蓝部分，再继续染色至深蓝。套其他色则在染蓝色前，用彩色染料涂在需要的部位，并用蜡封住彩色部分，再染靛蓝。亦可染成靛蓝，去蜡后再上彩色。

蜡染的特点是：有蜡的地方，由于蜡凝结后的收缩以及织物的绉折，蜡膜上往往会产生许多裂痕。入染后，色料渗入裂缝，成品花纹就出现了一丝丝不规则的色纹，形成蜡染制品独特的装饰效果。

3. 绞缬

绞缬，又名撮缬或扎缬，是我国古代民间常用的一种染色方法。绞扎方法归纳起来有两类：一是逢绞或绑扎法，先在待染的织物上预先设计图案，用线沿图案边缘处将织物钉缝、抽紧后，撮取图案所在部位的织物，再用线结扎成各种式样的小绞。浸染后，将线拆去，扎结部位因染料没有渗进或渗进不充分，就呈现出着色不充分的花纹。二是打结或折叠法，将织物有规律或无规律地打结或折叠后，再放入染液浸染，依靠结扣或叠印进行防染。绞缬花样色调柔和，花样的边缘由于受到染液的浸润，很自然地形成从深到浅的色晕，使织物看起来层次丰富，具有晕渲烂漫、变幻迷离的艺术效果。这种色晕效果是其他方法难以达到的。

关于绞缬的出现时间，学术界在过去很长的时间里都认为可能是在汉代。有人甚至认为绞缬是外国输入的工艺技术。1995年新疆且末县扎滚鲁克出土了约公元前800年的绞缬毛织品实物，颠覆了这一观点，将绞缬的出现时间大大向前推进。这件毛织品系黄地红色条文褐，出土时残长23厘米，宽9.5厘米，厚0.12厘米。经纬线均染为黄色，Z向加捻，单股交织，宽0.06～0.07厘米，以一上一下的平纹组织法交织成黄色褐，平均经纬线密度均为12根／厘米。在黄色褐地上，运用扎染法显出红色条纹。绞染过程中的折合残迹和缝线的针眼仍清晰可见。其过程可能是：将黄色毛织品按一定的距离来回折叠，然后用针线扎好，再用红色染液进行染色。染完后，揭开线结。露在外面的边缘处呈现红色，缝在里面的仍为黄色，形成黄地红色条纹褐。由于在折叠时不够笔直，尤其是在两次折叠的交叉处出现曲折，表面呈现出长波纹状❶。这是目前世界范围内发现的最早的绞缬文物，证实了绞缬萌发于中国，不是外来的，同时证实了至迟在春秋战国

---

❶　贾应逸. 新疆古代毛织品研究［M］. 上海古籍出版社，2015：200.

时期，我国绞缬工艺就已经得以初步发展。而“缬”这个字则是魏晋时期专门为绞缬工艺而造的，最初仅指绞缬，如《广韵》释缬为：“结也。”《增韵》释缬为：“文缯。”唐玄应《一切经音义》卷十释缬为：“谓以丝缚缯，染之，解丝成文曰缬也。”元成宗大德元年编导《古今韵会举要》亦云：“缬，系也，谓系缯染为文也。”胡三省《资治通鉴音注》则对缬具体工艺和特点有如下描述：“缬，撮采以线结之，而后染色。既染而解其结，凡结处该原色，余则入染矣。其色斑斓谓之缬。”大概在南北朝以后“缬”字才成为染缬工艺的泛称。

除新疆且末县扎滚鲁克出土的黄地红色条文褐外，迄今能看到的其他较早实物是新疆阿斯塔那古墓出土的建元二十年（384 年）大红地白点花纹绞缬绢❶。同时期的实物还有阿斯塔那建初十四年（公元 418 年）韩氏墓出土的绛地白色方形绞缬绢❷。说明绞缬这种染色工艺在东晋早期已非常成熟。东晋南北朝期间，流行的绞缬花样有蝴蝶、腊梅、海棠、鹿胎纹和鱼子纹等，其中紫地白花酷似梅花鹿毛皮花纹的鹿胎缬最为昂贵。在陶潜《搜神后记》中记载了一则怪闻：“忽见二女子，姿色甚美，着紫缬襦、青裙，天雨而不湿。”文中的“紫缬襦”与“鹿”对应，通常被认为是当时流行的紫地白花如鹿胎的绞缬服装。

从唐到宋，绞缬制品依然非常流行，见于记述的绞缬花纹名称便有撮晕缬、鱼子缬、醉眼缬、方胜缬、团宫缬等多种，许多妇女都将它作为日常最偏爱的服装材料穿用。其流行程度在当时陶瓷和绘画作品上得到翔实反映，如当时制作的三彩陶俑、名画家周昉画的《簪花仕女图》以及敦煌千佛洞唐朝壁画上，都有身穿文献所记民间妇女流行服饰“青碧缬”的妇女造型。此外，唐代绞缬实物迄今多有出土，如吐鲁番阿斯塔那北区 117 号墓所出长 16 厘米、宽 5 厘米的唐代棕色绞缬绢，绞缬花样色调柔和，花样边缘受染液的浸润形成的从深到浅的自然色晕，不但使织物看起来层次丰富，而且彰显出其晕渲烂漫、变换迷离的艺术效果。阿斯塔那 308 号墓所出唐垂拱四年（688 年）的绞缬裙子，其上用绛紫、茄紫两色组成菱形网格花纹，十分醒目。值得注意的是裙上所留折叠痕和穿线孔，展示其工艺是先将织物按条状折叠，然后用针线按斜线曲折向前抽紧，使穿线处块状相叠再入染，染后得折缬效果❸。始见于元代文献的哲（折）缬，很可能就是采用这种工艺。另据陶穀《清异录》记载，五代时，有人为了赶时髦，甚至不惜卖掉琴和剑去换一顶染缬帐。小小的一件纺织品，如此让人渴望拥有，足以说明绞缬制品在这时期风行之盛、影响之深的程度。元明时，绞缬仍是流行之物，元代通俗读物《碎金》一书中记载有檀缬、蜀缬、锦缬、哲缬等多种绞缬制品。

---

❶ 武敏．新疆出土汉——唐丝织品初探［J］．文物，1962（Z2）：64.

❷ 新疆维吾尔自治区博物馆．丝绸之路上新发现的汉唐织物［J］．文物，1972（03）：14.

❸ 王孖．中国古代绞缬工艺［J］．考古与文物，1986（1）.

第五节 "五行五色"体系与传统色彩观

五行学说源远流长,是中国古人用以阐释万物生成、演进及构成世界的诸要素间相生相克、相互制约、此消彼长关系的一种哲学体系,是中国传统文化中的一个重要组成部分。五色观则是由五行生克衍生而来,中国传统色彩观便是基于五色观建立的。从具象看是源于对自然界的观察、崇拜和模仿,从抽象看是对五行哲学的进一步延伸,既不同于当代中国色彩理论体系,也不同于西方基于光学研究的"七色"色彩构成,是自然色彩观、哲学色彩观和文化色彩观的有机结合。

一、五行五色体系的产生和确立

五行观念形成的源头,可追溯到上古时期的占卜术、占星术、五材说以及远古先人对天象的观测。关于五行说,《尚书·洪范》有这样的描述:"五行,一曰水,二曰火,三曰木,四曰金,五曰土;水曰润下,火曰炎上,木曰曲直,金曰从革,土爱稼穑。"将五行元素承载的厚重象征意义清晰明了地进行了解释。春秋战国时期,阴阳家的言论及主张风行一时。战国末期齐国阴阳学家邹衍发展为"五德始终说"。"五德"乃"五行"之德,指五行木、火、土、金、水所代表的五种德性。"终始"指"五德"的周而复始的循环运转。他提出"木生火、火生土、土生金、金生水、水生木"相互之间的转化规律,以及五行相邻元素相互生成,五行相隔元素相互之间克制的形式;而且还以此解释自然和社会的各种变化,认为"五行生胜""五德各以其所胜为行"。不仅在自然界表现为春生夏(季夏),夏生秋,秋生冬,冬生春的新旧更替、周而复始的规律;古代帝王的更迭递嬗也是按五行相胜的次序循环更迭的,天子需具备五行中的一德,上天方能显示出相应的符应,才能安稳地坐定天子的位子。"德"的王朝也必须崇尚与该"德"相配的那种颜色。这种颜色就是王朝的国祚色。国祚色是一个王朝国运隆盛、同统延续的象征❶。如邹衍把历史上的黄帝说成是土德,其色黄;夏禹则以木代土,其色青;商汤以金克夏木,其色白;周文王以火克商金,其色赤。至此五色嵌入五行系统之中,使五行说更加富于动态。有学者认为:将万物与抽象的观念符

---

❶ 李健吾. 中国民间色彩民俗 [M]. 重庆:重庆出版社,2010:46-47.

号（五行、五色）连接起来，显示了中国先民混沌思维状态下的宏观整体联系式的直觉把握，注重的是探讨时空、物质世界、社会事物构造及相互关系的哲学思考，成为一种独特的思维方式与认知图式，对中国文化有着深刻而广泛的影响，更成为一种为统治阶层倚重和利用的学说。它赋予色彩以天命伦常的意义，为历代统治者所重视❶。《周礼·天官》中出现的将五色五方观念与"五帝"结合的叙述，即东方苍帝、南方赤帝、中央黄帝、西方白帝、北方黑帝。《考工记》出现的"画缋之事"描述："画缋之事，杂五色。东方谓之青，南方谓之赤，西方谓之白，北方谓之黑，天谓之玄，地谓之黄。"❷无不彰显出以色辨等级贵贱的特殊象征意义与特定功能以及古人色彩使用的认知模式。秦代尚黑，也是因秦始皇"推终始五德之传，以为周得火德，秦代周德，从所不胜。方今水德之始"。秦汉以后，邹衍学说也为历代皇帝所采用，王朝更替必改正朔、易服色。

二、五方正色和五方间色

正色和间色是中国传统色彩最基本的构成。何谓正色？青、赤、黄、白、黑为"五方正色"。何谓间色？正色之间调配出的绿、红、碧、紫、骝黄（硫黄）为"五方间色"。对于正色，孔颖达疏引黄侃云："正谓青、赤、黄、白、黑，五方正色也。不正，谓五方间色也，绿、红、碧、紫、黄是也。"另外，上引《考工记》所记这十种色彩所象征的方位，以及《礼记·玉藻》所云："衣正色，裳间色，非列采不入公门。"❸均言明正色是色彩体系的构成骨架，与间色形成一种相互作用、互为主体的关系，也说明古时以正色为尊贵，以间色为卑贱，并十分看重衣之纯，贵一色而贱二彩。正色与间色以及正色的等级高于间色概念的提出，标志着对色彩进行人为等级划分的开始。从此，自然界的各种色彩被赋予了贵贱、尊卑等不同意义。君王的建筑、衣冠、车辆等都必须用正色。

此外，正色和间色尊与卑的关系还表现在施彩顺序及图案上。《考工记》"画缋"条即特别强调，不同季节皆配其色，分别是：春青、夏赤、秋白、冬黑、季夏黄。布五色的次序是先东方之青，后西方之白；先南方之赤，后北方之黑；先天之玄，后地之黄。青与白相次，赤与黑相次，玄与黄相次。青与赤相间的纹饰叫做文；赤与白相间的纹饰叫做章；白与黑相间的纹饰叫做黼；黑与青相间的纹饰叫做黻。五彩齐备谓之绣。画土用黄色，用方形作象征，画天随时变而施以不同的色彩。画火以圆，画山以章，画水以龙。娴熟地调配四时五色使色彩鲜明，

---

❶ 王兴业. 五行五色色彩观［J］. 美术观察，2017（8）：121-123.

❷ 《周礼》是儒家经典，十三经之一。世传为周公旦所著，但实际上成书于两汉之间。《考工记》也是在汉代被编入《周礼》中。

❸ 文中的"列彩"，指单一不二的颜色。

谓之巧。凡画缋之事，必须先上色彩，然后再以白彩勾勒衬托。孔颖达也曾释五色为："五色，五经行之色也。木色青，火色赤，土色黄，金色白，水色黑也。木生柯叶则青，金被磨砺则白，土黄，水黑，则本质也。"这种通过某种玄学观念创造出的具有规范社会功能的完善色彩体系观念，显然是早期色彩最重要的社会属性。其最具代表性的运用是在礼仪大典、帝和后的冠冕、绶带、出行时的各色仪仗、军队的旌、幡、旗和军服以及文武官员的朝服上。也正是因为色彩所表现出的视觉冲击，使礼仪大典的庄严、皇权的威严、军队的肃杀之气象，尽现出来，从而让人们产生震撼以致敬畏之心。

以五色昭示礼仪，规范社会的功能，曾在一段时间严格执行。但在春秋以后，尤其是随着品官服色系统的确立，终使这一套附会于五德终始说的五方正色循环系统随之逐渐崩溃。其主要原因，一是国家构成上的质变，即"贵族集团对于国家的重要性慢慢地被以官吏为代表的管理集团所取代，品官服色充当了这一质变的符号化表现。"《旧唐书》所载："三品以上服紫，五品以上服绯，六品七品以绿，八品九品以青。"可以看作五色体系崩溃的标志。二是染色技术的发展，使大量新色彩出现，色彩的个人属性，即个人对某一色相的特殊喜好，或是对"身体性自发色彩"与"文化意蕴阐发的色彩"的不懈追求。对此有学者这样解释：所谓文化意蕴的阐发，在某种程度上即是对身体性色彩的不自主的表达，比如对各种环境色的直接身体反应的描述与发挥，而这种描述对象重点的观照，更多的恰恰不是五方正色，而是间色。比如在历代诗词和笔记之中的"天水碧"与"太师青""雨过天青""流黄素""猩猩血"等。这些充满了文化意蕴的色彩于后人而言，已经远远超出色彩的范畴，并被多层面的演绎，身体性的自发已经完全归宿于文化意韵之中了❶。历史上典型的例子很多，如，春秋时齐国一度流行紫衣，起因是齐桓公。《韩非子》有这样记载：齐桓公好服紫，导致一国尽服紫，风头最盛的时候，五件素衣都换不来一件紫衣。当齐君发现不妥予以制止，几乎不起作用。直到管仲进谏，劝齐君自己不再穿紫衣，而且对穿紫衣入朝的臣僚说"吾甚恶紫衣之臭"，令他们退到后面。齐桓公采用这条计策后，紫衣的流行势头才被遏制。孔子就曾有感于当时礼崩乐坏，特别强调："君子不以绀（泛红光的深紫色）、緅（绛黑色）饰，红紫不以为亵服。"拿现代的话说就是绀、緅、红紫都是间色，君子不以之为祭服和朝服的颜色。对当时齐桓公好服紫，一国尽服紫的现象，孔子有"恶紫之夺朱"的评判，孟子有"正涂壅底，仁义荒怠，佞伪驰骋，红紫乱朱"的议论。再如，汉代时妇女流行穿带褶的紫色裙子，起因是赵飞燕。相传赵飞燕被立为皇后以后，十分喜爱穿紫色裙子。有一次，她穿了条云英紫裙，与汉成帝游太液池。鼓乐声中，飞燕翩翩起舞，裙裾飘飘。恰在这时大

---

❶ 陈彦青. 观念之色"序言"［M］. 北京：北京大学出版社，2015.

风突起，她像轻盈的燕子似的被风吹了起来。成帝忙命侍从将她拉住，没想到惊慌之中却拽住了裙子。皇后得救了，而裙子上却被弄出了不少褶皱。说来也怪，起了皱的裙子却比先前没有褶皱的更好看了。从此，宫女们竞相效仿，这便是古代著名的"紫色留仙裙"。这两件事均说明一个道理，文化倾向和时尚风气决定色彩社会效应的去向和水准，然后自然而然地贯穿到人们追求色彩的意识和行为中，从而作为一种社会现象成为流行色的内因。色彩可直接反映出流行于那个时代的文化思潮和当时人们的处世哲学。在追随文化倾向和时尚风气时，色彩很多时候总是走在最前面的。

三、儒道释文化中的五色

儒道释文化中的色彩，其基本观点可简单概括为：儒家以纯色明礼；道家以黑白两色证道；佛家以诸色度化众生。因色彩是一种直观的视觉感受，不同的色彩给人以不一样的视觉感受。这可能成为人们喜欢的因素，同时又可能因为相反意义的联想而成为令人憎恶的因素。这点在儒道释色彩文化中表现得特别鲜明。

（1）儒家创始人孔子，生活在西周宗法礼制传统较深的鲁国，这时周王朝的统治权力已经名存实亡，诸侯间相互争战不断，出现了"王道哀，礼义废，政权失，家殊俗"的社会现实。孔子极为推崇周礼，有感于当时的"礼崩乐坏"，一生都在以身作则地践行"克己""复礼"。他对周时的"以色示五方，以色识尊卑"的色彩观，不仅极力维护，还主张以色明礼助化人伦，强调用色要合乎"礼"的规范，否则就是非"礼"，只有采用合"礼"的正色才是正确的求美之道。《论语·乡党》和《论语·阳货》各有一段记载，很能说明他一以贯之的执着态度。一是："君子不以绀（泛红光的深紫色）、緅（绛黑色）饰，红紫不以为亵服。"皇疏："侃案，五方正色：青、赤、白、黑、黄。五方闲色：绿为青之闲，红为赤之闲，碧为白之闲，紫为黑之闲，缁为黄之闲也。"二是："恶紫之夺朱也，恶郑声之乱雅乐也"孔安国注："朱，正色。紫，闲色之好者。"邢昺疏："朱正色，紫闲色者。皇氏云，谓青、赤、黄、白、黑五方正色，不正谓五方闲色。"拿现代的话说就是绀、緅、红紫都是间色，君子不以之为祭服和朝服的颜色。厌恶用紫色取代朱色，厌恶用郑国淫哀的声乐扰乱中正平和的雅乐。

在《论语·八佾》中还有一段孔子和学生子夏将"色"与"礼"相融的谈话记载，子夏问曰："巧笑倩兮，美目盼兮，素以为绚。何谓也？"子曰："绘事后素。"曰："礼后乎？"子曰："起予者商也，始可与言诗已矣。"郑注："绘，画文也。凡绘事，先布众色，然后以素分布其间，以成其文。喻美女虽有倩、盼美质，亦须礼以成之。"子夏所问之诗出自《诗经·卫风·硕人》篇，"绘事后素"

则是孔子回答子夏问诗的一个比喻。意思是外表的礼节仪式同内心的情操应是统一的，如同绘画一样，质地不洁白，不会画出丰富多彩的图案。这个比喻既回答了子夏对"素以为绚"的疑问，又引发了子夏"礼后"的联想灵感。这其实是孔子当时还没有想到的，来得突然，所以高度肯定，并表扬子夏说："启发我的是你卜商！从此以后我们可以共同讨论诗了。"

孔子在看待色彩时，除了注重它象征"礼"这一重意义之外，还注重其"质"的作用。《论语·雍也》云："质胜文则野，文胜质则史，文质彬彬，然后君子。"所谓"文质彬彬"，"文"即文采，外部的装饰的形式美，"质"即实质，内部的精神内容美；"彬彬"即配合适宜。汉刘向《说苑·反质》记载了这样一件事："孔子卦得贲，喟然仰而叹息，意不平。子张进，举手而问曰：师闻贲者吉卦，而叹之乎？孔子曰：贲非正色也，是以叹之。吾思夫质素，白当正白，黑当正黑。夫质又何也？吾亦闻之，丹漆不文，白玉不雕，宝珠不饰，何也？质有余者，不受饰也。"贲卦一般认为是吉卦，卦辞是"贲，亨。小利有攸往。"有亨通和修饰的意思。孔子因认为修饰出来的颜色不是本色啊，此卦不吉，因此叹息。并对学生子张的疑问"夫质又何也？"以丹砂、朱漆、白玉和宝珠为例，说明纯净单一美好本质的重要。这与"绘事后素"的比喻有着异曲同工的精彩。

孔子与学生子夏和子张的对答，无不反映出孔子眼中的色彩，不单纯是视觉之色、情感之色，而是以"质"为本，与"礼"相融、别具象征意义的文化符号。后来的孟子和荀子将孔子思想发扬光大，不仅赋予色彩以社会伦理道德的意义，同时也肯定了色彩的美学价值。孟子云："目之于色，有同美焉"。荀子云："形体色理以目异……以心异，心有徵知。""心平愉，则色不及人用，而可以养目。"这种思想不仅奠定了儒家文化色彩观的基础，对中国古代色彩文化的影响也极为深远，就诚如有学者所言：其影响不是技术性的，而是提出了一种方法论和美学思想，从而也强化了秦汉以来正色的理论❶。

（2）道家是由先秦老子、庄子创立的关于"道"的学说为中心的学派。老子是道家的创始人，庄子则继承和发展了老子的思想。道家主张道法自然，以"道"为核心，认为大道无为。

在道家著作中经常用黑、白两个颜色色词形容"道"。如道家的创始人老子认为："道"是万物的始基，是天下万物产生的根源，世间一切事物都是从"道"产生出来的。但"道"又是看不见、摸不着的，因此"道"又叫"无"。他曾以黑白二色为例形容"道"，云："知其白，守其黑，为天下式。"强调要坚守"黑"。又以黑概括无和有，云"无，名天地之始；有，名万物之母；故常无，欲以观其妙；常有，欲以观其徼。此两者同出而异名，同谓之玄，玄之又玄，众妙之门。"

❶ 王艺. 道儒释对中国古代色彩文化的影响［J］. 山西档案，2014：（5）：121-122.

《淮南子·原道训》则以白解释色，云："色者，白立而五色成矣；道者，一立而万物生矣。"这里的黑、白与五色中的青、黄、赤、白、黑中的黑、白，有不同的哲学概念。前者为虚无，后者为色彩的视觉形象。道家认为一切事物的生成变化都是有和无的统一，而无是最基本的，无就是"道"。天下万物生于有，有生于无，实出于虚，有无相生，虚实相宜。按照道家的这一观点解释，无色生五色，他们之间相生、相和。

就感官色彩而言，道家认为黑色和白色引领众色。这种审美态度直接影响到中国绘画色彩的运用，并奠定了魏晋以后墨色在中国绘画的造型地位。据研究，在魏晋之前绘画作品中，黑色虽已占有相当重要的地位，但绘画的功能性远胜对艺术的追求，多是一些五彩的工艺品彩绘。而魏晋期间，由于社会的动荡，文人精英因政治失意，逃避社会现实的遁世心结与玄学得到了很好的契合。绘画，尤其是在山水画中呈现出来的道家色彩元素明显增多。到了唐代后期至五代水墨山水画的出现，黑色的运用已日趋成熟。同时期的论画著作中都将墨的作用提到了各色之上。唐张彦远《历代名画记》云："夫阴阳陶蒸，万象错布。玄化亡言，神工独运，草木敷荣，不待丹绿之采；云雪飘扬，不待铅粉而白。山不待空青而翠，风不待五色而粹。是故运墨而五色具，谓之得意。意在五色，则物象乖矣。"❶见解与老、庄思想何其一致。宋以后虽出现了许多艺术性非常高的工笔重彩画作品，但相比之下，对设色的重视远不如对墨色的追求。清沈宗骞《芥舟学画谱》云："天下之物不处形色而已，既以笔取形，自当以墨取色，故画之色非丹铅青绛之谓，及浓淡明晦之间，……能得其道，则情枋于此见，远近以此分，精神以此发越，景物以此鲜妍，所谓气韵生动者，实赖用墨得法，令光彩烨然也。"清宋大士云："画以墨为主，以色为畏。色之不可齐墨，犹宾之不可溷主也。"现代著名画家李可染亦云："水墨画中，墨是主要的，明暗笔触要在墨上解决，施色只是辅助。上色必须调得多些，切忌枯干。老画家说要'水汪汪'，才有润泽的效果。"❷

英国著名科学史学家李约瑟曾说：中国人性格中有许多最吸引人的因素都来源于道家思想。中国如果没有道家思想，就像是一棵深根已经烂的大树。道家思想乃是中国的科学和技术的根本，对中国科学史是有着头等重要性的❸。就绘画而言，以黑（墨）、白（留白）建构和简淡含蓄为特色，处处洋溢舍形而悦影、舍质而趋灵美学艺术思想的传统中国水墨画，道家色彩观的影响也是有着头等重要性的。

---

❶ 张彦远. 历代名画记：卷二［M］//周积寅. 中国画论辑要. 南京：江苏美术出版社，2005：485.

❷ 李可染. 李可染论画［M］//周积寅. 中国画论辑要. 南京：江苏美术出版社，2005：493-494.

❸ 李约瑟. 中国科学技术史：科学思想史［M］. 何兆武译. 上海：上海古籍出版社，1990：35，178.

（3）佛教自西汉末年经丝绸之路传入我国后，不断与中国本土文化相融合，逐渐形成本地特色的宗教体系。较之儒家和道家，佛教对色彩的看法，更强调其深层次的本质追求，并以此传播宗教情感和宗教理念。《楞严经》云："离诸色相，无分别性。""色相既无，谁言空质。"❶ 即是说如果剥离了事物的色相显示，就不能感知事物，更谈不上了解事物的本质了。这种理念在佛教绘画和用物上表现得尤为突出。如唐卡中的佛像是按色彩进行区分各佛位佛像的，并通过色彩将各佛主度的含义表达出来，以方便度化众生。通常各佛像的身体都有红、白、黑、蓝、黄等色，但不同的颜色组合有着严格的区分。人们通过色彩就能够对佛位进行判定。往往佛、佛母、菩萨、大德高僧以及度母等使用的颜色是白色和红色，象征这些佛像主慈悲、智慧、吉祥以及救度。护法神往往用黑色、蓝黑色以及蓝色，象征主力量和正义。而财神通常采用黄色，象征荣耀和富贵。再如僧人手中的串珠，如果是单色，代表着布施、持戒、忍辱、精进、禅定；如果是蓝、黄、红、白、橙五色，则分别代表：对众生的同体大悲、离二边的解脱中道、依佛法修行的加持、佛法的清净与解脱、不可动摇的佛法。无论是单色还是五色的串珠，所用的串绳一定要用杂色，以代表佛法圆满的觉悟。这些色彩的运用，无不说明佛教将色作为判断事物的重要依据。

正是在佛教色彩艺术的冲击下，早期囿于礼教、循规蹈矩的中国画家才变得更鸟飞鱼跃般的奔放，画作色彩亦愈加丰富起来。以佛教甚为兴盛的魏晋南北朝期间为例，彼时的名画家张僧繇在南京的一个寺庙用天竺遗法画花，所绘朱及青绿之花，远望眼晕如凹凸，就视即平。这种阴影色彩法，一改之前中国绘画平涂的习惯，为我国色彩晕染技法的丰富提供了重要参考经验，并为后世"没骨法"开了先河。张彦远评价他"今之学者，望其尘躅，如周孔焉。"❷ 而敦煌千佛洞、炳灵寺、麦积山、云岗和龙门等石窟中留存至今的大量古代经典绘画遗迹，则尽显佛教色彩和造型特色在中国大地上生根发芽的勃勃生机。如敦煌莫高窟的《十一面观音》壁画，用色极厚重和艳丽，尤其是观音下裳的肚兜用的是很沉的带点灰的墨绿色，而裙子却用了极为艳亮的大红色，对比强烈，既艳丽又不俗，达到了全力追求慑服人心、感化心灵的神奇效果。敦煌壁画"赋彩鲜丽，观者说（悦）情"之说 ❸，诚不欺人。

可以说佛教以色彩直接有效传递信息的方式，极大地拓展了色彩表现范围。对中国色彩文化，无论是从形而下的使用技巧，还是到形而上的美学理念，都产生了相当大的积极影响。

❶ 赖永海编，刘鹿鸣注. 楞严经：第3卷［M］. 北京：中华书局，2012：112-117.
❷ 张彦远著，俞剑华注释. 历代名画记［M］. 上海：上海人民美术出版社，1964：152.
❸ 段文杰. 中国美术全集：绘画编：敦煌壁画［M］. 北京：人民美术出版社，2006：205.

与多选用夸张艳丽、赋彩鲜丽的寺庙色彩画相比，寺庙僧人日常生活服用的衣服颜色却是反其道行之，既低调又矜持。如佛典中规定袈裟的颜色不能用"五正色"——青、黄、赤、白、黑；也不能用"五间色"——绯、红、紫、绿、碧，只能用"不正色"或"坏色"。这些色也是袈裟之原意。"不正色"或"坏色"具体是什么颜色？关于这个颜色，佛经诸律中多有表述，但莫衷一是。如《四分律》第十六说：有三种坏色，或青、或黑、或木兰色，可随意染。《十诵律》第十五说：或青、或泥、或茜，三种坏色。《摩诃僧祇律》第十八说：三种坏色是青色、黑色（或作"泥色、皂色"）、木兰色（或作"茜色、栈色、赤色、乾陀色、不均色"）。这三种色是"袈裟"的如法之色（或谓若青、若黑、若木兰色）。《毗尼母经》第八说："诸比丘衣色脱褪，佛听用十种色染：一者泥、二者陀婆树皮、三者婆陀树皮、四者非草、五者乾陀、六者胡桃根、七者阿摩勒果、八者法陀树皮、九者施设婆树皮、十者种种杂和之色"。对此的解释也是众说纷纭，如有一种解释说："青、黑、木兰"皆属"坏色"。僧人着其任何一色，都算是"如法、如律"。又有一种解释说：必须把"青、黑、木兰"混浊一起，才能算是"坏色"。更有一种解释说：必须把"青"等五色混合一起，才算是"坏色"。尽管对"不正的坏色"具体是什么颜色没有定论，但各经所述都表明了"毁其形好，僧俗有别"的宗旨用意。正如《梵网经》卷下说："无论在何国土，比丘服饰，必须与其国人俗服有别。"

四、民俗文化中的五色

民俗是特定社会文化区域内人们生活中形成的关于生老病死，衣食住行乃至宗教信仰、巫卜禁忌等内容广泛、形式多样的行为模式或规范化活动。这些活动"大多利用色彩手段，在文化思想上，基本不出阴阳、五行、八卦这个系列。国人的色彩感受心理，受此影响很大。"❶民间对色彩的认知和使用，有着深深的五色等级制度的烙印，亦即是除遵从礼制等阶、伦理象征的社会价值之外，还努力追求色彩所呈现的视觉审美价值。青、红、黄、白、黑五色在这些活动中无不彰显出这种显著特质。

（1）青色在古代是一个模糊的概念，可指"绿"，可指"蓝"，甚至还可指"黑"。它的本意是指一种可作颜料由孔雀石石青和蓝铜矿石绿所共生的矿物名。《释名·释采帛》的解释说："青，生也，象物之生时色也。"在五色概念中"东方为青"，"青"是春天植物萌生之色，故而人们将春神称为"青帝"。而且由于青色又是大多草木的本色，阳光熙和的大地，草木葱茏的景色，不仅给人带来愉悦的心境，人们也常用它赞美君子的风度，更把它和人生最美好的年华，生机勃

---

❶ 姜澄清. 中国色彩论［M］. 兰州：甘肃人民美术出版社，2008：32.

勃的青春联系起来。《诗经·卫风·淇奥》所云："瞻彼淇奥，绿竹猗猗。有匪君子，如切如磋，如琢如磨，瑟兮僴兮，赫兮咺兮。有匪君子，终不可谖兮。"便是一首以绿竹歌咏君子品德的诗歌。《诗经·郑风·子衿》所云："青青子衿，悠悠我心。"毛传："青衿，青领也。学子之所服。"孔疏："青青之色者，是彼学子之衣襟也。"描述的虽是一个年轻女子等待恋人时万分焦灼的心情，但也让我们知道了当时年轻学子的专用服色以及用"青"代指青春的渊流。

绿色由于是间色，绿色服饰的地位历史上一直不高。在西周时为姬妾之服色，《诗经·邶风·绿衣》云："绿兮衣兮，绿衣黄里。心之忧矣，曷维其已。"这首诗首先通过绿色服饰颜色吸引住人们的视线，却转而又说这种颜色使人"心之忧矣"。原因何在？毛传："绿，间色。黄，正色。"郑笺："言褖衣自有礼制也。……今褖衣反以黄为里，非其礼制也，故以喻妾。"毛序：《绿衣》，卫庄姜伤己也。妾上，夫人失位而作是诗也。"孔颖达疏曰："毛以间色之绿不当为衣，犹不正之妾不宜嬖宠。今绿兮乃为衣兮，间色之绿今为衣而间，正色之黄反为里而隐，以兴今妾兮乃蒙宠兮。不正之妾今蒙宠而显，正嫡夫人反见疏而微。绿衣以邪干正，犹妾以贱贵。夫人既见疏远，故心之忧矣，何时其可以止也？"汉以降，青、绿的地位更是大大降低，卑贱者多服青衣，青衣还成为婢仆、差役等人的称谓。杨雄《法言·吾子》载："绿衣三百，色如之何矣？"李轨注："绿衣虽有三百领，色杂不可入宗庙。"言明下人是没有资格进入宗庙参加祭礼的。《渊鉴类函》引《晋令》说："士卒百工履色无过绿、青、白，奴婢履色无过绿、青、白。"《晋书》载，匈奴人刘聪俘获羞辱晋怀帝后，让他穿着青衣为人斟酒，以示羞辱。晋怀帝"青衣行酒"的事情，后来常被用来比喻有权有势者失去权势后的悲哀。隋唐时期，青、绿成为中下层官员的服色，如唐朝官制规定六品、七品服绿色，八品、九品服青色。明制亦规定五品至七品着青袍。由此在文学作品中"青衫""青袍"又成了官卑职小官吏服饰的标志，如杜甫诗《徒步归行》："青袍朝士最困者，白头拾遗徒步归。"白居易诗《琵琶行》"座中泣下谁最多，江州司马青衫湿。"《忆微之》"分手各抛沧海畔，折腰俱老绿衫中。"

（2）红这个字出现的时代较晚，最早用来表达红色色相的汉字是赤字。红字出现后，如果不是特别强调色彩的明暗，红、赤在语言中便相互借用了。如果问起红色代表或是标志着什么？人们几乎会不加思索地回答：喜气洋洋、吉祥喜庆、好兆头等，显然红色在人们的意识中是一个趋吉避凶的色彩。其实红色这种意涵的萌芽，早在原始社会就已出现。其缘由，一是因为原始先民对红色血液的崇拜和禁忌。在距今1.8万年的山顶洞人遗物中，所有装饰品的穿孔几乎都是红色，尸体旁边的土石上，也撒上了赤铁矿粉染成红色。其原因显然不仅仅是为了审美，而是"一方面具有驱除野兽的作用；另一方面，这个红色的物质，可能被认为是血的象征。人死血枯，加上同色的物质，希望他们到另外的世界得到永生"。❶ 二是因为原始先民对太阳和火的崇拜。原始人认为自己的生存来源于太阳的恩赐，将太阳视为万物的生命之神，而火则是他们驱兽、避寒以及饮食都离不开的重要生存手段。正是由于红色像血、像火、像太阳，所以在后世红色逐渐发展成与人的生命有关的巫术仪式符号，人们在不同场合崇拜或避讳它，并进而使红色"趋吉避凶"的色彩意涵成为定式。

在人生中最为重要的诞生、婚姻、丧葬三大礼仪中，红色都是不可缺少的色彩。尽管不同地区，不同民族的礼仪有所差异，但一些方式却是相当普遍的，如庆生习俗中的"送红蛋""食红蛋""挂红布""系红腰带"等，其中挂红布除了报喜的作用外，还有一层向外人表示不要随意进入打扰，以免带来邪气冲撞了新生儿的意思。婚庆习俗中的"发红庚""下红定""穿红衣""挂红灯""放红炮"等，其中放红炮有渲染喜庆热闹和驱邪的作用。丧葬习俗中的在黑纱上点缀一小块红布，据传点缀红布是利用其血色驱除邪气。血色驱邪至迟在春秋时期就已采用。《风俗通义·祀典》载："秦德公始杀狗，磔邑四门，以御盛灾。今人杀白犬以血题门户，正月白犬血辟除不祥，取法于此也。"❷

（3）黄色，现代人眼中，代表着端庄、典雅和富贵。古代人眼中，黄色则是大地自然之色，《说文解字·黄部》："黄，地之色也。"也是日光之色，《释名·释采帛》："黄，晃也；晃晃日光之色也。"代表着"天德"之美，也就是"中和"之美，是最为尊贵的颜色。关于这点，汉班固《白虎通义》有如是说："黄帝，中和之色，自然之性，万世不易。黄帝始作制度，得其中和，万世常存，故称黄帝也。"《通典》注云："黄者，中和美色，黄承天德，最盛淳美，故以尊色为谥也。"这是黄代表至高权力的一个重要因素。

在古语中"皇""华"与"黄"同音，皆有黄色之意。《诗经·国风·东山》："皇驳其马，亲结其缡。"注曰："马色黄白曰皇"。《诗经·颂·駉》："有骍有皇，有骊有黄。"注曰："皇，黄白相杂的马。"《尔雅·释言》："华，皇也。"《礼记·玉藻》："杂带：君朱绿，大夫玄华。"郑注："华，黄色也。"而且众多地区的方言中，如甘肃兰州、安徽合肥、云南昆明等地，"黄"与"华"同音❸。后世帝王之所以称之为皇帝，即是由于"皇""华""黄"三字同音同义。史载，中国最早的所谓皇帝是指传说中的"三皇五帝"，秦始皇统一中国后认为自己"德兼三皇，功盖五帝"，兼采"皇""帝"之号，遂始有"皇帝"之称谓。而班固《白虎通义》则是这样认为："后代德与天同，亦得称帝，不能制作，故不得复称黄也。"不知这是否是以"皇"代"黄"来代表至尊权力的另一个原因？

---

❶ 马昌仪. 中国灵魂信仰［M］. 上海：上海文艺出版，1998：12-13.

❷ 应邵撰，王利器校注. 风俗通义校注［M］. 北京：中华书局，2010：378.

❸ 彭德. 中华五色［M］. 南京：江苏美术出版社，2008：33.

　　尽管黄色在黄帝之时就已是最为尊贵的颜色，但很长时间内，黄色在不同阶层服饰中是经常出现的一种颜色。《邶风·绿衣》中的"绿兮衣兮，绿衣黄里"和《豳风·七月》中的"载玄载黄，我朱孔阳"便是一例。而且据统计，诗经中的颜色词有 18 个，共出现 84 次，其中黄出现 26 次，约占全色的 31.3%❶。西汉史游《急就篇》中出现的黄色有郁金色、缃色（浅黄）、半见色（黄白之间）。《急就篇》是儿童识字书，这三种颜色应该是当时常见流行色。马王堆汉墓曾出土大量颜色精美的丝织品，各种深浅不同的黄色在颜色中占了相当的比重。经抽样分析所用黄色染料植物有栀子。而且分析者认为："马王堆汉墓出土的丝织品，由于长年累月埋藏在地下，又受到丝质本身的泛黄，以及其他色泽的浸染和有机物的影响，因此，织物上所显示的黄色素比较复杂，当时除用栀子来染黄色外可能还有其他黄色色素，目前已较难鉴定出确切的色泽来。但是，从墓中出土的丝织品上所保留的各种深浅不同的黄色色泽来看，可以知道，西汉初期的染匠们，已熟练地掌握了浸染、套染和媒染的染色技术了。"❷

　　从隋唐开始，黄色成为皇帝的常服颜色，民间也随之开始禁用黄色。其起始时间是唐高宗总章年间（668—670 年），《新唐书·车服志》载："唐高祖以赭黄袍、巾带为常服。……既而天子袍衫稍用赤黄，遂禁臣民服。"从此各代袭承。元代曾明令"庶人惟许服暗花纻丝、丝绸绫罗、毛毼，不许用赭黄"。明代弘治十七年（1504 年）禁臣民用黄，明申"玄、黄、紫、皂乃属正禁，即柳黄、明黄、姜黄诸色亦应禁之"❸。

　　因民间禁黄，黄色于是成为皇帝的衣服上专用颜色，在唐及以后文学作品中柘黄或赭黄的衣袍便成为天子的代称。如苏轼《书韩干牧马图》诗句："岁时翦刷供帝闲，柘袍临池侍三千。"欧阳玄《陈抟睡图》诗句："陈桥一夜柘袍黄，天下都无鼾睡床。"再如张端义《贵耳集》卷下载："黄巢五岁，侍翁父为菊花联句。翁思索未至，巢信口应曰：堪与百花为总首，自然天赐赭黄衣。巢之父怪欲击巢。"黄巢是唐末农民起义的领袖，在公元 880 年兵进长安，于含元殿即皇帝位，国号"大齐"，公元 884 年兵败人亡。这首诗是他少年时所作，反映出他少有大志，自信天生可以做皇帝，难怪其父听后惊吓得要敲打他。

　　（4）白色在传统色彩观念中是一种矛盾的颜色。这种矛盾体现在不同环境或场合下，人们感受万事万物色彩时心里产生的不同心境。这种不同心境是人类都会产生的情感体验，亦即是"物色之动，心也摇焉"❹。

❶ 唐金萍. 中国古代服饰中的黄色研究［J］. 北京服装学院硕士论文，2014：17.

❷ 上海市纺织科学研究院，上海市丝绸工业公司文物研究组. 长沙马王堆一号汉墓［M］. 北京：文物出版社，1980：101.

❸ 张廷玉. 明史：舆服三［M］. 北京：中华书局，1976.

❹ 周振甫. 文心雕龙注释［M］. 北京：人民文学出版社，1981：493.

当白色呈现出明色调时，给人的感受是高雅和纯洁。刘熙《释名·释采帛》云："白，启也；如冰启时之色也。"古人常用白色象征贤明、清正廉洁的品格。《诗经·召南·羔羊》云："羔羊之皮，素丝五紽；退食自公，委蛇委蛇。"《毛传》说："小曰羔，大曰羊。素，白也。紽，数也。古者素丝以英裘，不失其制。大夫羔裘以居。"孔颖达疏："毛以为召南大夫皆正直节俭。言用羔羊之皮以为裘，缝杀得制，素丝为英饰，其紽数有五。既外服羔羊之裘，内有羔羊之德，故退朝而食，从公门入私门，布德施行，皆委蛇然动而有法，可使人踪迹而效之。言其行服相称，内外得宜。"后来"羔羊素丝"一词被用来称誉士大夫正直节俭、内德与外仪并美。《荀子·荣辱》也云："身死而名弥白。"杨倞注："白，彰明也。"彰明，即为正大光明、人品才华出众之意。

当白色呈冷色调时，则给人寒冷和肃穆的感觉，这也是丧服以白色为主的原因。《说文解字》释白："白，西方色也。阴用事，物色白。"这也显然是受到汉代非常流行的"五行"说的影响。实际上丧事服白至迟在战国时期就已成为制度，在《仪礼·丧服》中，丧服分为"斩衰、齐衰、大功、小功、缌麻"五个等级，合称"五服"。根据服丧者与死者的亲疏和地位尊卑关系，"五服"采用精粗不同均未经染色的本色白麻布制作，其中斩衰是丧服中最重的一种，用三升或三升半粗麻布制作，麻布纤维未经脱胶，且制作时不缝边，让断了的线头裸露在外边，服期为三年。服丧范围是诸侯为天子、儿子为父亲、妻妾为丈夫、没有出嫁或出嫁后因某种原因返回娘家的女儿为父亲服丧等。齐衰是丧服中的第二等，用四升粗麻布制作，麻布纤维没有脱胶但缝边，制作上比斩衰稍微精细一些。服期一般为一年，服丧范围是儿媳为公婆、丈夫为妻子、儿子为母亲、孙子为祖父等。大功是丧服中的第三等，用八升或九升牡麻布制作，麻布纤维经稍微脱胶处理，服期为九个月。服丧范围是公婆为长媳，已嫁女为兄弟等。小功是丧服中的第四等，用十升或十一升麻布制作，颜色比大功麻布略白，纤维选用和加工也比经大功略精，服期为五个月。服丧范围是外孙为外祖父母、为伯叔祖父母等。缌麻是丧服中最轻的一种，用细如丝的麻纤维制作而成，服期为三个月。服丧范围是女婿为岳父母、外甥为舅舅、儿子为乳母等。

（5）黑字在甲骨文中即已出现，关于它的本意学界有多种观点，其中比较有代表性的有两种。一是火熏之色，《说文·黑部》："黑，火所熏之色也。"另一是晦冥时色，《释名·释采帛》："黑，晦也。如晦冥时色。"黑色在社会生活的表征地位，在不同时代、不同地区也是时起时落，有着不同际遇。

因大禹创建的夏朝以"黑"为尊，两周时期，人们传承了夏人尚黑习俗，普遍喜爱黑色，正式的场合衣色均以黑色为主。《吕氏春秋·季冬纪》："季冬之月……天子居玄堂右个，乘玄辂，驾铁骊，载玄旂，衣黑衣，服玄玉"。《诗经·邶风·缁衣》毛传"缁，黑色，卿士听朝之正服也。"可见黑色既是天子重要礼

仪场合穿着的吉服之色，也是官僚士子上朝的专用服色。这种服色是不能穿着出席丧事的。《论语·乡党篇》："羔裘玄冠不以吊。""羔裘"是黑羊皮，毛皮向外，"玄冠"是黑色的帽子。朱熹注曰："丧主素，吉主玄。"❶意思是"黑色的衣帽本是吉服，是庄严和肃穆的象征，只能在上朝、祭祀时穿用。人死为丧事、凶事，应当穿白色的麻衣，不能穿戴黑色服饰去参加吊丧。"不过在晋国，黑色却是丧服之色。《左传》僖公三十三年记载：晋文公重耳死，子晋襄公即位，决定在丧中讨伐秦师。班师回朝后"遂墨以葬文公，晋于是始墨。"杜预注："晋文公未葬，故襄公称子，以凶服从戎，故墨之。"❷杨伯峻注："谓着黑色丧服以葬文公也。晋自此以后用黑色衰绖为常。"❸从此在晋国故地的一些地方，出现了穿戴黑色丧服的习俗，并一直传承了下来。

秦嬴政称帝后，因认为是秦的水德灭掉了周的火德，规定其正朔为水德。而黑色主水，故秦人特别崇尚黑色。《后汉书·舆服志》载："秦以战国即天子位，减去礼学，郊祀之服皆以袀玄。""袀玄"即黑色深衣。汉建朝后，国祚色虽几经改易，但服饰制度仍多袭秦制。《后汉书·舆服志》载："汉承秦故……祀天地明堂皆冠旒冕，衣裳玄上纁下"，随祭人员必"各服常冠，袀玄以从"。不仅祭祀着袀玄，朝服也是一水的黑色。如《汉书·萧望之传》记载京兆尹张敞的话说，"敞备皂衣二十余年"。颜师古注引如淳语："虽有五时服，至朝皆着皂衣。"汉以后，黑色失去了尊贵的光环，成为最下层官吏、屠夫、罪犯等人服色。《隋书·礼仪志》："贵贱异等，杂用五色。……庶人以白，屠商以皂，士卒以黄。"《宋史·舆服志》："诸色公人并庶人、商贾、伎术、不系官伶人，只许服皂、白衣，铁、角带，不得服紫。"《明史·舆服志》："洪武三年定，皂隶，圆顶巾，皂衣。四年定，皂隶公使人，皂盘领衫、平顶巾、白褡裤、带锡牌。"显然在诸色中黑色已成下品，不过有意思的是在戏剧舞台上黑色脸谱还是刚正的象征，如以黑为主的包公、李逵等人物的脸谱。

❶ 朱熹. 四书章句集注［M］. 长沙：岳麓书社，2008：161.

❷ 左丘明. 左传［M］. 长春：吉林大学出版社，2011：116.

❸ 杨伯峻. 春秋左传注［M］. 北京：中华书局年，1990：498.

中 篇
古代植物染色文献
专题研究

第一节 《考工记》"设色之工"研究回顾与思考

　　《考工记》是中国目前所见年代最早的手工业技术文献，书中保留有先秦时期大量的手工业生产技术、工艺美术资料，记载了一系列的生产管理和营建制度，反映了当时的技术水平和思想观念，其中所载"设色之工"诸章内容，记录了中国古代的色彩思想及其相关工艺，是研究中国古代科技史、美术史与思想史的珍贵材料。迄今为止，历代学者对这些内容从纺织加工技术、染色技术、绘画技艺等诸多方面展开研究，并且都取得很大进展，出现了很多非常精彩的著文。本文仅对相关研究及现在依旧莫衷一是的某些问题做些简单回顾，并将笔者近年来的思考和求证，就正与方家。

一、《考工记》所载"设色之工"内容概要

　　《考工记》篇幅不长，虽然总计不到7000字，但内容非常丰富。按《四部丛刊》本，《考工记》分上下两卷（即《周礼》卷十一、十二）。从现存版本的内容排序看，《考工记》上卷可分五章：总论、攻木之工、攻金之工、攻皮之工、设色之工；下卷可分三章，刮摩之工、搏埴之工、攻木之工❶。"设色之工"首先出现在《考工记》上卷总论中胪列的拟加论述的30个工种里。原文是：

　　"凡攻木之工七，攻金之工六，攻皮之工五，设色之工五，刮摩之工五，搏埴之工二。……设色之工：画、缋、锺、筐、㡛。"

　　对设色之工具体五个工种"画""缋""锺""筐""㡛"的论述，则出现在《考工记》上卷总论后逐个工种里。原文是：

　　"画、缋之事，杂五色。东方谓之青，南方谓之赤，西方谓之白，北方谓之黑，天谓之玄，地谓之黄。青与白相次也，赤与黑相次也，玄与黄相次也。青与赤谓之文，赤与白谓之章，白与黑谓之黼，黑与青谓之黻，五彩备谓之绣。土以黄，其象方。天时变，火以圜，山以章，水以龙，鸟、兽、蛇。杂四时五色之位以章之，谓之巧。凡画缋之事后素功。"

---

❶　戴吾三. 考工记图说［M］. 济南：山东画报出版社，2003：5.

"锺氏染羽，以朱湛丹秫三月，而炽之，淳而渍之。三入为纁，五入为緅，七入为缁。"

"筐人（阙）"。

"㡛氏湅丝，以涚水沤其丝，七日，去地尺暴之，昼暴诸日，夜宿诸井，七日七夜，是谓水湅。湅帛，以栏为灰，渥淳其帛，实诸泽器，淫之以蜃。清其灰而盪之，而挥之，而沃之，而盪之，而涂之，而宿之，明日沃而盪之。昼暴诸日，夜宿诸井，七日七夜是谓水湅。"

设色之工：分别是画、缋、锺、筐、㡛，在 30 个工种里占了 5 个。将设色列为一大类，反映出当时社会对色彩的重视及生产中的重要的地位。

画、缋之事：记述了颜色与四方的配定，与天地的对应及布采的次序，间色纹饰的命名等，对不同颜色的使用及各类纹饰象征的安排也有说明。

锺氏染羽：记述了染纁、緅、缁各色的原料、染色工艺及所用时间。

筐人：由于文字缺失，有些学者对其是什么工种出现了一些推论。

㡛氏湅丝：记述了练丝和练绸的工艺过程。练丝，先"以涚水沤其丝"，经过适当的处理后，再进行水练。练绸，先进行较为复杂的灰练，再进行水练。练丝、练绸（帛）均是为染色做准备。

二、对"设色之工"的解读

在《考工记》总论中，设色之工是由画、缋、锺、筐、㡛五个工种组成。但在对这五个工种的分述中，没有明确以"画""缋"为设色二工，而是将画、缋两个工种合为一文，以致至少在记述形式上未能完全契合，给后人对画缋的认识造成混乱，并由此出现了以汉代郑玄和唐代贾公彦为代表的两种不同主流观点：

一是把画、缋解读成一工。郑玄持此观点，其注云："画以为缋是也。"❶清代孙诒让云："此经画缋，依郑义亦止是一事，举画以晐绣。"❷

二是把画、缋解读成二工。"画"为勾勒描画之工，"缋"为采用涂绘、刺绣等手段将纺织品变成斑斓五彩之工。贾公彦持此观点，其疏云："缋，犹画也，然初画曰画，成文曰缋""凡绣亦须画，乃刺之，故画、绣二工，共其职也"❶。贾疏的解释得到了后人的重视，宋代林希逸在《考工记解》一书中便采用此说，云"画缋二官，今记中只曰画缋之事，必有缺漏不全，恐画是为墨本者，缋是用

---

❶ ［汉］郑玄注，［唐］陆德明音义，贾公彦疏. 周礼注疏：卷四十［M］//影印文渊阁四库全书：经部四. 台北：台湾商务印书馆，1983.

❷ ［清］孙诒让. 周礼正义［M］. 北京：中华书局，1987：3305-3301.

采色者。"❶ 清代孙诒让也基本持此观点，云："画缋之事者，亦以事名工也。……缋人之外当更有画人，以其事略同，经遂合记之云"❷。亦即"官异而职同"❸，而合为一文。在今人的注说中亦多据贾疏为是。

值得注意的是今人著作中还出现了另一种解读，其是把"缋"解作画绣之工，但"画"则被解作泛指施彩于各类物品的漆工。认为画、缋二工必有明确分工，否则"设色之工"应分为四，而不是五了，故"画"工应是包含画器皿、画笋虡、画棺椁、画屏风、画几案、画建筑壁画者❹。

案："画"有计、策之意。《三国志·吴志》记载，为抵抗曹兵，鲁肃帮周瑜"助画方略"另《说文解字》释画："画，界也，象田四界。聿所以画之，凡画之属皆从画。"❺ 而"缋"初指包括"绘"（涂绘）与"绨"（或纨、鞴）两种工艺在内的修饰手段。《小尔雅·广训》有："绘，杂彩曰绘"、《说文》有"缋：织余也"之说。均表明"缋"的工序必待画后而行之，亦即"织"而后行之，故曰"织余"。且《说文》释"绘"："会五彩绣也。"由此可见，画工负责界定和策划，亦即设计，应相当于现在的设计师；缋工负责具体施彩（或绘或绣），应为遵循设计师的设想制作具体产品的技术工人，画和缋无疑是二工。后世中国画形成的重"画"轻"绘"，重"笔"轻"墨"的审美传统，也间接说明了画缋是二工，最典型的是唐朝画圣吴道子的事例。《历代名画记》载："翟琰，吴生弟子也。吴生每画落笔便去，多使琰与张藏布色。东都敬爱寺禅院日藏月藏经变及报业差别变，吴道子描，翟琰成浓淡。"❻ 可见贾疏的解读应该是正确的，或是最接近原文之意的。而二工合成一文，想必不外乎是碍于当时严格的章服制度，文章图案都是固定模式化的，缋工久而久之对图样了然于心，能够自行信手画出，一身可以兼做二工，使得画工的作用被淡化。至于把"画"解作泛指施彩于各类物品的漆工，似乎已游离出原文，太过牵强。毕竟从这部分文字所反映的内容看，没有多大关系。

三、对"画、缋之事"的解读

1."五色"与"六色"之辩

仔细审视"画缋之事"原文，会发现"画缋之事"是"杂五色"，但东、南、

❶ [宋]林希逸. 考工记解：卷上［M］//影印文渊阁四库全书：经部四. 台北：台湾商务印书馆，1983.

❷ [清]孙诒让. 周礼正义［M］. 北京：中华书局，1987：3305-3301.

❸ [宋]王昭禹. 周礼详解：卷三十七［M］//影印文渊阁四库全书. 经部四. 台北：台湾商务印书馆，1983.

❹ 王朝闻. 中国美术史：夏商周卷［M］. 北京：北京师范大学出版社. 2011：378-380.

❺ [汉]许慎. 说文解字［M］. 北京：中华书局，1963：65.

❻ [清]孙岳颁. 御定佩文斋书画谱：卷四十六［M］//影印文渊阁四库全书：子部八. 台北：台湾商务印书馆，1983.

西、北、天、地各为青、赤、白、黑、玄、黄之色，分明是六色。这一明显有异的概念表述令后人的理解出现了差异。

郑玄认为：天之玄色不应该是实色，而是有所象征的虚拟颜色。其注云："此言画缋，六色所象及布采之第次"。又云："古人之象无天地也。……天时变，谓画天随四时色者。逐四时而化育，四时有四色。今画天之时，天无形体，当画四时之色，以象天。地若然。画土当以象地色也。"❶ 指出四时分别各有一个象征的实色，即青、赤、白、黑。天、地无形体，因地本色为黄，故取实色象征之。而天是华育四时的本源，主宰四时的变化，故其玄色是象征四时之象变化的虚拟颜色。宋代易祓《周官总义》同意郑说之玄色表述，但认为"杂五色"非次序之谓，是以"杂"谓设色之美❷。

贾公彦认为：青、赤、白、黑、玄、黄虽然数之为六色，但玄色与黑色相近，实则为五色。其疏云："自言东方谓之青至谓之黄六者，先举六方有六色之事，但天玄与北方黑二者大同小异。何者？玄黑虽是其一言。天止得谓之玄，天不得言黑。天若据北方而言，玄黑俱得称之，是以北方云玄，武宿也。"❶ 贾疏之所以说玄色与黑色相近，是因玄色为"黑而有赤色者"，属于黑色谱系，以此来化解"画缋之事"中关于颜色前后不一的表述。此说历来支持者甚多。

案：今人研究因不同视角，有采用郑注者，也有采用贾疏者，各据一词，互不认同。不过从原文明言"杂四时五色"来分析，似乎郑注比贾疏更接近本义。杜军虎在论这个问题时，从文化发生学的视角出发，通过利用传世文献和当前已有的研究成果，分析了中国古代颜色文化（方色）的发生过程，提出"画缋之事"中五色和六色共处缘由不可能如贾公彦理解的那样，为了成就五色之说，而去隐去玄色，那样做无疑是割裂色与方在发生学上的联系。"五色"的提法是对可把握色相的总结，为用；"六色"的提法是对颜色发生本源的解读，为体。"五色"与"六色"在画缋中共处不悖。同时，郑玄将"玄"理解为四色的本源，应更加符合中国颜色发生学的生成结构❸。可谓十分精辟，对我们理解这段内容大有帮助。

2."天时变，火以圜，山以章"之辨

"天时变"，郑玄认为："画天随四时色者。天逐四时而化育，四时有四色。今画天之时，天无形体，当画四时之色。"❶ 后世研究者多持赞同的看法。

"火以圜，山以章"，其意是：画火以"圜"作为象征，画山以"章"作为象

---

❶ ［汉］郑玄注，陆德明音义，贾公彦疏. 周礼注疏：卷四十［M］//影印文渊阁四库全书：经部四. 台北：台湾商务印书馆，1983.

❷ ［宋］易祓. 周官总义：卷二十八［M］//影印文渊阁四库全书：经部四. 台北：台湾商务印书馆，1983.

❸ 杜军虎. "方色"论析——由《考工记·画缋》之"五色"与"六色"并提谈起［J］. 创意与设计，2011（4）：12-15.

征。对"圜"和"章"的解读，历来亦有多种。

郑玄认为：圜"为圆形，似火也。"又谓"形如半环然"。章"读为獐。獐，山物也。"❶

孙诒让对郑玄的解读不以为然。认为："圜"即圆，指天体。引《续汉书·律历志》："阳以圆为形，火、阳气之尤胜者，故亦为圆形也"之说作为佐证。"章"指色彩，即上文"赤与白谓之章，……画山者，其色以赤白，以示别异耳"。并引俞樾云："山物莫尊于虎，故泽国用龙节，山国用虎节。若水必以龙，则山必以虎。何取于獐而画之乎"❷来说明。

王与之认为：火"其神无方，其体非体，而托于物以为体，其用非用而因于物以为用。其形虽锐而性则圜而无不周。画火难定其形，只得画其性之圜尔。"❸

闻人军认为：圜其实是指先秦火历中的大火星。因为在出土文物资料中，已能找到"火以圜"画法的实例。如湖北随县曾侯乙墓出土的绘有二十八宿图像的漆箱盖上。有一个似"火"字形的图案，就是大火星的象征。另认为：郑玄把"章"和"獐"联系起来并非无据，只是未交代清楚。新石器时期山东大汶口文化的居民中有一种獐崇拜现象，在一些早、中期的墓葬中死者指骨近处曾发现獐牙或一种有骨柄和从两侧嵌入獐牙的被称为獐牙钩形器的物件。獐为山物，它的犬齿状似山峰，故画山可以獐牙作为象征，故疑这是"山以章（獐）"的真正含义❹。

戴吾三赞同孙诒让对"圜"和"章"的解读，并继而认为：原文"土以黄，其象方，天时变，火以圜"语序不对。正确的语序很可能是"火以圜，天时变"。"圜"基本义同"圆"，指天体。《易·说卦》："干为天，为圆。"据此，"火以圜，天时变"的表述语序才合乎逻辑。另值得注意的是他指出"山"很可能是"木"字之误。因为在战国简策中"木"的上半与"山"形似，误出极有可能。而且木（植物）的四季表现色彩远胜于山，言"木以章"合理顺义。更重要的是"木以章"合乎土、木、火、金、水五行排序，故按五行观念分析，《考工记》文中应有"金以……"一句。今本不见，疑是脱漏❺。

案：上述对"圜"的说法各有各的道理，但最后归结为以画"环"代火似乎没有疑问。不过对"山以章"画法的解释，似乎都不能令人完全信服。"山以章"之句位于第二段，孙诒让释"山以章"之"章"字为"色彩"，明显背离本义。

❶ ［汉］郑玄注，［唐］陆德明音义，贾公彦疏. 周礼注疏：卷四十［M］//影印文渊阁四库全书：经部四. 台北：台湾商务印书馆，1983.

❷ ［清］孙诒让. 周礼正义［M］. 北京：中华书局，1987：3305-3301.

❸ ［宋］王与之. 周礼订义：卷四十［M］//影印文渊阁四库全书：经部四. 台北：台湾商务印书馆，1983.

❹ 闻人军. 考工记译注［M］. 上海：上海古籍出版社. 1993：54-55.

❺ 戴吾三. 考工记图说［M］. 济南：山东画报出版社. 2003：55.

或以郑玄的说法最为接近，最直接的证据是《尔雅》中关于"山"的解释，其谓"山"为"上正章"，即"谓画山虽画其章，亦必画其上正之形。谓画一坐山上头尖要正"❶。

此外，从画缋之事全文看，大致可分为三段内容。第一段从"画缋之事"到"五彩备谓之绣"，主要表述色彩，即五色之位及各色对应之位。这显然与当时流行的"五行"观念有关。第二段从"土以黄，其象方"到"鸟、兽、蛇"，主要表述纹饰图案。第三段从"杂四时五色之位以章之"到"后素功"，是对前两段内容的概括和总结。"天时变"之句在文中位于第二段的中间的位置，其上下文都是表述具象的纹饰。如郑玄所言是画"四时之色"，其文应出现在第一段表述色彩的地方，似不应出现在此位置。仅此疑点就颇能说明郑玄的观点非常值得再进一步讨论。

在五色之工艺内容中，明确且具体的纹饰图案除"土以黄，其象方"外，另有十个，即文、章、黼、黻、火、山、龙、鸟、兽、蛇。与大家熟知的当时章服制度中的"十二章"纹饰已非常接近。它们是否可以对应上？

据研究，"十二章"最早的记载见于《尚书·益稷篇》："帝曰：予欲观古人之象日月星辰山龙华虫作会宗彝藻火粉米黼黻缔绣以五采彰施于五色作服汝明。"关于这段记载，因断句不同导致理解分歧，历来也有不同解释。孔安国解"十二章"是：日、月、星辰、山、龙、华（草华）、虫（雉）、藻、火、粉、米、黼、黻。把"粉"和"米"以及"华"与"虫"分列为二章，不列入"宗彝"，合起来已比十二章多了一章。后汉马融从孔安国说法，但把华虫合为一章，明确以日、月、星辰、山、龙、华虫、藻、火、粉、米、黼、黻为十二章。这个说法被《续汉书·舆服志》所采纳，后来《晋书·舆服》《宋书·礼志》《南齐书·舆服志》也都相同。不过这种说法由于和《周官》五冕中毳冕衣服画虎蜼彝彝的制度相矛盾，后汉郑玄诠《周官》司服条又提出另一种说法："予欲观古人之象，日、月、星辰，山、龙、华虫、作缋，宗彝、藻、火、粉米、黼、黻、缔绣，此古天子冕服十二章。"把作缋宗彝解析为宗彝里面缋画，同时《周官》毳冕中的虎蜼蜼彝合在上面，即于宗彝上画上虎雉之形，从而把《尚书》十二章与《周官》五冕内容相结合。虽然有学者批评郑玄解析得勉强，但自梁朝起采用了郑玄的学说，《隋书·礼仪》六，追记梁朝服制，皇帝"衣则日、月、星辰、山、龙、华虫、火、宗彝、画以为绘。裳则藻、粉米、黼、黻以为绣，凡十二章。"到隋唐成为定式，一直流行到清代❷。

在画缋之事中明确且具体的十个纹饰图案中，有六个纹饰图案，即山、龙、

❶ ［宋］王与之. 周礼订义：卷四十［M］//影印文渊阁四库全书：经部四. 台北：台湾商务印书馆，1983.

❷ 孙云飞. 历朝历代服饰［M］. 北京：化学工业出版社，2010：124-125.

鸟（华虫）、火、黼、黻可以与郑说某章直接对应上。兽和蛇也有证据表明可以对应上。其中：

"兽"对应"宗彝"。《周礼·春官·司尊彝》："凡四时之间祀，追享、朝享，祼用虎彝、蜼彝，皆有舟。"贾公彦疏："虎彝、蜼彝相配皆为兽。"❶故"兽"对应"宗彝"应该是没有问题的。

"蛇"对应"星辰"。《左传·襄二十八年》："蛇乘龙。"注曰："蛇，玄武之宿，虚危之星。"《晋书·天文志》："腾蛇二十二星，在营室北，天蛇也。"中国古代把天空里划分为二十八星宿，玄武是北方七宿：斗、牛、女、虚、危、室、壁的总称。故"蛇"对应"星辰"也是说得通的。

只有"文"和"章"两个纹饰看起来很难对应上。不过仔细分析原文并借助后人的研究，可以找到与郑说关联的证据。虽然不多也不甚明确，但颇能说明问题。其中：

"文"对应"藻"。《周礼·司服》贾疏："藻，水草，亦取其有文。"❷《尚书·益稷》孔安国注："藻，水草有文者。"❸《礼记·王制》孔颖达疏："藻者，取其洁清有文。"❷《三礼图集注》："藻，水草也。取其文。"❹可见以"文"名"藻"的可能性是非常大的。

"章"对应"粉米"。孔安国将"十二章"中的粉米释为"二章"，谓："粉若粟冰，米若聚米。"郑玄释为一章，谓："粉米，白米也。"❺今疑孔氏、郑氏各说对了一半，即粉米是"一章"，但初文所指似乎不是白米，而是粟米。根据有三，一是可见到有的版本书将"粟冰"写作"粟米"。《四库提要》云："《尚书·益稷篇》注：'粉若粟冰'，《六经正误》引绍兴本作'粟冰'，监本作'粟水'，兴国军本作'粟米'，今汲古阁本作'粟冰'。"❻二是古称"稷"的粟米，原产于北方黄河流域，是中国古代五谷粮食之一。后世常以"社稷"代指国家，其中"社"指土地神，而"稷"则指主管粮食丰歉的谷神。粟对早期中国之重要，以至于有学者称夏代和商代属于"粟文化"❼。可见将关乎社稷兴衰的粟米列入"十二章"是顺理成章的。三

---

❶ ［汉］郑玄注，［唐］陆德明音义，贾公彦疏. 周礼注疏：卷四十［M］//影印文渊阁四库全书：经部四. 台北：台湾商务印书馆，1983.

❷ ［汉］郑玄注，［唐］陆德明音义，贾公彦疏. 周礼注疏：卷四十［M］//影印文渊阁四库全书：经部四. 台北：台湾商务印书馆，1983.

❸ ［晋］杜氏注，［唐］陆德明音义，孔颖达疏. 春秋左传注疏：卷五十一［M］//影印文渊阁四库全书：经部五. 台北：台湾商务印书馆，1983.

❹ ［宋］聂崇义. 三礼图集注：卷十［M］//影印文渊阁四库全书：经部四. 台北：台湾商务印书馆，1983.

❺ ［汉］孔氏传，［唐］陆德明音义，孔颖达疏. 尚书注疏：卷四［M］//影印文渊阁四库全书：经部二. 台北：台湾商务印书馆，1983.

❻ ［清］纪昀，等编. 四库全书总目：卷三十三［M］//影印文渊阁四库全书：经部. 台北：台湾商务印书馆，1983.

❼ 秋良. 漫谈粟黍文化［J］. 食品与健康，2013（3）：52-53.

是粟有白、红、黄、黑、紫各种颜色，俗称"粟有五彩"，而"粉"有红之意，恰与"赤与白谓之章"之句相符。至于郑玄释"粉米"为白米的原因也不难找到。我们知道，稻米原产于中国南方，虽很早就传入到了淮河以北的中国北方地区，但从后来的历史来看，北方人对稻的重视程度远不及粟，故明宋应星有："五谷则麻菽麦稷黍，独遗稻者，以着书圣贤，起自西北也"之说。曾雄生曾著文指出：在相当长的一段时间内，稻在古代北方甚至一度被排除在几种主要的粮食作物之外，后来虽然取代麻加入到了五谷的行列，但地位一直不太稳固。汉以前，北方人食稻的机会更是不多，孔子云："食夫稻，衣夫锦，于女安乎？"将"食稻衣锦"视为"生人之极乐，以稻味尤美故。"说明能经常吃到稻米的人往往是富贵阶层❶。郑玄将贵族的食物稻米，替代大众食物粟米作为统治阶层的章服纹饰也就不足为奇了。

如果这十章都对应上了，不难推知郑玄对"天时变"的解释颇值得怀疑。其不应是颜色变化，当是日月轮换，指"日""月"二章。也由此可以推知文中"土以黄，其象方"虽也是表述具体的纹饰，但从它的语序位置，其意象更接近提纲挈领的举例以铺陈后文。

3. "凡画缋之事后素功"之辨

对"凡画缋（绘）之事后素功"的分歧表现为"素"在"缋"之前还是之后。后"素"之说出自郑玄。《考工记》郑注："素，白采也，后布之。为其易渍污也。"❷《论语·八佾》"绘事后素"郑注："绘，画文也。凡绘事，先布众色，然后以素分布其间，以成其文。喻美女虽有倩、盼美质，亦须礼以成之。"❸先"素"之说出自朱熹。《论语·八佾》"绘事后素"朱注："绘事，绘画之事也。后素，后于素也。《考工记》曰：绘画之事后素功。谓先以粉地为质，而后施五采，犹人有美质然后可加文饰。"❹两人的分歧主要是对"素"的解释。郑玄认为是"白采"，朱熹认为是"粉地"。

郑、朱之说古今都各有支持者，及至今日，结果仍是众说纷纭。支持郑玄"白采"观点的多见于阐述古代工艺技术的著文中，且常从文字训诂、历史知识、绘画技法、考古资料等角度反驳朱说。如清代凌廷堪不客气地指出："朱子不用旧注，以'后素'为后于素。于《考工记》注亦反之，以'后素功'为先，以粉地为质，而后施五采。近儒皆以古训为不可易，而于'礼后'之旨，则终不能会通而发明之，故学者终成疑义。"❺赞同朱熹"粉地"观点的多见于阐述古代哲学

❶ 曾雄生. 食物的阶级性——以稻米与中国北方人的生活为例［J］. 中国农史，2016（1）：94-103.

❷ ［汉］郑玄注，［唐］陆德明音义，贾公彦疏. 周礼注疏：卷四十［M］//影印文渊阁四库全书：经部四. 台北：台湾商务印书馆，1983.

❸ ［魏］何晏集解，［唐］陆德明音义，［宋］邢昺疏. 论语注疏：卷三［M］//影印文渊阁四库全书：经部八. 台北：台湾商务印书馆，1983.

❹ ［宋］朱熹. 四书章句集注［M］. 北京：中华书局，1983：63.

❺ 程树德撰，程俊英点校，蒋见元点校. 论语集释［M］. 北京：中华书局，1990：158.

思想的著文中，如元明的科举考试都用朱熹的《论语集注》为标准，影响至今。在今之国家教育部新课标指定的高中必读书目《论语通译》中，其注释也是以朱熹之说为是❶。

案：马堆一号汉墓出土的一件印花敷彩丝织物，其敷彩过程一般经过六道工序："（一）在印好的底纹上，先绘出朱色的花穗（或花蕊）。（二）用重墨占出花穗的子房。（三）勾绘浅银灰色的叶（或卷须）、蓓蕾及纹点。（四）勾绘暖灰色调的叶与蓓蕾的苞片。（五）勾绘冷灰（近于兰墨）色调的叶。（六）最后用浓厚的白粉勾结加点。做到这里，印花和敷彩的全部工艺才算完成。"❷山东临沂金雀山出土的《金雀山帛画》，其在绘画技法上以淡墨和朱砂线起稿，着色平涂渲染兼用，最后以朱砂线和白粉线作部分勾勒，起到点醒以及提神的作用❸。在当代一些介绍绘画技法的书中也不乏找到以"白"盖"彩"的实例。故从工艺技术和绘画技法视角分析，郑玄《考工记》注无疑是正确的，毕竟有出土实物和实操技法作为证据。但他以此观点注《论语》中的"绘事后素"却颇值得商榷。

"绘事后素"是《论语•八佾》篇中孔子答子夏问诗的一个比喻。《论语•八佾》："子夏问曰：'巧笑倩兮，美目盼兮，素以为绚兮，何谓也？'子曰：'绘事后素。'曰：'礼后乎？'子曰：'起予者商也，始可与言诗已矣！'"❹这个比喻既回答了子夏对"素以为绚"的疑问，又引发了子夏"礼后"的联想。这其实是孔子当时还没有想到的，来得突然，所以高度肯定："启发我的是你卜商！从此以后我们可以共同讨论诗了。"显然这个源自生活和生产经验的"绘事后素"，在此时得到了思想升华，上升到"礼"的高度，已非简单的就事论事了。解释的对象性质发生变化，郑玄却以不变应其变，难免会出现失误。同样的，朱熹也犯了与郑玄类似的错误。朱熹在解"礼后乎"时云："礼必以忠信为质，犹绘事必以粉素为先。"此论秉承了《礼记•礼器》之旨："君子曰：甘受和，白受采，忠信之人，可以学礼。苟无忠信之人，则礼不虚道，是以得其人之为贵也。"❺亦与《论语》此章之宗旨相契合。这是朱熹先"素"论被接受的重要原因。但朱熹却过于纠结用典，误引《考工记》为证，导致后世认同郑玄观点的学者对他错误的诟病，而忽视了他正确的说法。

四、对"锺氏染羽"的解读

现今对《考工记》"锺氏染羽"记文的解释有很多，但归结起来最大的分歧是

❶ 刘琦译评. 论语通译［M］. 长春：吉林文史出版社. 2003：17.

❷ 王㐩. 马王堆汉墓的丝织物印花［J］. 考古，1979（5）：474-478.

❸ 宣兆琦，李金海. 齐文化通论［M］. 北京：新华出版社，2000：440.

❹ ［宋］朱熹. 四书章句集注［M］. 北京：中华书局，1983：63.

❺ ［汉］郑玄注，［唐］陆德明音义，贾公彦疏. 礼记注疏：卷十一［M］//影印文渊阁四库全书：经部四. 台北：台湾商务印书馆，1983.

"朱""丹秫"各为何物？并由此产生了两个主要观点。一是释"朱"为朱砂,"丹秫"为黏性谷物；二是释"朱"为朱草,"丹秫"为朱砂。持两种观点的学者先后都提出了一些支撑依据,各有各的道理,但仔细推敲都能找到一些值得商榷的地方。

案：笔者认为"朱"应为植物红豆杉,认同"丹秫"为朱砂(详见《〈考工记〉"锺氏染羽"新解——兼论"石染"之原义》一文,在此不赘)。并为佐证这个观点做了染色实验。设计的实验方案有四：以朱砂和黏性谷物为染材；以茜草和朱砂为染材；以红豆杉和黏性谷物为染材；以红豆杉和朱砂为染材。经实验,发现前三种方案根本得不到"锺氏染羽"所记颜色,第四种方案得到的颜色与"锺氏染羽"所记颜色基本接近。验证了"朱"为红豆杉,"丹秫"为朱砂,或许是正解。而且在实验中还发现,以朱砂为染材,虽其附着率不如植物染材,浸泡在水中有脱落,但只要不使劲搓揉,勿需使用黏合剂颜色也能很好地附着在织物上。此外,就"染羽"之"羽"字而言。贾公彦疏曰："染布帛者在天官染人,此锺氏惟染鸟羽而已。"❶ 但从"设色之工"的整个内容看,此"羽"字应是指丝帛。对此《毛诗讲义》中有非常精辟的论述,谓："传以翟,雉名也,今衣名曰翟,故谓以羽饰衣,犹右手秉翟,即执真翟羽。郑注《周礼》三翟,皆刻缯为翟雉之形,而彩画之以为饰,不用真羽。孙毓云：自古衣饰山、龙、华虫、藻、火、粉米,及《周礼》六服,无言以羽饰衣者。羽施于旌旗盖则可,施于衣裳则否。盖附人身,动则卷舒,非可以羽饰故也。"❷

五、关于"筐人"推论

《考工记》"筐人"由于条文已缺,其内容只能做些推测。

元人毛应龙曾以《周礼·天官·染人》考之,认为是染五采之工。谓："春暴练者,其幌氏。与其职所谓涑丝涑帛是也。夏缬玄者,其锺氏。与其职所谓三入为𬘓、五入为𬘊、七入为缁。虽不言玄,而郑氏谓玄在缁𬘊之间是也。若夫秋染夏虽不见于考工,而经有五采备之文,不然其筐人之职乎？"❸ 清孙诒让疑是治丝枲、布帛之工。谓："此工文阙,职事无考。……此筐人疑亦治丝枲、布帛之工,故与画缋、幌氏相次也。"❹

今人有根据 1979 年江西贵溪仙岩一带的春秋战国崖墓中出土的双面印花苎麻织物,认为"筐人"疑即"框人",古代"筐"与"框"可以通假,将筐氏解

---

❶ [汉]郑玄注,[唐]陆德明音义,贾公彦疏. 周礼注疏：卷四十 [M] //影印文渊阁四库全书：经部四. 台北：台湾商务印书馆, 1983.

❷ [宋]林岊. 毛诗讲义：卷二 [M] //影印文渊阁四库全书：经部三. 台北：台湾商务印书馆, 1983.

❸ [元]毛应龙. 周官集传：卷十四 [M] //影印文渊阁四库全书：经部四. 台北：台湾商务印书馆, 1983.

❹ [清]孙诒让. 周礼正义 [M]. 北京：中华书局, 1987：3305-3301.

为印花之工，以印版由框定位，故得名❶。但也有人认为："画、缋"指的是印花敷彩工艺，即半绘半印的特别加工方式，以绘（画）为主，以印（缋）为辅的过渡形式，和凸版模印工艺（如金银色印花纱规整图案）并行使用。江西贵溪出土的好几块印有银白色花纹的深棕色苎麻布，是型版印花的产物，不属于"画、缋"范畴。"筐人"另有所指，非指印花工艺和工官。并以造纸是来源于模仿捞丝滓（丝絮），以及"筐"可能是最原始的捞丝滓工具为根据，将其解为造纸的工官，这段条文是汉代人加进去的❷。

案：如若前文所述，"画""缋"负责图案及图案颜色的搭配；"锺氏"负责染色；"㡛氏"负责练丝和练帛。"筐人"似乎不应是负责印花的工官，因为纺织品上的花纹或图案属"画""缋"之工负责。而将其解为染五采之工或造纸之工，依据更是不足。那么"筐人"究竟可能是什么工种？因材料缺乏，只能从上下内容和字义做个大概分析和推断。

《考工记》里记述了三十个工种，分别以某人或某氏代称之。之所以用某人或某氏代称之，郑玄认为是："其曰某人者，以其事名官也；其曰某氏者，官有世功，若族有世业，以氏名官者也"。"筐人"列在"设色之工"的第四位，前面列有"画、缋、钟"三种，后面列有"㡛"一种，这四种均看作丝绸生产过程中的一道独立工序。"筐人"与它们相次，又是"以其事名官"，无疑也应该是丝绸生产过程中的一道独立工序。拿"筐"之字义比对丝绸生产工艺各道工序，与之能对应上的似乎只有缫丝工序。因为"筐"的本字写作"匡"，与"匚""框""匡""恇""眶""軖"互为通假。其中的"軖"，又写作"軠""軤""輄"，《说文解字》释軖："纺车也。一曰：一轮车。"释軠："车戾也。"《康熙字典》云："《说文》本作軠。俗省作軖。"段玉裁《说文解字注》軠："车戾也。戾者、曲也。"彰显出"軖"为能够快速转动的轮式制丝具之意。宋元文献将缫车和纺丝车上的卷绕丝缴的丝框称为"丝軖"或直接称之为缫车便是最好的佐证。如《王祯农书》云："軖必以床，以承軖轴。轴之一端，以铁为褁掉，复用曲木撵作活轴，左足踏动，軖即随转。自下引丝上軖，总名曰缫车。"❸《农桑辑要》云："軖车床高与盆齐，轴长二尺，中径四寸，两头三寸，四角或六角臂，通长一尺五寸，须脚踏。又缫车竹筒子要细铁条子串筒，两桩子亦须铁也"❹另外，古时有时亦将"筘"称为纺车。《礼说》云：《说文》互作筘，从竹象形。互乃省文人手推握可以收绳，此纺车也。一名籆，《广雅》曰：籆谓之互其说本

❶ 闻人军. 考工记译注［M］. 上海：上海古籍出版社. 1993：54-55.

❷ 刘志一. 纸的发明与包装考［J］. 株洲工学院学报，1994（3）：22-27.

❸ ［元］王祯. 农书［M］. 王毓瑚校. 北京：农业出版社，1981：390.

❹ 石声汉. 农桑辑要校注［M］. 北京：农业出版社，1982：136.

于此。䋈读若狂，或云一轮车。"又云："纺车之轮谓之互，一名䋈。《说文》：作籰。云：收丝者。即纺车之轮所谓筦也。"❶ 籰，其型有单框加籰轴者，也有双框加籰轴者。20 世纪 80 年代甘肃省武柏林公社石桥大队仍在使用的缫丝工具中有一"工"字形木架，当地叫丝拔子，它同一个转鼓配合使用（图 2-1 石桥缫丝工具图）。缫丝时将木制转鼓放在专门的木架上，两端的轴嵌在支架上方的槽内，可以灵活转动，整个木架放在煮茧的锅口上，丝绪通过转鼓下方木架上的孔眼，绕过转鼓一圈，引到"工"字架上。缫丝时手持"工"字架，成"8"字形绕丝。转鼓不但可以增加茧丝的胶着程度，也可起到初步捻缴的作用。据蒋猷龙先生推测：与"工"字形木架配合使用的转鼓，即后世所称的籰，其使用方法从手推发展到手摇，手摇又发展到足踏，小的丝籰发展到大直径的丝籰（軠）。这种缫丝方式的工具，可能产生在周初稍后至周代中期的一段很短的时期内，且在全国普遍使用❷。而据赵丰先生推测：在商代时可能已出现缫车（图 2-2 根据商代青铜甗铭文复原的商代缫丝工具）。在当时的青铜发现一件铭有 和 两字的青铜甗。甗是一种由甑和鬲结合而成的蒸食器，鬲为三足如袋，下可烧火加热，内可盛水；甑为蒸具，其底有孔。这种甗就是用来煮茧兼作缫丝锅的热水容器。而缫丝工具的型制，则可从铭文中看出， 是丝籰的象形表示，一般应为手摇， 可释为茧，它是对缫丝架的形象描绘，这种架子相当于后世脚踏缫车上的"牌楼"，架上应有鼓轮，缫丝时两绪同时进行，茧丝自甗中抽绪后合成生丝，经鼓轮而后到达丝籰❸。两人推测缫丝用丝軠的出现时间均在《考工记》成书之前，结合后世称缫车为軠车的情况，大胆推测"筐人"即"軠人"，可能是负责缫丝的工官，而不应是负责印花的工官。

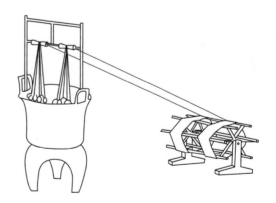

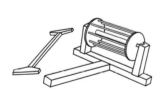

图2-1　石桥缫丝工具图　　　　　图2-2　复原的商代缫丝工具

---

❶ ［清］惠士奇. 礼说：卷三［M］//影印文渊阁四库全书：经部四. 台北：台湾商务印书馆，1983.

❷ 蒋猷农. 石桥古缫丝工具初探［J］. 蚕业科学，1983（3）：181.

❸ 何堂坤，赵丰. 中华文化通志：纺织与矿冶志［M］. 上海：上海人民出版社，1998：53.

六、小结

《考工记》"设色之工"诸章内容，记录了中国古代的色彩思想及其相关工艺。其中画缋之事将"五色"和"黼黻文章"做出了较为完整的阐述，为"五色"成为中国颜色文化以及"黼黻文章"成为中国章服文化的重要概念奠定了基础，被其后历代学者奉为圭臬；锺氏染羽、筐人、慌氏湅丝对制丝和染色技术的总结则为研究先秦纺织印染必须提及的重要史料。时至今日，对其内容从各方面进行详尽解读的著录成果甚为丰硕。但不可否认的是除对慌氏的阐述外，对画、缋、锺、筐某些内容的阐述并非众口一词，存在着差异，远远没有达成共识。笔者粗浅的思考和求证是否正确，尚待更多的材料辨析，仅奢望能对更好地理解《考工记》这段文字内容有所帮助。

第二节 《考工记》"锺氏染羽"新解
——兼论"石染"之原义

《考工记》"锺氏染羽"的原文是："锺氏染羽，以朱湛丹秫三月，而炽之，淳而渍之。三入为纁，五入为緅，七入为缁。"这段文字，涉及我国传统纺织染色技术的一些重要问题，相关的释义和解读，历代学者均有所积累，但迄今为止，依旧莫衷一是。今搜集材料，辅以近年来的思考和求证，浅析义理，以求更为合理的解释，并依据对"朱"这种植物的重新认识，讨论"石染"这个染色名词原本的含义。

一、影响较大的一些释文

现今对《考工记》"锺氏染羽"条文的解释有很多，但归结起来最大的分歧是"朱""丹秫"各为何物？有的认为朱是朱砂，丹秫是黏性谷物；有的认为朱是朱草，丹秫才是朱砂。为表述清楚，现将两种影响较大的释文及主要论证摘录于下：

第一种释朱为朱砂，丹秫为黏性谷物。这种观点前者出自唐代贾公彦；后者出自汉代郑玄。近代的学者多持相同看法❶，近些年出版的《考工记》注释本大多也是采用这种观点释义。

其释文为：锺氏染羽毛。把朱砂和丹秫一起浸泡。三个月后，用火炊炽，待丹秫变得稠厚了，再浸染羽毛。如此浸染三次，颜色成纁；浸染五次，颜色成緅；浸染七次，颜色成缁。

很多学者先后提出了支撑这一观点的诸多依据，其中最主要有两点：

一是根据汉以前朱砂用作服装或其他物品的着色材料比较多见，而且很多出土文物上都沾有朱砂的痕迹，因此，将朱解释为朱砂。

二是根据《尔雅·释草》："众，秫。"郭璞注："谓黏粟也。"邢昺疏："稷之黏者也，与谷相似，米黏。北人用之酿酒，其茎秆似禾而粗大者是也。"许慎《说文·禾部》："秫，稷之黏者。"程瑶田《九谷考》："稷，北方谓之高粱，或谓之

---

❶ 陈维稷. 中国纺织科学技术史［M］. 北京：科学出版社，1984：84-85.

红粱，其黏者，黄白两种，所谓秫也。秫为黏稷。"据此把"丹秫"解释为红色的黏性谷物，即红色的黏谷子或黏高粱。

综合上述两点，认为朱砂与黏性谷物相互作用原理是：将两者一起浸泡三个月，经过发酵作用，使谷物分散成极细的淀粉粒子，然后炊炽之，淀粉又转化为浆糊，显出很大的黏性，于是朱砂颗粒便黏附在羽毛上了，干燥后生成有色淀粉膜，短时间的水淋也不会脱落。

第二种释朱为朱草，丹秫为朱砂❶。

其释文为：锺氏染羽毛。用朱草（茜草）液浸泡研磨细的朱砂。三个月后，用火炊炽，待染液变得稠厚了，再浸染羽毛。如此浸染三次，颜色成𬘘；浸染五次，颜色成𬘊；浸染七次，颜色成𬘗。

这种观点的主要依据：

一是贾公彦在解释"锺氏染羽"中的多次复染"三入为𬘘"时明确说："三入为之𬘘，……此三者皆以丹秫染之。"丹秫显然是红色染料或颜料，而不可能是谷物。

二是"以朱湛丹秫"，按语意，"朱"应是红色液体，才能去浸渍丹秫，不应是固体朱砂。"朱"是朱草，可能是茜草类植物。

三是在先秦时，"丹砂"尚无"朱砂"的别名，梁代陶弘景《本草经集注》谓："丹砂……即是今朱砂也。"所以"朱砂"一词的出现当在魏晋以后。将"朱"解释为"丹砂"理由不充分。

四是根据郑玄注："丹秫，赤粟。"郭璞注："细丹砂如粟也。"认为"赤粟"即是"丹粟"，而丹粟是春秋战国时期丹砂的别名，仅《山海经》中提到产丹粟的地区就有10处。

五是丹秫如浸泡三个月后便会发酵而失黏性，不具备黏合朱砂的作用。

第三种闻一多先生释"朱"为柘木说❷。其主要依据有二：

一是根据《说文》释朱为"赤心木"，解释为"赤心"乃"棘心"，即枝条上的小刺。认为《说文》中"朱"为"松柏属"之句，系后人讹附。

二是根据史书所载，柘木可以染黄，所染之色为呈红光的黄色，而柘树枝条上又有小刺，以及朱、柘音近，可以通转，进而，释"朱"，为"柘"。

二、三种释义中的疑点

这三种释义的依据都有一些可圈可点的地方，如第一种释丹秫为谷物之说；第二种言丹秫浸泡三月发酵失黏性；第三种，闻一多释"赤心"乃"棘心"之巧

---

❶ 赵匡华，周嘉华. 中国科学技术史：化学卷［M］. 北京：科学出版社，1998：628.

❷ 闻一多. 闻一多全集［M］. 上海：上海开明书店，1948.

妙。但不可否认，每一种释义都存在一些值得商榷之处。

第一种释朱为朱砂，丹秫为黏性谷物，其染色过程是以矿物颜料朱砂为染体，赤粟为黏合剂。首先在季春之时将二者一起浸泡三个月，经过发酵，赤粟分散为淀粉颗粒；然后待三个月后的季夏时节，通过烹煮，淀粉变成具有较强黏性的浆糊；最后用这种混合物做染料，细小的朱砂颗粒借助浆糊的黏性吸附在纤维上，达到染色目的。从此染色过程看，应属现称之为"石染"的方法。但此石染工艺似乎很难实现，因为谷物的黏性是由于其所含淀粉经糖化或加热后，水解出糊精而产生的。但这类多糖类物质，在暑热之季，会很快发酵水解变酸或发霉而失去黏性，所以经过三个月后，肯定已经无黏性而腐臭了。把朱砂和丹秫一起浸泡三个月，丢失黏性的丹秫似乎不可能将朱砂黏附在施色之物上的。

第二种释朱为茜草类植物，丹秫为朱砂。

茜草是古代使用最广泛的红色染料，有茹藘、茅蒐、蒨草、地血、牛蔓等多种别名，未见"朱"之名称。

早在春秋时期用茜草染色的技术就已相当成熟，如《诗经》中便有多处提到茜草和其所染服装，如《诗经·郑风·东门之墠》云："东门之墠，茹藘在阪。"《诗经·郑风·出其东门》云："缟衣茹藘，聊可与娱。"《考工记》成书时，茜草已普遍使用，人们对茜草耳熟能详，而《考工记》却以"朱"命名之，不以"茜"或其他别称直接记述，有悖常理，令人费解。

如果丹秫为朱砂，丹秫在染液中又起什么作用？有人如是解释：在暑热季节将朱砂放入茜草的浸泡液里不断地研磨三个月，在研磨过程中朱砂的化学成分渐渐分解，分解出的硫元素与水产生氧化反应形成硫酸根，随后硫酸根与青铜染具的铜元素发生化学反应，进而生成具有媒染剂作用的硫酸铜，茜素染液在媒染剂硫酸铜的协助下，最终实现染色目的[1]。该说法看似合理，实则不然。一者，纁、緅、缁三色，皆为常见之色，染量极大。此说将染色器皿限定在铜质材料上，但在当时是否能普遍使用铜质染缸，从成本到规模来说可能性都极小；再者，茜素在铜媒染剂作用下只能增加红色的明艳度而不可能使红色变成黑色。

三、"朱""丹秫"为何物？

"朱"为何物？因缺乏较翔实的史料记载，看似很难说明，但将一些零散的文献记录结合染色工艺原理，逐一做些分析，还是可以大致判断出来的。

《考工记》"锺氏染羽"是记载古代染色工艺的史料，"朱"在文中是指某种染料应是没有疑问的。明了古人对染料的分类方式，无疑有助于我们对"朱"的认识。实际上，古代织物施色的方法是细分为石染、木染和草染三种，如《论

❶ 赵承泽. 中国科学技术史：纺织卷［M］. 北京：科学出版社，2002：271.

语》中"君子不以绀緅饰"的郑玄注，就是这样分的。而不是今天笼统分为石染、草染二种。所谓木染，顾名思义，是利用木本植物的枝、干、皮、果，如皂斗、柘木、核桃果皮等，犹如草染是利用草属植物，如茜草、红花、紫草等。朱字早在甲骨文中就已出现，其形状是在木的原字中间加上一个黑点，这是属于造字中的借喻手法，指的是某种木材的心材色相，这也是在以部首当作查询手段的字典里，朱字是被安排在木的部首里的原因。既然古人施色分类将木染单列为一类，再联系《说文》对朱的解释："赤心木，松柏属"、《艺文类聚》卷八九木部下对朱的解释："朱树，松柏属"，显然锺氏染羽系木染，"朱"应该是一种树，而不是"草"，更不可能是朱砂，惜所有注疏都没有言名是哪一种树。不过闻一多观点最接近，但闻释"朱"为桑科植物柘木，与《说文》和《艺文类聚》释"朱"为松柏属相左。此外，从染色机理来说，释"朱"为柘木也行不通。因为用柘木只能染稍有红光的黄色。史载，自隋唐以来帝王所服之黄色多由柘木所染。唐王建《宫词》之一："闲著五门遥北望，柘黄新帕御床高。"元顾瑛《天宝宫词寓感》之十："娣妹相从习歌舞，何人能制柘黄衣。"明李时珍《本草纲目·木三·柘》："其木染黄赤色，谓之柘黄，天子所服。"柘木和茜草一样，无论是加入铝盐或是铁盐媒染，都不能出现黑色。这点也是第二种释文令人困惑的原因之一。

此外，古代凡染彩之名很多是以染料之名命之，而古代染料取诸树木者甚多，犹如闻一多所言"朱可以染，故既为树名，又为色名"❶。

在明了了"朱"为木染植物后，根据《说文解字》所云"朱"之特征及《考工记》中"朱"之用途，比照现代植物学著作对各类植物的描述，唯"赤心""松柏属"的红豆杉最为相符。

据现代植物学著作描述：浙江、福建、台湾、江西、广东、广西、湖北、四川、云南、贵州、陕西、甘肃等地均生长有红豆杉❷，在不同的地方有不少别名，如紫杉、赤柏松、扁柏、观音杉、朱树等。它系红豆杉科常绿乔木，树皮红褐色，薄质，有浅裂沟，叶排列成不规则两则、微呈镰形，表面深绿色，背面有两条灰色气孔带，木材呈红褐色或红色，散生于海拔 500 ～ 1000 米林中，适合冷且潮湿的酸性土壤。树材色素可提取利用。其中：

①"朱树"一名与《说文解字》之"朱"对应。名称相符，此其证一。

②"木材呈红褐色或红色""常绿乔木"与《说文解字》之"赤心木，松柏属"对应。形态特征相符，此其证二。

③"树材色素可提取利用"与《考工记》中用"朱"染色对应。用途相符，此其证三。

❶ 闻一多. 闻一多全集［M］. 上海：上海开明书店，1948.

❷ 中国科学院植物研究所编. 中国经济植物志［M］. 北京：科学出版社，1961：685.

除上述三条表面证据外，还有一条最直接、最重要的证据则是红豆杉的化学成分确实包含有大量色素分子。据现代科学分析，红豆杉枝叶中所含有的天然染料成分并不是单一的，而是有多种，既有类胡萝卜素类、黄酮类，也有萘醌类❶，这些均系染黄色及红色成分（见表2-1）❷。最为重要的是其中所含染紫的萘醌类成分，是染黑的必备成分之一。因为从红至黑一般都要经过从紫到黑这一过程，如紫草中的色素成分乙酰紫草素，即属萘醌类，用紫草染色时加铁盐，颜色即由紫转黑。可见上述成分均与文献所载染红和染黑要素相符。据此可判明红豆杉应为《考工记》"锺氏染羽"记文中的"朱"。

表2-1　各类色素可染颜色及提取方法

分类	颜色	结构特点	溶剂提取法
类胡萝卜素类	主要是黄、橙、红色	组成上主要是碳和氢	极性较小的有机溶剂提取
黄酮类	以黄、红色调为主	具有黄酮结构	醇、沸水
萘醌类	主要为紫色也有黄、棕、红	具有萘醌结构	可溶于水

"丹秫"为何物？认同第二种将丹秫释为朱砂的观点和前述判定的依据，而且笔者曾做过朱砂染色实验，发现以朱砂为染材，虽其附着率不如植物染材，浸泡在水中有脱落，但只要不使劲搓揉，无需使用黏合剂颜色也能很好地附着在织物上。

四、"锺氏染羽"之"锺"❸字

现存版本《考工记》里记述了三十个工种，分别以某人或某氏代称之。

称某人的有20个，分别是：轮人、舆人、辀人、函人、鲍人、韗人、画缋、锺氏、筐人（阙）、玉人、㮚人（阙）、雕人（阙）、矢人、陶人、旅人、梓人、庐人、匠人、车人、弓人。

称某氏的有10个，分别是：筑氏、冶氏、桃氏、凫氏、栗氏、段氏（阙）、韦氏（阙）、裘氏（阙）、幌氏、磬氏。

之所以用某人或某氏代称之，郑玄认为是："其曰某人者，以其事名官也；其曰某氏者，官有世功，若族有世业，以氏名官者也"。实际上郑玄只说对了"某人"的命名方式，而某氏的命名方式远非他所说的这么单一，应如宋王与之

---

❶ 王永毅. 东北红豆杉枝叶的化学成分研究［D］. 沈阳药科大学硕士学位论文，2008.

❷ 陈业高. 植物化学成分［M］. 北京：化学工业出版社，2004.

❸ 在简化字方案中把"锺"和"鐘"两字都简化为"钟"。在古汉语中，"锺"和"鐘"在做钟鼓讲时，两字通用，但实际上两字的本义多少是有所区别的。"锺"义为集中，亦可作姓氏；"鐘"义为一种响器或计时器。为便于说明问题，本文取"锺"字，而不用简写之"钟"字。据传钱钟书生前就不认可自己名字中的"锺"写成"钟"。"锺"字大概在2000年前后被收录进了汉字字符集，成为规范汉字。

《周礼订义》所云："考工名官，有假物而名者，有假意而名者，有直以器而名者。如凫氏为锺、栗氏为量，此假物而名官也；如筑氏为削、锺氏染羽，此假意而名官也；至于物无可假意，无可取直，以所制器名官，如……磬氏为磬是也。"古人对"以氏为官者"的解释如表2-2所示。

表2-2　氏名与官名之关联

某氏	所制器物	关联关系	出处	命名方式
筑氏	制造简策上刻字的书刀	筑之字，从竹、从巩、从木，木竹有节也，削以裁书而治之	宋·王昭禹《周礼详解》	假意而名
㡛氏	练丝、练帛	治丝帛而熟之，谓之㡛。丝帛熟然后可设饰为用，故其字从巾、从荒。㡛言治之使熟也，犹荒土以为田。巾则设饰之服	宋·王昭禹《周礼详解》	假意而名
锺氏	负责丝帛染色	物莫重於锺，莫轻於羽。羽之色欲其重，故以锺氏染之	宋·易袚《周官总义》	假意而名
冶氏	制造杀矢、戈、戟等兵器	冶，本意为金属的销熔。为戈戟必熔金而为之	宋·王昭禹《周礼详解》	假意而名
桃氏	制造青铜剑	剑以止暴恶，桃以辟不祥，类相似也	宋·王昭禹《周礼详解》宋·易袚《周官总义》	假物而名
凫氏	制造青铜锺	凫，水鸟清杨而善飞，周人以凫氏为声锺官，盖锺之声，贵乎清扬而能远	元·毛应龙《周官集传》	假物而名
栗氏	制造青铜量器	栗本作㮚，㮚之为果最坚而实者也，故言玉之坚则曰缜密，以栗言风之急则曰栗烈，妇人之费用栗取其谨饰而坚守也，量所以量多寡，摩於物者其散必易，故必改煎金锡以为之，使缜密而坚实，然后磨而不磷，坚而不耗，用而量则常得其平焉	宋·王昭禹《周礼详解》元·毛应龙《周官集传》	假物而名
磬氏	制磬之工	磬，古代打击乐器。磬为立秋之音以声之清	元·毛应龙《周官集传》	以所制器名

就"锺氏染羽"而言，既然是"假意而名官也"，此"锺"字无疑应与后面染色内容相关联。但就锺字的本意来说，实与染色工艺毫无关联，古籍"锺"的字义或作乐器讲，如《说文》："锺，乐锺也。"《广雅·释器》："锺，铃也。"《左传·昭公二十一年》："锺，音之器也。"或作酒器讲，如《说文解字》："锺，酒器也。"《书·顾命》："受同异同。""按皆以同为（锺）之。段氏谓古贮酒大器，自锺而注入尊。"或作量器讲，如春秋时齐国公室的公量，合六斛四斗，《左传·昭公三年》载："齐旧四量，豆、区、釜、锺……釜十则锺。"所有这些字意，均与染色没有关联，于是有学者推测"锺"应为"重"（chóng）❶。今考之，认为这种说法是有一定道理的，因为它与《周官集解》所云："锺氏掌染羽名曰锺，何也？为羽不受色，其染尤难，至于久，然后其色聚焉，故名官曰锺。锺者聚也。欲

❶　赵承泽. 中国科学技术史：纺织卷［M］. 北京：科学出版社，2002：270.

其色锺，聚于此也"、《周礼详解》所云："物莫重于锺，莫轻于羽。羽之色欲其重，故以锺氏染之"，两文中的"聚""重"之意吻合。亦就是，"聚"缘于"重"（chóng），"重"（chóng）乃至"重"（zhòng）。中国传统绘画中的"工笔重彩"之绘法，无疑为这种说法作出了准确的诠释。

"锺"有"重"意，故以"锺"代"重"命名之。而"重"即"緟"，《说文》："重，厚也。凡重之属皆从重""緟，增益也"。《玉篇》："緟，迭也，复也。或作緟。今作重。"又《集韵》：緟"一曰厚也。"緟与文中"三入""五入""七入"之重复进行的丝绸染色工艺是极为相符的，而且緟字内涵意思中还有丝帛之意，如《集韵》释緟为"缯缕也。"以此推知，《考工记》中"锺氏"从钅不从纟，实乃"锺"为"緟"之假借字。

五、"锺氏染羽"之"羽"字

关于"锺氏染羽"之"羽"字，今研究者对"羽"字的解释皆依从郑玄的注释，即为飞禽羽毛。但如分析它在《考工记》文中出现的位置，释"羽"为飞禽羽毛有两个解释不通的疑点。

疑点一，不符合行文规范或习惯。

《考工记》记载了五种设色之工，依次为：画、缋之事、锺氏染羽、筐人（阙）、慌氏湅丝。其中画、缋、筐、慌的内容如下：

画、缋之事，画即是在丝绸上画出图案；缋即在丝绸上绣出图案。文中将两个工种（画、缋）合为一文，原因不明。一种可能是脱简所致；再一种可能是因画和缋均为在丝绸上施以图案，所以合为一文。在现存的文字中，该条记文首先介绍了五方正色：青、赤、白、黑、黄及布彩的次序，其次说明各色的搭配，以及土、大火星、山和水的象征性表示法。文末强调：施彩之后，要以白色作衬托。

筐人，只有工名，文字内容阙，有研究者将筐氏解为丝绸印花。

慌氏湅丝，记载了练丝和练帛的工艺过程。练丝，先"以涗水沤其丝"，经过适当的处理后，再进行水练。练帛，先进行较为复杂的灰练，再进行水练。练丝、练帛均是为染色做准备。丝纤维在缫丝过程中虽会去除一些共生物和杂质，但不是很彻底；直接用于织造和染色，丝纤维良好的纺织特性往往不能表现出来，着色牢度和色彩鲜艳度也不是很好，因此需要进一步精练。只有经过精练处理，生丝纤维上的丝胶和杂质被去除，生丝变成熟丝后，再经染色，丝纤维才会呈现出轻盈柔软、润泽光滑、飘逸悬垂、色彩绚丽等优雅的品质和风格。

所记画、缋、筐、慌四工皆与丝帛施色有关，为何处于上下文位置的"锺氏染羽"除外？这太不符合行文规范或习惯了。

疑点二，羽毛表面有一层油脂，施色时必须将其去除方能使羽毛着色。但去

除油脂后，羽毛特有的油光明艳之特点丧失殆尽，成批量的为其施色有何意义？

利用本色羽毛织作纺织品的记载和实物还能看到一些，如《南齐书·文惠太子传》记载：太子使织工"织孔雀毛为裘，光彩金翠，过于雉头远矣。"《新唐书·五行志》记载：安乐公主使人合百鸟毛织成"正视为一色，傍视为一色，日中为一色，影中为一色"的百鸟毛裙。北京定陵博物馆保存有一件明代缂丝龙袍和一些明代缂丝残片，其中龙袍上的部分花纹线和缂丝上的部分显花纬线，都是用本色孔雀羽毛织捻的。北京故宫博物院保存的清乾隆皇帝的一件刺绣龙袍，胸部龙纹的底色部分也是用本色孔雀毛纤维捻成的纱线盘旋而成。近代少数民族披挂的羽毛饰品似乎也找不见经过染色的。

对这两个疑点的解释似乎只有一个，即"锺氏染羽"之"羽"字，不可能是指飞禽羽毛，应与丝帛有关。既然"羽"字在文中不可能是指飞禽羽毛，那么"羽"字在文中又代表什么意思呢？《传》云："羽，翳也。"翳的字义有很多，其中与色彩有关的字义是指五彩的鸟，《山海经》云："北海之内有五采之鸟，飞蔽一鄉，名曰翳鸟。"以之为参照，结合《周礼》其他的一些相关注释，如郑注"夏采"："夏采，夏翟羽色。《禹贡》：徐州贡夏翟之羽，有虞氏以为緌。后世或无，故染鸟羽，象而用之，谓之夏采。"孙诒让释"染夏"："染夏者，染五色。谓之夏者，其色以夏翟为饰。《禹贡》曰：羽畎夏狄，是其总名。其类有六，……其毛羽五色皆备成章，染者拟以为深浅之度，是以放而取名焉。"并云："染丝帛，与染羽术同。"❶文中"染者拟以为深浅之度"非常关键。我们知道周代的礼仪制度对什么场合穿什么颜色的服装有着严格的规定，而统一颜色的前提是必须要有具象色样作为标准，就像今天染色生产中所用的色标一样。所以此"羽"字当含有以特定羽毛为标准色样之意，亦有泛指"五色"（多彩）之意。由此可推知"染羽"实乃是借用"羽"之多彩，隐喻染出多彩的丝帛。惜郑、孙二人在明知染丝帛与染羽术相同的情况下，未深究"锺氏染羽"在《考工记》五种设色之工中的位置，仅纠结在染羽上。

六、"锺氏染羽"之施色过程

根据"锺氏染羽"之记文，其染色工艺为复染工艺，分为两个过程，即染红及染黑。

染红即染纁。在"锺氏染羽"记文中，纁色为入染三次而得，一染至三染得色如《尔雅·释器》所云："一染谓之縓，再染谓之赪，三染谓之纁。""縓"是浅红色偏黄，"赪"是稍重些的浅红色偏黄，"纁"是红里泛黄，三种颜色都是红色色相，可见红色色相是随着浸染次数增加而逐渐依次加深的。需要指出的是"纁"

---

❶ ［清］孙诒让. 周礼正义［M］. 长沙：商务印书馆，1938.

之色系当时红色相标准之一，其色调应是偏重的。因为古代视𬘓玄之色，为天地之色，以为祭服，并规定祭服的颜色为玄衣𬘓裳。而茜草染出的红色较明艳，最典型的例子，在春秋战国时，以茜草所染之物品，常做夺人眼目或炫耀之用途，如《左传》中曾出现用茜草染出的旗帜——"綪茷" ❶。庄重的𬘓之色调似乎只有以红豆杉与朱砂复染料才能染出，这也是本文不认同茜草之说的原因之一。

染黑即染緅、缁二色。緅为黑中带红的颜色，缁为黑色，皆系黑色调，而不是加重的红色，表明此时染液的成分有了变化。这种染液成分的变化出现在"四入"，对此，古文献记载的异常清楚。清人孙诒让道："染朱以四入为止，不能更深，故五入之后即染以黑也。" ❷意思是说通过几次复染至朱色后，颜色就不能再加深了。若想改变颜色，需采用其他方法。孙诒让采用的是汉代郑玄"朱则四入"的说法，实际是从红色相的"𬘓"到黑色相的"緅"，还有一过渡色，即青扬赤色的"绀"。此"绀"是从成分已发生变化的染液"四入"而得，《仪礼注疏》载："凡染黑，五入为緅，七入为缁，玄则六入与？案：《尔雅》：一染谓之縓，再染谓之赪，三染谓之𬘓。三者皆是染赤法。《周礼》锺氏染鸟羽云：三入为𬘓，五入为緅，七入为缁。此是染黑法，故云凡染黑也。但《尔雅》及《周礼》无四入与六入之文，《礼》有色朱玄之色，故注此玄则六入。下经注云：朱则四入，无正文，故皆云'与'以疑之。但《论语》有绀緅连文，绀又在緅上，则以𬘓入赤为朱，若以𬘓入黑则为绀。"可见从"四入"到"七入"颜色分别是绀、緅、玄、缁。

在古文献中关于"锺氏染羽"之工艺的阐释非常多，但对整个染色工艺及色相变化勾勒得最清楚的莫过于《周礼》贾公彦疏所述：

《尔雅》：一染谓之縓，再染谓之赪，三染谓之𬘓。即与此同。此三者皆以丹秫染之。此经（周礼）及《尔雅》不言四入及六入。按《士冠》有"朱纮"之文，郑云：朱则四入与？是更以𬘓入赤汁，则为朱。以无正文，约四入为朱，故云"与"以疑之。《论语》曰：君子不以绀緅饰者。《淮南子》云：以涅染绀，则黑于涅。涅即黑色也。𬘓若入赤汁，则为朱；若不入赤而入黑汁，则为绀矣。若更以此绀入黑，则为緅。而此五入为緅是也。绀緅相类之物，故连文云君子不以绀緅饰也。若更以此緅入黑汁，即为玄，则六入为玄。但无正文，故此注与《士冠礼》注皆云：玄则六入与。更以此玄入黑汁，则名七入为缁矣。 ❸

---

❶ 綪茷即红旗。《左传·定公四年》："分康叔以大路、少帛、綪茷、旃旌、大吕。"杜预注："綪茷，大赤，取染草名也。"孔颖达 疏："《释草》云：'茹藘茅蒐。'郭璞曰：'今之蒨也，可以染绛。'则綪是染赤之草，茷即旆也……知綪茷是大赤，大赤即今之红旗，取染赤之草为名也。"《说文》："綪，赤缯也。以茜染，故谓之綪。"

❷ ［清］孙诒让. 周礼正义［M］. 长沙：商务印书馆，1938.

❸ ［汉］郑玄注，［唐］陆德明音义，［唐］贾公彦疏. 周礼注疏：卷四十［M］//影印文渊阁四库全书：经部十. 台北：台湾商务印书馆，1983.

依《考工记》原文"以朱湛丹秫"之句，赤汁为朱与丹秫合成的染液当无疑问，但不知什么原因，贾氏对工艺过程及色相变化都交代得甚为清楚，却把原文"以朱湛丹秫"中的"朱"给省略掉，只说纁、赪、緅三色皆以丹秫染之。以小人之心揣度，可能是不知"朱"为何物，取巧避开。尽管有此微瑕，最为重要的是贾氏道出了整个染色工艺的染液基底是红色植物液，而染绀、緅、玄、缁四色的黑液，乃是在红色植物液中加"涅"所得。涅是什么？在古代，黑泥浆或经研磨后的煤浆以及绿矾，均称为涅。黑泥浆或煤浆可单独作黑色染料用，若单纯用它们染色，在纤维上的附着力不理想，遇水易脱落，即使复染多次或许能达到《淮南子·俶真训》所云："今以涅染缁，而黑于涅"的效果，但色牢度不佳。这种方法或许早期使用的比较多，在已出现更好的染色方法后，仍采用的可能性不大，所以贾疏之"涅"，应是绿矾，亦叫涅石或石涅。《山海经·中山经》："女几之山，其上多石涅。""风雨之山，……其下多石涅。"郭璞注："石涅即矾石也，楚人名为涅石，秦名为羽涅也。《本草经》亦谓之石涅也。"而所谓的石涅也就是石墨，因为涅、墨也是一音之转，故亦可通用，如《尚书》吕刑篇述墨刑云："刻其颡而涅之，曰墨。"《御览》卷六四八引《白虎通》则作墨，"墨其额也。"太玄云："化白于泥缁。"《盐铁论》非鞅篇则云："缟素不能自分于缁墨（涅、泥双声字）。"即是其例。就是后世把煤叫煤，也是由于石涅、石墨通假转变来的，声有缓急而已。《本草纲目》石炭条曾论石墨与石炭的关系云："石墨今呼为煤炭，煤墨音相近也。"可见古人所谓的"涅"，有时是特指含黄铁的煤石。结合汉以后利用黄铁煤矿焙烧绿矾，以及用绿矾作丹宁类染料媒染剂之事实，《淮南子·俶真训》所云之"涅"可能包含两层意思，一是黄铁煤矿石的浆液；再是用黄铁煤矿石焙烧后得到的绿矾。不过分析"涅染"之语句，得到"黑于涅"之效果，只可能是第二种意思。而古代用涅染黑之普遍，使"涅"有的时候又泛指染黑的工艺操作，《论语·阳货》所云"不曰白乎，涅而不缁"中的涅，即有此意。后来"涅而不缁"被用来比喻品格高尚，不受恶劣环境影响的君子。

据上所述，"锺氏染羽"的工艺流程可概括如下：

染红：织物 —一入红汁→ 纁 —二入红汁→ 赪 —三入红汁→ 緅 —四入红汁→ 朱

染黑：织物 —一入红汁→ 纁 —二入红汁→ 赪 —三入红汁→ 緅 —四入黑汁加涅→ 绀 —五入黑汁→ 緅 —六入黑汁→ 玄 —七入黑汁→ 缁

这种加入铁盐染缁的工艺，不是染液与被染物上原有染料的简单结合，而是通过化学反应形成不同于原先的颜色，以致有学者誉此工艺为后世"植物染料铁盐媒染法"之先声。❶

❶ 闻人军. 考工记译注［M］. 上海：上海古籍出版社，1993：57.

七、石染之原义

石染和草染这两个词汇在古文献中很早就已出现。古人的解释是："染必以石，谓之石染""凡染用草木者，谓之草染"❶。近代纺织史界很多学者依此将古代织物染色划分为石染和草染两大类型，并谓：用矿物颜料涂饰织物使之着色为石染；用植物染料浸染织物使之着色为草染。石染和草染施色原理大相径庭，石染本身虽可使织物具备特定的颜色，却不能和染色相比，所施之色也经不住水洗，遇水即行脱落。草染则不然，在染色时，其色素分子由于化学吸附作用，能与织物纤维亲合，而改变纤维的色彩，虽经日晒水洗，均不脱落或很少脱落，故谓之"染料"，而不谓之"颜料"。在古代，草染是为服饰施色的主流，古人对草染的解释，与今相同，不过古人对石染的解释，是否也与今之相同？从古文献描述来看，有值得商榷的地方，不可不辨也。

石染这个词汇，最早出现在经学大师郑玄对儒家经典的注释中。

《周礼·天官》：

"染人：掌染丝帛。凡染，春暴练，夏纁玄，秋染夏，冬献功。掌凡染事。"

郑注："玄谓纁玄者，谓始可以染此色者。玄纁者天地之色，以为祭服。石染当及盛暑热润，始湛研之，三月而后可用，《考工记》锺氏则染纁术也，染玄则史传阙矣。"

《论语·乡党》郑注：

"绀、緅，石染。"

因石染这个词汇源自郑注，而郑注又源自《考工记》"锺氏染羽"之术，为明了郑注所言石染之本意，显然可从两方面入手，一是确定"朱"之属性是矿物还是植物；二是分析"锺氏染羽"之工艺。

从前文分析的"朱"之属性和"锺氏染羽"之工艺，可知在植物红豆杉和矿物朱砂制成的红色染液中，再加入矿物媒染剂涅石，涅所含铁离子与原染液中的黄酮类、萘醌类、单宁类成分发生化学反应生成黑色色素，染液由红变黑。染成品颜色由红色相的纁（绛色），变成红黑色相的绀（赤色扬青）和緅（青赤色），恰与《周礼》《论语·乡党》郑注："绀、緅，石染"相印证，彰显出郑注所言"石染"之意为草染中的媒染工艺。

另有一则记载可作"石染"含媒染之意的旁证。《太平御览》卷七〇八引晋裴启《语林》载：

王子敬在斋中卧，偷人取物，一室之内略尽。子敬卧而不动，偷遂登榻，欲有所觅。子敬因呼曰：石染青毡是我家旧物，可特置否？于是群偷置物惊走。❷

---

❶ ［清］孙诒让. 周礼正义［M］. 长沙：商务印书馆，1938.

❷ 此事也见于《晋书·王献之传》。后以"青毡故物"泛指仕宦人家的传世之物或旧业。

若是用矿物颜料着色的青毡，因色牢度不佳，必易污渍与其接触的被褥、衣服，或人的皮肤上，不大可能用做卧榻之物，所以此"石染青毡"，就是媒染青毡。

八、小结

①"锺氏染羽"所记"锺氏染羽，以朱湛丹秫三月，而炽之，淳而渍之。三入为纁，五入为緅，七入为缁"这段文字，可重新解读为：锺（緟）氏染彩帛。把红豆杉木和朱砂一起浸泡。三个月后，用火炊炽，待染液变得稠厚了，再浸染丝帛。浸染三次，颜色成纁；浸染五次（染液中加入铁媒染剂），颜色成緅；浸染七次，颜色成缁。

②古代也是将染材分为植物和矿物，如宋应星《天工开物》称植物染材为"诸色质料"、矿物染材为"诸色颜料"，但是在使用这两类染材时，无论是给织物着色，还是给石材、木材、纸材等任何物体着色，皆谓之染，甚至绘画中的涂色也谓之染，没有出现与使用不同染材施色工艺对应的严格分类名称。所以古时所谓的"石染"，应包括草染中的媒染。石染之名，不仅仅是因使用矿物颜料而名之，也因使用矿物媒染剂而名之。今研究者遵循现代染色工艺分类方式，按所用染料的品种和性能，将古代染色，特别是织物染色，分为石染和草染两大类型，不仅可行，也是非常必要的。这样分类，清晰明了，更具条理性，较易突出矿物和草木两类染材及不同着色工艺过程之特点。但前提是必须搞清楚古人所谓"石染"之本义，方不致出现不该有的谬误。

第三节　古代衡量颜色标准的几种鸟原型蠡测

颜色是通过眼、脑和我们的生活经验所产生的对光的视觉感受。它充满无穷的奥妙，依万物而生，顺光而现，从物成形，应四时转换和随阴晴变化而异化万千。自 20 世纪以来，为保证颜色的一致性，多选用权威机构制定的色标作为衡量标准。而在古代中国，尤其是先秦时期，为保证颜色的一致性，选用的色标则是翚、鹞、鷩、鹐、鹴、鹇、鹴等几种鸟的羽毛颜色。由于年代的久远，史料的缺乏，文字载体的约束，兼之沧海桑田的巨大环境变化，构成了探知这几种鸟的原型在当代动物学分类鸟纲中，究竟为何种科目以及名称的巨大障碍。现仅能根据《周礼》记载的王后及命妇的三种礼服，即袆衣、揄翟、阙翟上面的鸟类图案特征，对翚、鹞和鷩三种鸟的原型进行初步的比对和甄别。

一、以鸟羽作为颜色标准的早期记载

先秦时期采用何种方法进行色彩的衡量标准，早期的确切记载，一是见于《周礼》郑玄注，二是《后汉书·舆服志》。

《周礼·天官·染人》载：

"染人掌染丝帛。凡染，春暴练，夏纁玄，秋染夏，冬献功。"郑玄注："染夏者，染五色。谓之夏者，其色以夏狄为饰。《禹贡》曰羽畎夏狄是其总名。其类有六：曰翚，曰摇，曰鹝，曰鹐，曰希，曰蹲。其毛羽五色皆备成章，染者拟以为深浅之度，是以放而取名焉。"❶

《后汉书·舆服志》载：

"上古穴居而野处，衣毛而冒皮，未有制度，后世圣人易之以丝麻，观翚翟之文，荣华之色，乃染帛以效之，始作五采，成以为服。"❷

郑注中，摇、鹐、希、蹲四字，《尔雅》中写作鹞、鹇、鹐、鹴。鹝字，即寿字，故许多书中也写作鹴。郑玄是东汉人，《后汉书》是南朝宋范晔编撰记载东汉历史的书。两位学者生活的年代，与《周礼》的年代有一段距离，所注以鸟之毛羽作为服饰颜色"深浅之度"标准的说法，是否可信？春秋末年成书的《左

---

❶　[清] 锺文烝撰. 十三经清人注疏：春秋穀梁经傅补注［M］. 北京：中华书局，1996：44.

❷　[南朝宋] 范晔. 后汉书：下册［M］. 长沙：岳麓书社，2008：1288.

传》里一段记载可作为参证。

《左传·昭公十七年》载：

"昔者黄帝氏以云纪，故为云师而云名；炎帝氏以火纪，故为火师而火名；共工氏以水纪，故为水师而水名；大皞氏以龙纪，故为龙师而龙名。我高祖少皞，挚之立也，凤鸟适至，故纪于鸟，为鸟师而鸟名。凤鸟氏，历正也。玄鸟氏，司分者也；伯赵氏，司至者也；青鸟氏，司启者也；丹鸟氏，司闭者也。祝鸠氏，司徒也；鴡鸠氏，司马也；鸤鸠氏，司空也；爽鸠氏，司寇也；鹘鸠氏，司事也。五鸠，鸠民者也。五雉，为五工正，利器用、正度量，夷民者也。九扈为九农正，扈民无淫者也。自颛顼以来，不能纪远，乃纪于近，为民师而命以民事，则不能故也。" ❶

这段记载的背景是立国于苏鲁交界的郯子，前去鲁国朝见，在宴席上，鲁国负责外交的大臣叔孙昭子，向郯子请教他的高祖少昊为何以鸟名官的问题。文中谈及的几个鸟官，分别规制和管理某事项，而其中的"五雉"，可能就与染色生产有关。

关于文中"五雉，为五工正，利器用、正度量，夷民者也"这段话，因其中有"工正"一词，被有些人认为是负责百工（包括染色生产）的最高官员。在春秋时期，"工正"确为"掌百工之官"的官员。《左传·庄公二十二年》记载：田齐的第一代田完，曾被齐桓公"使为工正"，而官制与中原稍有不同的楚国，则称之为"工尹"，《左传·文公十年》："王使为工尹"，杜预注：工尹"掌百工之官"。从前文将祝鸠氏、鴡鸠氏、鸤鸠氏、爽鸠氏、鹘鸠氏，合称"鸠民者也"的"五鸠"来分析，五雉无疑也是五个雉官的合称。郯子没说明各个雉官的具体分工情况以及五雉的具体名称，后世学者有根据"工正"一词，结合《考工记》中"六工之制"进行比对性的解释。如东汉贾逵即据此将其解释为："西方曰鷷雉，攻木之工也；东方曰鶅雉，搏埴之工也；南方曰翟雉，攻金之工也；北方曰鵗雉，攻皮之工也；伊洛而南曰翚雉，设五色之工也。" ❷某雉代表某个方向，显然是依据汉初即已成书的《尔雅·释鸟》所记："南方曰翚，东方曰鶅，北方曰鵗，西方曰鷷。"对此后世学者深以为是，如许慎的《说文解字》即从《尔雅》所记。而对贾逵以某雉代表某工的解释，孔颖达非常不以为然，言：《考工记》是六工之制，其中的刮摩之工，未得配置。况且《考工记》到底是后世之书，少皞时的配工未必如此，以工配雉，更是缺乏根据，是故杜预也未采信这种解释。并认为这段话意思是："雉声近夷，雉训夷，夷为平，故以雉名工正之官，使其利便民之器用，正丈尺之度，斗斛之量，所以平均下民也。樊光、服虔云：雉者夷也。

---

❶ 顾馨，徐明校点. 春秋左传［M］. 沈阳：辽宁教育出版社，2000：349.

❷ ［晋］杜预注，［唐］陆德明音义，［唐］孔颖达疏. 春秋左传注疏：卷四十八［M］//影印文渊阁四库全书：经部五. 台北：台湾商务印书馆，1983.

夷，平也，使度量、器用平也。"❶

孔颖达的看法是有一定道理的，因为若此"工正"是负责百工的最高官员，五个"工正"岂不有五个负责百工的最高官员，又如何解释？所以此"工正"的职责似乎只能是"使度量、器用平"。根据"五鸠"均属取其义而命名设官，如祝鸠，以其"一意于其所宿之木"的人文特征，主司徒之官；鴡鸠以其"鸟鸷有别"的气势特征，主司马之职；鸤鸠以其"平均如一"的行为特征，主司空之职；爽鸠以其"鸷击之勇"的性格特征，主司寇之职；鹘鸠以其春来冬去的迁徙特征，主司事之职。"五雉"也应是根据五种雉鸟的某个特征来取其义而命名设官，亦即是说这个特征有"可以为度"的寓意。而鷷雉、鷸雉、翟雉、鵗雉、翬雉，恰又以毛羽各有特色著称，用这五种雉，或其中的某一种的羽毛，作为设色之工必备的颜色度量工具，是完全可能的。如再与当时尊崇的"五方正色"联系，五雉各代表一方正色，也是完全可能的，否则后世不可能无凭无据地演绎出某雉代表某一方的说法，并得到普遍认同。如果这样的推测属实，或许正是由于施行以鸟的羽毛作为颜色度量标准，遂参照或孳乳出"以雉名工正之官"的制度，同时旁证了郑玄所注先秦以鸟之毛羽作为服饰颜色"深浅之度"的可靠。

二、《周礼》中的"三翟"

《周礼》记载的王后及命妇礼服有六种，即袆衣、揄翟、阙翟、鞠衣、展衣、褖衣。这六种礼服衣式均为上下连属的一部式服装，以隐喻女德专一，区别是上面的纹饰和用色。其中袆衣、揄翟、阙翟因上面均有雉形翟章图案合称为"三翟"。翟是尾羽较长的雉的统称，"三翟"上的雉形翟章图案，文献记载分别是翬雉、鷂雉、鷩雉。

袆衣位居六服之首，故而未如揄翟、阙翟那样以翟命名，而是以衣名之。只有王后可服之，为王后从王祭先王的俸祭服，衣上翟章十二等。其制自周代出现后，直到北魏之时才被重视和采用，并沿袭到明代。期间服色和翟章的色彩及制作方法有所变化，最初衣色为玄色，后改为深青。衣上翟章，郑玄注为翬雉，剪缯帛为翬雉之形，再以五彩绘之纹后缝缀于衣上。宋之前文献记载的翬雉羽色为"素质五彩"。宋明时期衣色改为青色，衣上翬雉纹或绣而成之，或织而成之，其时文献记载的翬雉羽色为"赤质五彩"。

揄翟，亦写作揄狄。为王后从王祭先公和侯伯夫人助君祭服，衣色青，翟章九等。郑玄注此翟章为鷂雉。早期剪缯帛为鷂雉之形，再以五彩绘之纹后缝缀于衣上，再加绘五彩，唐及以后织成为之。

---

❶ ［晋］杜预注，［唐］陆德明音义，［唐］孔颖达疏. 春秋左传注疏：卷四十八［M］//影印文渊阁四库全书：经部五. 台北：台湾商务印书馆，1983.

阙翟为王后助天子祭群小神和子男夫人从君祭宗庙的祭服，衣色赤，翟章七等。剪缯帛为雉形并从衣色而不加绘颜色。此雉纹为何雉？早期文献未见解释。在北魏、北齐的皇后六服中有鷩衣，按《隋书》解释："祭群小祀受献茧则服鷩衣。"依此，南北朝时期始将阙翟称为鷩衣，以"鷩"称之，故其雉纹图案似应为鷩雉。唐代时随着级别分等标志的细化，阙翟被取消。其缘由可能与鷩纹形从衣色，不如袆衣、揄翟的翟纹标志那么鲜明，因此"阙翟"的存在就没有那么必要了。

三、袆衣上的翟雉原型鸟

台北故宫博物院藏有几幅来自南薰殿旧藏宋代和明代帝后图像（图2-3、图2-4），从中可以了解宋明时期的袆衣全貌。其上的翟雉，造型呈翘尾直视，形貌一般认为原型鸟为红腹锦鸡。比对现代鸟类学著述中红腹锦鸡的图片（图2-5）和描述，翟雉纹形貌确与之极为相符，本文认同。不过仅局限于认同宋代之后袆衣翟雉纹的原型鸟是红腹锦鸡，而根据早期文献对翟雉形貌"素质五彩"的描述，认为宋代之前的原型鸟当另为它鸟。下择几条宋代之前的文献。

图2-3　宋高宗宪圣慈烈吴皇后　　图2-4　明光宗孝元贞皇后郭氏　　图2-5　红腹锦鸡

《尔雅·释鸟》：

"伊洛而南，素质，五彩皆备成章，曰翚。郭注：言其毛色光鲜。邢疏：白质五色为文。"❶

《说文解字》释翚：

"大飞也，从羽军声。一曰，伊洛而南，雉五采皆备曰翚。诗曰：如翚斯飞。"❷

---

❶　[晋]郭璞注，[唐]陆德明音义，[宋]邢昺疏. 尔雅注疏：卷十 [M] //影印文渊阁四库全书：经部十. 台北：台湾商务印书馆，1983.

❷　[清]段玉裁. 说文解字注 [M]. 郑州：中州古籍出版社，2006：139.

《旧唐书》：

"袆衣……文为翚翟之形，素质五色。"❶

此外，《逸周书》一段记载也非常值得重视。

"文翰若翚雉，一名鶠风。周成王时蜀人献之。"❷

由上述文献，可知伊河、洛河以南的地区将文彩光鲜，毛色以白色为主要的特征，兼备五彩的鸟称为翚雉，此鸟形体与"文翰"相近，可以高飞。但这些特征还远远不足以推认翚雉原型鸟为何雉，只能从其"一名鶠风"以及与"文翰"形体相近入手再做些分析。

先谈谈"一名鶠风"。鶠风者，鹰类猛禽。文翰是否是某种鹰？段玉裁考证，"一名鶠风"四字，"当在蜀人献之之下。一名当作一曰。一曰者、别一义也。常武曰。如飞如翰。毛云。疾如飞。挚如翰。郑云。翰、飞鸟之豪俊也。此鶠风曰翰之证。释鸟、毛传皆云。晨风、鹯也。易林晨风、文翰并举。无缘文翰一名鶠风。讹舛显然矣。"❷言之有理有据，从之。

再谈谈何谓"文翰"？翰通鶾，故文中的"文翰"，很多书也写作"文鶾"。《尔雅·释鸟》："鶾，天鸡。"郑注："鶾鸡，赤羽。"❸《说文解字》释翰："天鸡，赤羽也。从羽倝声。"❷释鶾："雉肥鶾音者也。从鸟倝声。"❷《康熙字典》引《博古辨》释鶾："古玉多刻天鸡纹，其尾翅轮如鸳鸯，即锦鸡。"❹显然文翰即天鸡，又名锦鸡，是一种以赤色羽毛为主的鸡，亦即拉丁学名为 *Chrysolophus pictus*，雉科锦鸡属的红腹锦鸡。

文翰既为红腹锦鸡的鸡，而文翰又与翚雉相近，兼之宋明图像资料显示其时袆衣翟章图案确为红腹锦鸡，继而推之宋之前袆衣上的翚章原型鸟也是锦鸡，是一种"素质五彩皆备成章"的锦鸡。查《中国鸟类图鉴》，锦鸡只有两种，一是腹部红羽的红腹锦鸡，另一是腹部白羽，拉丁学名为 *Chrysolophus amherstiae*，雉科锦鸡属的白腹锦鸡，其中白腹锦鸡身披五彩以腹肋皆白羽而得名（图2-6）❺。由此认定宋之前袆衣上的翚雉纹原型鸟就是白腹锦鸡，并辅以两则图文资料作为旁证。

一是北宋徽宗赵佶所绘《芙蓉锦鸡图》（图2-7）。该画现藏北京故宫博物院，绢本设色，纵81.5厘米，横53.6厘米，以写实的手法，绘芙蓉及菊花，芙蓉枝头微微下垂，枝上立一冠羽黄，项羽白，腹羽红的五彩锦鸡。有学者证实，画上

❶ ［后晋］刘昫. 旧唐书［M］. 陈焕良，文华点校. 长沙：岳麓书社，1997：22.

❷ ［清］段玉裁. 说文解字注［M］. 郑州：中州古籍出版社，2006：138.

❸ ［晋］郭璞注，［唐］陆德明音义，宋邢昺疏. 尔雅注疏：卷十［M］//影印文渊阁四库全书：经部十. 台北：台湾商务印书馆，1983.

❹ ［清］陈廷敬，张玉书，等编撰，康熙字典［M］. 北京：中国书店，2010：3020.

❺ 中国野生动物保护协会主编，中国鸟类图鉴［M］. 郑州：河南科学技术出版社，1995：98.

的五彩锦鸡是白腹锦鸡与红腹锦鸡的杂交个体❶。说明古人在很早以前，即已非常了解白腹锦鸡的形貌。

图2-6　白腹锦鸡

图2-7　宋徽宗赵佶所绘《芙蓉锦鸡图》

二是"文翰若翚雉"很多书也写作"文翰若皋鸡"。在《四库全书》收录的书中，写作"翚雉"的有23处，写作"皋鸡"的有15处，可见翚雉即皋鸡。孔晁注："皋鸡，有文彩者。"而皋有白色之意。段玉裁《说文解字注》："皋谓气白之进，故其字从白夲。气白之进者，谓进之见于白气滰然者也。"❷皋鸡这个称谓，说明其以白色为主要特征，兼之有文采，颇能证实宋之前文献所言翚雉原型鸟是白腹锦鸡的推断。

四、揄翟上的鹞雉原型鸟

"鹞"，意为能飞得很远，并常在空中飘荡的鸟类。古代以鹞命名的鸟类有两类，一类是鹰科中型猛禽雀鹰，即《说文解字》所言的："鸷鸟也。"此鸟又称"鹞鹰""鹞子"，形体像鹰而比鹰小，羽翼刚健，在空中滑翔能持久不怠，并常于空中飘荡伺机捕食小鸟。另一类是雉属鹞雉。历史上，鸷鸟谓之"鹞"，一直没有变化，而鹞雉初名"摇"或写作成"摇雉"，或写作成"摇翟"，翟又是尾羽较长野鸡的总名，遂改"摇"为"鹞"。故不难推定揄翟的翟章原型鸟无疑应该是雉属。

文献中关于此雉特征的描述非常少，且语焉不详，很多书基本上都是引用《尔雅·释鸟》所言，不过其中仍有三条蛛丝马迹的信息值得重视。

---

❶　岳冉冉. 北宋皇帝名画最早记录杂交鸟［N］. 科技日报，2016-03-26.

❷　［东汉］许慎撰，［清］段玉裁注. 说文解字［M］. 北京：中国戏剧出版社，2008：1387.

一是《广韵》释鹞：

"大雉名。"❶

二是《尔雅·释鸟》：

"江淮而南，青质五彩皆备成章曰鹞。"郭璞注："即鹞雉也。"❷

由这两则文献，可知江淮以南将形体比一般野鸡稍大，羽毛以青色为主兼备五彩的鸟称为鹞。何为青色？从语言应用上看，青色亦既为蓝色，又为绿色。典型的例子非常多，如远看植被茂盛的山林时，通常形容为"青山"，而不是"绿山"。在形容深绿色玉石时，通常用"青玉"，甚少用"绿玉"。而《荀子·劝学》所言："青取之于蓝而青于蓝"，是大家最为熟悉的关于蓝草染青的实例。另据肖世孟研究，"青"是表示日常所见物象的聚集体，并通过实测颜料青、蓝草染青、植物青叶、和田青玉、天空青、炉火青、青蝇之青。认为"青"之特征是：稳重不张扬，倾向于偏暗的色彩，主要表现为蓝色和偏向蓝色的绿色❸。由此可初步判断《尔雅·释鸟》所言青质五彩的鹞雉，其主要羽毛或呈为蓝色，或为呈绿带蓝色，或呈蓝带绿色。

三是明人毛晋在《陆氏诗疏广要》有如是说：

"郑渔仲云：鹞雉即鹥雉也。青质而有五采者。按雉之类甚多，故《尔雅》列举其名，但首列鹞雉、鹥雉、鸼雉、鷩雉。郭景纯认为四物，郑渔仲认为二物，大相矛盾。陆农师从郭氏之说，亦释鹞又释鹥，然味下文秩秩海雉、鸐山雉，似当以郑说为正。"❹

仔细分析《尔雅》的行文，毛晋分析的确有道理，当以郑说为正，即鹞雉、鹥雉类同，鸼雉、鷩雉类同。本文从之。

关于鹥雉的特点，文献的描述是：尾长五六尺。显然鹥雉系尾羽非常长的雉，现在鸟类学界很多人认同它是大型鸡类，拉丁学名为 *Syrmaticus ellioti*，雉科长尾雉属的白颈长尾雉。因此推测既然鹞雉与鹥雉为同一属类，鹞雉也应是长尾雉属的鸟。

据《中国鸟类志》描述，我国长尾雉属的鸟有 4 种，即白颈长尾雉、白冠长尾雉、黑颈长尾雉和黑长尾雉❺。将这 4 种长尾雉的形态特征比对上述三条信息，最为接近的是拉丁学名为 *Syrmaticus mikado* 的黑长尾雉（图 2-8），次为接近的

❶ ［清］陈廷敬，张玉书，等编撰，康熙字典［M］．北京：中国书店，2010：3020.

❷ ［晋］郭璞注，［唐］陆德明音义，［宋］邢昺疏．尔雅注疏：卷十［M］//影印文渊阁四库全书：经部十．台北：台湾商务印书馆，1983.

❸ 肖世孟，先秦色彩研究．武汉大学博士论文［D］．2011：86.

❹ ［吴］陆玑撰，［明］毛晋广要，陆氏诗疏广要：卷下之上［M］//影印文渊阁四库全书：经部三．台北：台湾商务印书馆，1983.

❺ 赵正阶．中国鸟类志：上卷非雀形目［M］．长春：吉林科学技术出版社，2001：396-398.

是拉丁学名为 *Syrmaticus humiae* 的黑颈长尾雉（图2-9）。其中黑长尾雉：雄鸟的头颈和上背紫蓝色；上背具宽阔的钢蓝色羽缘和黑色矢状次端斑。下背和腰浓黑色而具金属蓝色羽缘；翅上覆羽也同，仅微杂有白色斑点，但一般不外露。胸深蓝色而富有光泽。腹黑色，尾下覆羽亦为黑色，具窄的白色端缘。黑颈长尾雉：雄鸟的额、头顶、枕灰橄榄褐色而微沾绿色，脸裸露、辉红色。颈、颏、喉灰黑色，背上部和上胸深铜蓝色；背的大部和下胸紫栗色，具略成三角形的蓝黑色近端斑，两肩白色，在背部形成一大的"V"形斑。下背、腰及较短的尾上覆羽白色而具蓝黑色斑。较长的尾上覆羽及尾羽灰色，具多条黑栗二色并列的横斑，最外侧尾羽仅具黑色横斑。两翅覆羽暗赤栗色而具金属光泽，羽中部并缀有铜蓝色斑；大覆羽具宽阔的白色端斑，在翅上形成明显的白斑。初级飞羽暗褐色而外翈沾暗棕色。次级飞羽浅栗色而具白色端斑。腹和两胁栗色，尾下覆羽绒黑色 [1]。

图2-8　黑长尾雉

图2-9　黑颈长尾雉

　　然这两种长尾雉现在的分布，前者仅见于中国台湾地区，后者仅见于云南和广西两省，与"江淮以南"有之不符，但不能排除在古代江淮以南地区，可以见到这两种雉踪迹的可能。毕竟沧海桑田，随着江淮以南地区人口的增长，经济的发展，长尾雉的栖息生境遭到极大破坏，兼之其肉味道鲜美，有"四足之美有麏，两足之美有鷮" [2] 之美誉，使人难抑饕餮之欲；而且其羽色光鲜，既可用为饰物，又可作为纤维纺织。这些原因招致长尾雉被大量猎杀，最终在江淮以南地区绝迹。文献记载和长尾雉现存状况颇能说明这个可能。如据史书载，南齐文惠太子使织工"织孔雀毛为裘，光彩金翠，过于雉头远矣。" [3] 唐安乐公主使人合百鸟毛织成"正视为一色，傍视为一色，日中为一色，影中为一色"的百鸟毛

❶　赵正阶. 中国鸟类志：上卷非雀形目［M］. 长春：吉林科学技术出版社，2001：395.

❷　［清］郝懿行. 郝懿行集［M］. 齐鲁书社，2010：3722.

❸　［南朝梁］萧子显. 南齐书：下［M］. 长沙：岳麓书社，1998：8.

裙，贵臣富室见了后争相仿效，使"江岭奇禽异兽毛羽采之殆尽"❶。另据调查资料载，分布地域最广的白冠长尾雉现在生存状况也堪忧，原来有分布的一些地区，如河北、山西，自 20 世纪 80 年代以来历次调查均未再见到，或许已在这些地区绝迹？其他如江苏云台山、陕西秦岭、四川、贵州、湖南、湖北、安徽、河南等现在还有分布的地区，20 世纪 80 年代中期，种群数量和密度亦不断下降，所存数量均已不多，贵州约 500 只；河南约有 3000 只。在陕西秦岭地区，1983 年种群密度为每平方公里 6.09 只，1984 年为 2.13 只，1985 年为 1.53 只。造成白冠长尾雉种群急剧下降的一个原因是森林砍伐，毁林开荒、白冠长尾雉失去了生存的环境。如贵州遵义沙湾木村台，1975 年调查时，森林茂密，植被很好，在 3 平方公里范围内就有白冠长尾雉约 50 只；1983 年再度调查时，由于大部分地方已被垦为农田，山头裸露，结果仅见白冠长尾雉 3 只❷。而即使在台湾、云南、广西这些古代以前很长时间都属蛮荒之地的地方，现在黑长尾雉和黑颈长尾雉数量也极为稀少，均已被列入国际鸟类保护委员会世界濒危鸟类红皮书和我国国家重点保护野生动物名录，属国家一级保护鸟类。可见长尾雉在这些地区亦实属侥幸生存下来。

综上，由于不能肯定古代江淮以南是否曾有黑长尾雉栖息，现只能将鹬雉的原型鸟疑似认同为长尾雉属的黑长尾雉或黑颈长尾雉，但尚待发现更多的新资料验证或纠误。

五、阙翟上的鹬雉原型鸟

查阅宋代前后文献，人们对鹬雉的解释似乎有出入。宋之前文献对鹬雉形态特征的描述，重要的有几则：

《尔雅·释鸟》郭注"鹬"：

"似山鸡而小冠，背毛黄，腹下赤，项绿色鲜明。"❸

《说文解字》释鹬：

"赤雉也。从鸟敝声。周礼曰孤服鹬冕。"❹

《释名》：

"鹬雉之憋恶者，山鸡是也。鹬，憋也。性急憋，不可生服，必自杀，故画其形于衣，以象人执耿介之节也。"❺

此外，《禽经》中关于雉的命名方式以及《尔雅》郭璞对"鸧"的解释亦非

❶ ［后晋］刘昫. 旧唐书［M］. 北京：中华书局，1975：1377.

❷ 赵正阶. 中国鸟类志：上卷非雀形目［M］. 长春：吉林科学技术出版社，2001：394.

❸ ［晋］郭璞注，［唐］陆德明音义，宋邢昺疏. 尔雅注疏：卷十［M］//影印文渊阁四库全书：经部十. 台北：台湾商务印书馆，1983.

❹ ［清］段玉裁. 说文解字注［M］. 郑州：中州古籍出版社，2006：155.

❺ ［东汉］刘熙. 释名［M］. 北京：中华书局，1985：71.

常值得重视。

《禽经》：

"首有采毛曰山鸡，颈有采囊曰避株，背有采羽曰翡翠，腹有采文曰锦鸡。"❶

《尔雅·释鸟》郭注"鶅"：

"黄色，名自呼。"❷

案：《禽经》的作者和成书年代争议较大，体例结构和内容也稍嫌粗糙，但一般认为它总结了宋代以前的鸟类知识，包括命名、形态、种类、生活习性、生态等内容，可作为我国早期的鸟类志的重要参考文献。而关于鶅雉，有人认为是指雉之雌者❸。然分析《尔雅》所有注疏的表述方式，雌者一般均被明确指明，雄者则多不言。故鶅雉实则是其主要羽色如雌雉，非雌雉，是雄雉也。不同亚种的雌雉，羽色大多为沙黄色。依郭注，鶅雉显然是一种主要羽色呈沙黄色的雄性雉。鶅雉与鷩雉类同，鶅雉与鷩雉的某些习性表现，即"名自呼"，当亦相近。

宋及以后的文献，多谓鷩雉为"十二章"之华虫，亦即红腹锦鸡。比对现存帝王像上面的华虫图案，对应无误。而相关鷩雉形态特征的文字描述，多引自宋之前的著述，稍有改动，以李时珍《本草纲目》鷩雉条最为详尽：

"鷩性憋急耿介，故名鵕鸃，仪容俊秀也。周有鷩冕，汉有鵕鸃冠，皆取其文明俊秀之义。鷩与鶡同名山鸡。鶡大而鷩小。"

"状如小鸡，其冠亦小，背有黄赤纹，绿项红腹红嘴。利距善斗，以家鸡斗之，即可获。此乃《尔雅》所谓'鷩，山鸡者也'。《逸周书》谓之采鸡。锦鸡则小于鷩，而背纹扬赤，膺前五色炫耀如孔雀羽。此乃《尔雅》所谓'鶅，天鸡'者也。《逸周书》谓之文鶅，音汗。二种大抵同类，而锦鸡纹尤灿烂如锦。或云锦鸡乃其雄者，亦通。"❹

所述鷩雉的形态特征，一般认为是描述红腹锦鸡的形貌，如现在出版的医学典籍大多据此将其解释为红腹锦鸡。不过仔细推敲这段描述，不难看出整体内容有些矛盾，如既言锦鸡小于鷩，又言锦鸡乃鷩之雄者。再者红腹锦鸡的项非绿羽，只是在肩背处有少量绿羽。故疑李时珍在写《本草纲目》时并未见到红腹锦鸡实物，只是抄录前人之书。另究其如是说的原因，可能是宋及之后已普遍将红腹锦鸡称之为鷩，而红腹锦鸡又具背黄、腹赤之特征，李时珍遂将前人对鷩的描述，套用当时亦称之为鷩的红腹锦鸡，实不知此鷩或许非彼鷩矣。

❶ ［清］张英，王士禛，王惔，等编. 御定渊鉴类函：卷四百二十一［M］//影印文渊阁四库全书：子部. 台北：台湾商务印书馆，1983.

❷ ［晋］郭璞注，［唐］陆德明音义，宋邢昺疏. 尔雅注疏：卷十［M］//影印文渊阁四库全书：经部十. 台北：台湾商务印书馆，1983.

❸ 聂恩彦. 郭弘农集校注［M］. 太原：山西人民出版社，1991：144.

❹ 李时珍. 本草纲目［M］. 北京：中国医药科技出版社，2011：1315.

虽然宋及之后已普遍将红腹锦鸡称之为鷩，不过仍有学者持不同看法，如清陈启源《毛诗稽古编》云：

"山鸡有四种，鷮、翟外、鷩雉、锦鸡是也。皆有采毛，鷩雉在首，锦鸡在腹，小于鷩雉，文尤灿烂。《尔雅》：鷩，天鸡乃此鸟矣。郭引周书文鷩证之。"❶

归纳宋之前文献，鷩雉的形态特征是：习情急憋，体型小于鷮，羽色秀美，背黄腹赤，最主要特征是脖子"绿色鲜明"。故本文从陈氏之说，并据此认为：宋之前鷩雉原型鸟，似应为绿首、绿项，拉丁学名为 *Phasianus colchicus*，现在称为雉鸡，又名环颈雉的鸟（图2-10）。理由如下：

图2-10　环颈雉

一是与鷩雉"彩毛在首"特征相符。雉鸡全世界计有31亚种，我国分布19亚种，每个亚种的个体大小和羽色变化亦大，但基本特征还是相同的。其中大部分亚种，雄者羽毛五彩，具绿色头顶和脖颈，尤以脖颈绿色最为显著的。有的亚种绿色脖颈下面带完整的白色颈环，有的则不带。

二是与鷩雉"背黄、腹赤"的体色基本相符。在我国分布的19种雉鸡亚种中，有的亚种背部底色浅金黄，胸浓紫铜色。需要说明的是颜色词属于较抽象的词汇，没有具体的形，只是视觉上的感觉而已，很多色彩，尤其是古籍中出现的色名，如单一的从文字理解，难免会与实际或想象的色彩有一定的偏差。文献中的"黄""赤"之色，与前文所述"青"之色一样，大部分都是表示日常所见物象的聚集体，色谱范围很广，只能定性，而难以准确定量。据肖世孟研究，通过实测地色黄、织物染黄、玉石黄、黄昏之黄、草木枯黄、黄粱之黄、黄鸟之黄、菊花黄、黄金（青铜）黄、黄牛黄、炉火黄，得出"黄"之特征是：明度和纯度较高，在色相环中以黄色为核心的色彩。通过实测大火赤色、朱砂赤色、玉料赤色、茜草染赤、赤芾之色、赤豹赤色、赤棠赤色、火狐赤色、马匹赤色，得出"赤"之特征是：纯度很高，明度较低的暖色，范围从橙黄色到大红色❷。

三是与鷩雉习性"急憋""名自呼"相符。据雉鸡养殖资料，雉鸡受到惊吓时，会使雉鸡群惊飞乱撞，发生撞伤，头破血流或造成死亡。起飞时，往往边飞边发出"咯咯咯"的叫声和两翅"扑扑扑"的鼓动声。

四是鷩雉大小量度符合大于锦鸡形体这一特点。环颈雉雄性体重1264～1650克，体长730～868毫米；红腹锦鸡雄性体重570～751克，体长861～1078毫米。

❶ ［清］陈启源，毛诗稽古编：卷二十八［M］. 影印文渊阁四库全书：经部十. 台北：台湾商务印书馆，1983.

❷ 肖世孟. 先秦色彩研究［D］，武汉大学博士论文，2011：86，119.

六、讨论和小结

在明代，朝鲜系中国藩属国，国王同明郡王等级，较明亲王低二等、明世子低一等。按明代衣冠制度，朝鲜国王只能服五或七章服。同样朝鲜王妃翟衣上面的翟章不能超过七等，否则就是僭越。不过这样的恩赐并未泽及王妃，享受的仍是郡王妃的服制待遇，其翟衣上面的翟章仍为七等。为弥补这种国王、王妃服制的不对等，朝鲜王妃的翟衣多做常服，而非礼服。若作为礼服与国王的冕服相应，必备大带、佩玉等物。1638年，李朝仁祖与继妃庄烈后嘉礼时，记载翟衣形制以"钦赐诰命轴及冕服制度，依样织造"❶。到大韩帝国时，翟衣图案仍是以《大明会典》为母本。在《大明会典》中所附的袆衣图（图2-11），翟章行数为九行，显然此附图与袆衣翟章十二等不符，应不是袆衣图，而是低一级的翟衣图。中日甲午战争以后，朝鲜被日本控制，改称大韩帝国，其国王改称皇帝，王妃改称皇后。皇帝衣冠上升一级，皇后衣冠的翟章为与皇帝冕服相应，也增添到十二行，变成类似袆衣的礼服。同样亲王妃翟衣上的翟章亦变成九行。

从现存韩国世宗大学藏有纯宗妃十二等翟衣和英王妃九等翟衣实物（图2-12、图2-13）看，大韩帝国的皇后与亲王妃的翟章图案完全相同，且图案中鸟的造型是垂尾仰视，脖颈处羽毛有一十分显著的白色环，显然其原型鸟是环颈雉。不似明代中国皇后袆衣与翟衣的翟章图案完全不同，显然朝鲜的翟衣，随衣制变化而改变的只是翟章行数，翟章图案则是一以贯之的用环颈雉图形没有变化。

图2-11　《大明会典》　　图2-12　大韩帝国皇后十二等翟衣，　　图2-13　大韩帝国
中袆衣（翟衣）　　　　　　韩国世宗大学藏　　　　　　皇后十二等翟衣
形象推测

（此3图采自刘晨《李氏朝鲜及大韩帝国对明朝女礼服制度的继承和改造》）

大韩帝国皇后翟衣上的翟章图案原型鸟是环颈雉，它源自明代的翟衣，不难推断明代比袆衣低一等级的翟衣，翟章图案原型鸟亦应是环颈雉，佐证了前文对

❶ 刘晨. 李氏朝鲜及大韩帝国对明朝女礼服制度的继承和改造［J］. 艺术设计研究，2017（3）：27-37.

鹜雉的判定。不过由此引出与本文关联的一个问题，即前文推测比袆衣低一等级的揄翟，翟章原型鸟是黑长尾雉或黑颈长尾雉；低二级的"阙翟"，翟章原型鸟是环颈雉；而明代比袆衣低一级的翟衣，翟章图案原型鸟却为环颈雉，是否说明前文分析有误？不能否认，确有揄翟与阙翟的翟章原型鸟同为环颈雉的可能。但同时也不能完全否认前文推测，即早期的"三翟"翟章原型鸟确为三种不同的雉鸡，后才随衣制变化，翟章也随之改变。袆衣翟章原型鸟从白腹锦鸡，变为红腹锦鸡，揄翟翟章原型鸟绝迹，兼之阙翟被取消，翟衣翟章原型鸟遂被顺理成章地提高了一个等级沿用。这个可能并非毫无根据，因为"六服"有着定位、区分等级和仪式性的功用。宋明时期补衣上的翟章是翘尾直视的锦鸡，翟衣上的翟章是垂尾仰视的雉鸡，两者种类、造型表现迥异。早期的阙翟，作为"三翟"之一，其翟章想必在种类、造型表现上也应与袆衣和揄翟有所不同，以彰显"三翟"翟章明显的差异化。

总之，由于史料缺乏和混乱，以及年代久远和沧海桑田巨大的环境变化，构成了现在探知先秦时期作为色彩标准使用的翚、鹞、鷩、鷮、鹐、鹝、鷫等几种鸟原型的困难。只能依据有关三种翟衣上鸟的文献和图案资料，比照当代鸟类学著作中某种鸟的形态特征描述，对翚、鹞、鷩这三种鸟的原型，做些初步的揣测，通过制度印证，甚或习俗倒推来管窥蠡测一二。

第四节　古代蓝染植物的文献考辨

　　蓝草是古代使用量最大的植物染材，一般凡可制取靛青的植物，皆可谓之"蓝"。其品种有很多，且不同品种的蓝草以及它们所染出的色差在不同时期和不同地区，往往还有不同的称谓。不仅历代文献对蓝染植物名称及形态特征的叙述，混沌难明，莫衷一是，即使今人依据这些叙述的讨论，也仍有很多错乱和不够明晰之处。因此，对古文献相关的记载和今人的研究做一些必要的梳理和探讨，可望为进一步更好地理解中国蓝染历史和传统，提供有价值的信息资料。

一、文献记载中的蓝染植物

　　先秦时期有关蓝染植物的二则记载：

　　一是《诗经·小雅·采绿》诗句：

　　"终朝采蓝，不盈一襜。"

　　二是《礼记·月令》"仲夏之月"说：

　　"令民毋艾蓝以染。"注云："为伤长气也，此月蓝始可别。《夏小正》曰：五月，启灌蓼蓝。"

　　《诗经》中之"蓝"后人注为蓼蓝，并被普遍认同。《月令》的记载是有关蓝草种植的最早记载。这两则记载说明当时蓝染植物似乎只有蓼蓝一种。

　　两汉时期有关蓝染植物的三则记载：

　　一是《尔雅·释草》：

　　"葳，马蓝。"郭璞注："今大叶冬蓝也。"

　　二是崔寔《四民月令》：

　　"榆荚落时可种蓝，五月可刈蓝，六月种冬蓝。"

　　三是《汉官仪》：

　　"蒇蓝供染绿纹绶。"注："蒇，小蓝也。"

　　崔寔书中的"蓝"是指蓼蓝，将它与"冬蓝"并举，说明北方地区除广为种植除蓼蓝之外，还大量种植叶片比蓼蓝大的"冬蓝"以及叶片较小的"蒇蓝"，蓝染植物的品种已为3种。

　　南北朝时期有关蓝染植物的记载见于贾思勰《齐民要术》：

"《尔雅》曰：'葴，马蓝。'注曰：'今大叶冬蓝也。'《广志》曰：'有木蓝。'今世有茇赭蓝也。蓝地欲良，三遍细耕，三月中浸子，令芽生，乃畦种之。治畦下水，一同葵法。……崔寔曰：榆荚落时可种蓝。五月可别蓝，六月可种冬蓝（冬蓝，木蓝也。八月用染也）。"

贾思勰将冬蓝、木蓝、茇赭蓝并举，分列在描述具体种植蓼蓝❶技术之前，说明当时蓝染植物已有蓼蓝、冬蓝、木蓝、茇赭蓝四种，且马蓝始有冬蓝之别称。另，文后为《四民月令》注释的"冬蓝，木蓝也。八月用染也"之"木蓝"，实为大蓝之误刊❷，亦即冬蓝又名马蓝、大蓝。因为《四民月令》地区不可能种木蓝，有的版本郭璞注《尔雅》称马蓝为大菜冬蓝。

唐宋时期有关蓝染植物记载比之以前多了许多，不过值得注意的是各书所载蓝染植物的品种名称始现混乱的苗头，唐代苏敬《新修本草》、宋代苏颂《图经本草》和罗愿《尔雅翼》所云即展现出这个迹象，并都已开始有意识地进行了辨别。

苏敬《新修本草》：

"蓝实，有三种；一种围径二寸许，厚三四分，出岭南，云疗毒肿，太常名此草为木蓝子。如陶所引乃是菘蓝，其汁抨为淀者。按经所用，乃是蓼蓝实也，其苗似蓼，而味不辛者。此草汁疗热毒，诸蓝非比，且二种蓝，今并堪染，菘蓝为淀，惟堪染青；其蓼蓝不堪为淀，惟作碧色尔。"❸

苏颂《图经本草》：

"蓝有数种，有木蓝，出岭南，不入药；有菘蓝，可以为淀者，亦名马蓝。《尔雅》所谓：'葴，马蓝'是也；有蓼蓝，但可染碧而不堪作淀，即医方所用者也。又福州有一种马蓝，四时俱有，叶类苦益菜，土人连根采之，焙捣下筛，酒服钱匕，治妇人败血甚佳。又江宁有一种吴蓝，二、三月内生如蒿状，叶青花白。"❹

罗愿《尔雅翼》：

"蓝数种，总谓之蓝。其大叶者别名马蓝。《释草》云：葴，马蓝。郭氏曰：今大叶冬蓝也。疏云：今为淀者是也。凡物大于其类者，多以马名之，今人言亦然。盖诸蓝之类，菘蓝惟堪染青，蓼蓝不堪为淀，《雅》作碧色，故以马蓝为作淀之蓝。崔寔曰：榆荚落时可种蓝，五月可刈蓝，六月可种冬蓝。冬蓝，大蓝也，八月用染。……本草唐本注云：蓝，圆径二寸许，厚三四分，出岭南。云疗毒肿，太常名此草为木蓝子。"

❶ 一般认为"榆荚落时可种蓝"所指之"蓝"即是蓼蓝。

❷ [后魏]贾思勰. 齐民要术［M］. 缪启愉校释. 北京：农业出版社，1982：272.

❸ [唐]苏敬等撰. 新修本草：辑复本［M］. 尚志钧辑校. 合肥：安徽科学技术出版社，1981：185.

❹ [宋]苏颂. 图经本草：辑复本［M］. 胡乃长，王致谱辑注. 福州：福建科学技术出版社，1988：123.

苏敬书中列出的蓝染植物名称有木蓝、菘蓝和蓼蓝三种。苏颂书中列出的蓝染植物名称有五种，分别是木蓝、蓼蓝、亦名马蓝的菘蓝、福州马蓝、吴蓝。罗书中列出名称有马蓝、大叶冬蓝、菘蓝、蓼蓝、大蓝、木蓝，但据其解释马蓝、大叶冬蓝、大蓝为一种，故实为马蓝、菘蓝、蓼蓝、木蓝四种。

明清时期有关蓝染植物记载非常多，这些记载除引录前人之言外，还出现了将以前食用和入药的甘蓝作为蓝染材料的记录，对不同品种的蓝染植物形态特征也比以前详尽了许多。下择三例。

宋应星《天工开物》：

"凡蓝五种，皆可为淀。茶蓝即菘蓝，插根活。蓼蓝、马蓝、吴蓝等皆撒子生。近又出蓼蓝小叶者，俗名苋蓝，种更佳。"

李时珍《本草纲目》：

"蓝凡五种，各有主治，惟蓝实专取蓼蓝者。蓼蓝叶如蓼，五六月开花，成穗细小，浅红色，子亦如蓼，岁可三刈，故先王禁之。菘蓝叶如白菘，马蓝叶如苦荬，即郭璞所谓大叶冬蓝，俗中所谓板蓝者。二蓝花子并如蓼蓝。吴蓝长茎如蒿而花白，吴人种之。木蓝长茎如决明，高者三四尺，分枝布叶，叶如槐叶，七月开淡红花，结角长寸许，累累如小豆角，其子亦如马蹄决明子而微小，迥与诸蓝不同，而作淀则一也。别有甘蓝可食。"

《御定佩文斋广群芳谱》：

"今南北所种，除大蓝、小蓝、槐蓝之外，又有蓼靛，花叶梗茎皆似蓼，种法各土农皆能之。……擘蓝：一名芥蓝，叶色如蓝，芥属也，南方谓之芥蓝，叶可擘食，故北方谓之擘蓝，叶大于菘，根大于芥薹，苗大于白芥，子大于蔓菁，花淡黄色，三月花，四月实，每亩可收三四石，叶可作菹或作干菜，又可作靛染帛胜福青。"

仅这三本书中出现的蓝染植物名称便有大蓝、小蓝、菘蓝、茶蓝、板蓝、槐蓝、木蓝、马蓝、吴蓝、苋蓝、甘蓝、擘蓝。名称多达 10 余种，但显然明清时期可用于染蓝的植物并非这么多，一些蓝染植物名称应是同一品种的不同称谓，如菘蓝即茶蓝，甘蓝即擘蓝。蓝染植物众多名称的出现，亦说明当时对蓝染植物的认知，混乱已非常明显。为此，李时珍曾试图予以澄清，云："苏恭以马蓝为木蓝，苏颂以菘蓝为马蓝，宗奭以蓝实为大叶蓝之实，皆非矣。"清人姚炳在《诗识名解》中也指出："郑渔仲《通志》：蓝分三种，谓俱堪作淀。然但称大蓝无马蓝名至。《释草》：葴。注别云：马蓝菜，要未可据。苏颂又谓菘蓝，即《尔雅》马蓝。则三者之分又混淆矣。"❶

❶ ［清］姚炳. 诗识名解：卷十二［M］//影印文渊阁四库全书. 经部三. 台北：台湾商务印书馆，1983.

二、今人对蓝染植物名称和科属的判定

因蓝草不仅是用来染色，还多用于入药，故近年来从这两方面对蓝草名称和品种研究的论述非常多，均取得了非常多的成果。仅就染色而言，现今相关研究较为重要的论述有以下几篇，可作为讨论古代蓝染植物的基础。

（1）赵丰《〈天工开物〉彰施篇中的染料和染色》❶一文，对《天工开物》所载染料植物的类别进行了考辨，对其中五种蓝染植物的名称和科属的判定是：菘蓝，别称茶蓝，十字花科。蓼蓝，蓼科。苋蓝，别称小蓝、小叶蓼蓝，疑似蓼科。马蓝，爵床科。木蓝，别称吴蓝、槐蓝，豆科。

（2）榕嘉《我国古代的制靛之蓝》❷一文，对古籍和现代药典中的蓝做了统计，指出可供药用及制靛之蓝至少八种之多，分别是：别称茶蓝、大蓝的十字花科菘蓝；十字花科草大青；别称槐蓝、野靛青的豆科木蓝；别称山蓝、大叶冬蓝的爵床科马蓝；别称臭大青、青心草的马鞭草科路边青；蓼科的蓼蓝；别称小叶蓼蓝，不知何科属的苋蓝；别称卷心菜、蓝菜的十字花科甘蓝。但古代用于制靛的还是以菘蓝和蓼蓝最为常见。

（3）张俪斌等《我国蓝草的传统植物学知识研究》❸一文，对古籍所载各种蓝草究竟是哪种植物？大致支持赵丰的说法，并归纳整理了我国民间利用的蓝草种类及分布，认为文献记载的我国蓝草共 10 种及变种，分属于 6 科 6 属，目前仍在利用制靛的蓝草仅 5 种，分别是爵床科的板蓝；夹竹桃科的蓝树；萝藦科的蓝叶藤；萝藦科的绒毛蓝叶藤；萝藦科的翅叶牛奶菜；十字花科的菘蓝；豆科的木蓝；豆科的野青树；豆科的假大青蓝；蓼科的蓼蓝。

（4）张琴《中国蓝夹缬》一书❹，对宋应星所云"凡蓝五种"进行了考订，指出若以现代植物学的标准去衡量，宋应星的这段记载的文字颇有谬误。认为蓝染植物只有四种，分别是：别称茶蓝、山蓝、琉球蓝的爵床科马蓝；别称小青、槐蓝的豆科木蓝；别称吴蓝的蓼科蓼蓝；别称大青的十字花科菘蓝。

（5）刘道广《中国蓝染艺术及其产业化研究》❺一书，对李时珍所云进行了考订，认为"蓝凡五种"可以理解成四类：一是爵床科的山蓝，又名马蓝、板蓝；二是十字花科的菘蓝，因其花色呈淡黄色，与油菜花色相同，遂又名茶蓝；三是豆科木蓝，又名吴蓝、冬蓝；四是蓼科蓼蓝。

❶ 赵丰. 《天工开物》彰施篇中的染料和染色［J］. 农业考古, 1987（1）: 354-358.

❷ 榕嘉. 我国古代的制靛之蓝［J］. 江苏丝绸, 1990（3）: 29-31.

❸ 张俪斌, 等. 我国蓝草的传统植物学知识研究［J］. 广西植物, 2019: 386-393.

❹ 张琴. 中国蓝夹缬［M］. 北京: 学苑出版社, 2006: 49-50.

❺ 刘道广. 中国蓝染艺术及其产业化研究［M］. 南京: 东南大学出版社, 2010: 12.

（6）张海超、张轩萌《中国古代蓝染植物考辨及相关问题研究》❶一文，认为刘道广的说法不够准确，言："马蓝和板蓝尽管有很近的亲缘关系，但现在的植物学界已经将板蓝从马蓝属中分出，而且成立了单独的板蓝属。木蓝是否就是古书上的吴蓝仍可以存疑，而冬蓝所指也并不是木蓝"。并指出现代实际上用于染蓝的常用蓝草品种只有4种，分别是蓼蓝、菘蓝、木蓝和板蓝。文献中出现的马蓝即板蓝；槐蓝即木蓝；冬蓝即菘蓝。《本草纲目》中所记冬蓝、马蓝、板蓝、菘蓝全都是指现在的菘蓝，所记吴蓝可能是在吴地培植成功并得到推广的蓼蓝新品种。同时还指出：自然界可以制靛的植物虽然很多，但现实中常用的蓝染植物品种，需具备靛分含量高，种植和采收不能太过烦琐，加工程序简便易行等特性，故只有上面的寥寥4种。十字花科的甘蓝、马鞭草科路边青等植物，或因不具备其中的某一特性，或因自然生长的资源量很少，并不会真正用来大规模制靛。

三、相关问题讨论

从上面引述的今人研究结论看，基本认同古代主要的蓝染植物是蓼科的蓼蓝、十字花科的菘蓝、爵床科的马蓝、豆科的木蓝以及明代出现仍不能确定品种的吴蓝（或苋蓝）五种，而对古文献中出现的这些蓝染植物的名称，原植物究竟是指哪种？仍存在很大的争议（见表2-3）。不可否认每一种结论或许都可能接近真相，但仅对古文献对这些植物只言片语形态特征的描述和别名的甄别，进行粗略分析，确实也存在很多值得商榷和质疑的地方。下面先分别将《中国植物植物志》中所记蓼蓝、菘蓝、马蓝、木蓝这几种蓝草的形态、生境作简要介绍，再结合古文献所载进行讨论。

表2-3　今人对蓝染植物甄别的异同

| | 蓼蓝 | | 菘蓝 | | 马蓝 | | 木蓝 | | 吴蓝 | | 苋蓝 | |
	科名	又名	科名	又名	科名	又名	科名	又名	科名	又名	科名	又名
赵丰说	蓼科		十字花科	茶蓝	爵床科		豆科	吴蓝、槐蓝	豆科	木蓝	蓼科？	小蓝、小叶蓼蓝
榕嘉说	蓼科		十字花科	茶蓝、大蓝	爵床科	山蓝、大叶冬蓝	豆科	槐蓝、野靛青				小叶蓼蓝
张俪斌说	蓼科		十字花科	茶蓝	爵床科	板蓝	豆科	吴蓝、槐蓝	豆科	木蓝	待考证	
张琴说	蓼科	吴蓝	十字花科	大青	爵床科	山蓝、茶蓝、琉球蓝	豆科	小青、槐蓝	蓼科	蓼蓝		

❶ 张海超，张轩萌. 中国古代蓝染植物考辨及相关问题研究［J］. 自然科学史研究，2015（3）：330-341.

	蓼蓝		菘蓝		马蓝		木蓝		吴蓝		苋蓝	
	科名	又名	科名	又名	科名	又名	科名	又名	科名	又名	科名	又名
刘道广说	蓼科		十字花科	茶蓝	爵床科	板蓝、山蓝	豆科	吴蓝、冬蓝	豆科	木蓝、冬蓝		
张海超	蓼科		十字花科	冬蓝	爵床科	山蓝、板蓝、茶蓝	豆科	槐蓝	蓼科?	苋蓝?	蓼科?	吴蓝?

注："？"指待确定。

1.《中国植物志》中的几种蓝染植物形态、生境描述

（1）蓼蓝（*Polygonum tinctorium* Ait.）。蓼蓝是蓼科蓼属一年生草本植物。茎直立，通常分枝，株高 50～80 厘米。叶卵形或宽椭圆形，长 3～8 厘米，宽 2～4 厘米，干后呈暗蓝绿色，顶端圆钝，基部宽楔形，边缘全缘。总状花序呈穗状，长 2～5 厘米，顶生或腋生，花被 5 深裂，淡红色，瘦果宽卵形。3～4 月种植，六七月采收。中国南北各省区有栽培或为半野生状态。因其叶片较之菘蓝小，故往往又被称之为"小青"。

（2）菘蓝（*Isatis indigotica* Fort.）和欧洲菘蓝（*J. tinctoria* L.）。菘蓝，中国原产植物，又名茶蓝、板蓝根、大青叶。系菘蓝属二年生草本植物，茎直立，株高 40～100 厘米，有白粉霜，顶端多分枝。基生叶莲座状；叶片长圆形至宽倒披针形，长 5～15 厘米，宽 1.5～4 厘米，先端钝而尖，基部渐狭，全缘或稍有波状齿；有柄；茎生叶长椭圆形或长圆状披针形，长 7～5 厘米，宽 1～4 厘米，基部叶耳不明显或为圆形。总状花序成圆锥花序状，花瓣 4 片，黄色，成十字形排列❶。可春播或夏播，春播在 4 月上旬，夏播在 5 月下旬至 6 月上旬。

（3）马蓝［*Strobilanthes cusia*（Nees）Kuntze］。马蓝，又名板蓝、南板蓝。爵床科板蓝属多年生草本，茎直立或基部外倾。稍木质化，高约 1 米，通常成对分枝，幼嫩部分和花序均被锈色、鳞片状毛，叶柔软，纸质，椭圆形或卵形，长 10～20（～25）厘米，宽 4～9 厘米，顶端短渐尖，基部楔形，边缘有稍粗的锯齿，两面无毛，侧脉每边约 8 条，两面均凸起；叶柄长 1.5～2 厘米。穗状花序直立，花常淡红紫色，通常排成腋生。生于山坡、林下、路旁、溪边等阴湿处。其根、叶也被用来制取"大青叶"和"板蓝根"，由于它分布于长江以南地区，故又称为南板蓝。

（4）木蓝（*Indigofera tinctoria* Linn）。木蓝，又名槐蓝、野青靛。豆科木蓝属小灌木。高 50～80 厘米，叶互生；奇数羽状复叶，长 2.5～5 厘米，小叶对生，小叶 9～13 片，叶片卵状长圆形或倒卵状椭圆形，长 1.5～3 厘米，宽 0.5～1.5 厘米，先端钝圆，有小尖，基部楔形，全缘，两面被丁字毛，叶干时

❶ 李建秀，等. 山东药用植物志［M］. 西安：西安交通大学出版社，2013：241.

常带蓝色。总状花序长 2.5～5 厘米，红黄色，通常腋生，远较叶为短，花疏生，有花约 20 朵，黄色。分布区域为华东及湖北、湖南、广东、广西、四川、贵州、云南等地。因其枝干呈木质化，故又以木蓝名之。又因为其花、叶和果实与同属豆科的槐树有类似之处，所以又称槐蓝。另据调查，木蓝的分布不仅只局限于上述，从华北到海南的广大地区内都可以找到它的身影❶。

2. 蓼蓝和木蓝

总体而言，古文献对蓼蓝和木蓝的形态特征记载比较清晰，如上引《本草纲目》对蓼蓝和木蓝形态特征、《四民月令》对蓼蓝的种植和采收时间的记录，均与现代植物学的描述相符，比对识别相对较容易，所以古今的认同大体一致，没有争议。

需要指出的是有些古文献中所云木蓝，似乎还应包括同属豆科与木蓝形态特征较为接近的野青树（Indigofera suffruticosa Mill.）。据《中国植物志》载，这种植物的形态特征是：直立灌木或亚灌木，高 0.8～1.5 米。羽状复叶长 5～10 厘米；小叶 5～7（～9）对，对生，长椭圆形或倒披针形，长 1～4 厘米，宽 5～15 毫米，先端急尖，稀圆钝，基部阔楔形或近圆形，上面绿色，密被丁字毛或脱落近无毛，下面淡绿色，被平贴丁字毛。总状花序呈穗状，长 2～3 厘米，花冠红色。分布区域为江苏、浙江、福建、台湾、广东、海南、广西、云南。古人因囿于认识的局限，或许将它和木蓝混为一谈。前引《齐民要术》引《广志》曰："有木蓝"，自云："今世有茇赭蓝也"，便是一例。木蓝和茇赭蓝并举，显然是两种不同的植物。《说文解字》："茇，草根也。"所谓的"茇赭蓝"大概就是指这种蓝靛根是赭色的❷。在诸蓝中，只有今人认同的木蓝，根是赭色的，故《齐民要术》所云茇赭蓝实为木蓝。而贾思勰将木蓝和茇赭蓝并举，显然这是两种不同的植物。《广志》里记载的木蓝为岭南地区的产物，《齐民要术》记载的植物则是北方地区的产物。从木蓝和野青树的分布区域判断，北方没有野青树，而有木蓝，所以《广志》所云木蓝，很可能就是南方大部地区都有生长的野青树。因文献材料太少，历史上利用野青树叶制靛的史实今天已很难厘清，但今人的田野考察，或多或少地映现出古代用野青树叶制靛的踪迹。张俪斌说：现在云南有的地方还有用野青树制靛的❸。实际上现在贵州一些少数民族地区除常用菘蓝、蓼蓝、马蓝制靛外，也有用野青树制靛的，虽不如用这三种蓝普遍，但绝非罕见。据秦双夏实地调查，在三江侗族自治县土地比较少的侗寨，为了充分利用土地，有部分人家都用一年一种的野青树叶沤蓝靛，农历三月播种，农历六月初六可以割第一

❶ 张海超，张轩萌. 中国古代蓝染植物考辨及相关问题研究［J］. 自然科学史研究，2015（3）：330-341.

❷ ［后魏］贾思勰. 齐民要术［M］. 缪启愉校释. 北京：农业出版社，1982：272.

❸ 张俪斌，等. 我国蓝草的传统植物学知识研究［J］. 广西植物，2019：386-393.

次，一年可以割 4 次。用其制出的蓝靛，染色效果较之其他蓝草靛染出来的侗布要好看，特别是"绞侗"染衣袖布、头巾布和背带布的时候，用其所染红色调会更多一些，以致每个侗寨仍有少数人家对它情有独钟。而大部分人家不用野青树叶沤制蓝靛的主要原因：一是因为叶上有绒毛，皮肤比较敏感的人接触后会觉得痒，有时还会起像被蚊子叮那样的红包，所以只有皮肤好的人家才用其制靛；二是因为用野青树叶制靛较其他蓝麻烦，所用时间多，当地甚至有沤蓝时路人看过沤缸就沤不出靛的说法；三是因为种植时经常需要施肥、除草，同样面积所种的蓝草，以其产蓝靛量最少。且染布时所用蓝靛量，也比其他蓝所制蓝靛多❶。另外，海南俗称野青树为"假木蓝"，或"假蓝靛"，木蓝和蓝靛前面的"假"字，颇能说明海南过去不仅利用木蓝制靛，也利用野青树制靛。这些调查资料，反映出历史上利用野青树制靛的映像史实，同时也间接印证了有些古文献或许将同属豆科与木蓝形态特征较为接近的野青树混为一谈的可能。

此外，根据木蓝和野青树的分布区域，前引《汉官仪》里所记用以染蓝的"蔆蓝"，则非常有可能就是木蓝。《说文解字》释蔆："木细枝也。"扬雄《方言》则说："木细枝谓之杪，青、齐、兖、冀闲谓之蔆。故传曰：慈母之怒子也，虽折蔆笞之，其惠存焉。""折蔆笞之"说明蔆蓝枝条既韧又硬，符合这个条件的蓝染植物显然只有木蓝。汉宫里用蔆蓝染色之事，在南朝梁任昉所撰《述异记》中曾被当作奇闻轶事予以记载，谓："蔆园在定陵，《汉官仪》曰：蔆园供染绿纹绶。小蓝曰蔆。"《汉官仪》和《述异记》的记载，充分说明早在汉代，我国北方蓝染植物除蓼蓝和冬蓝之外，还有木蓝。并非一般认为的那样，即从西汉到《齐民要术》诞生的北魏以及《玉烛宝典》出现的隋代，北方地区的蓝染植物只是蓝和冬蓝两种❷。

3. 马蓝和菘蓝

马蓝之名始见于《尔雅·释草》，并又称之为大叶冬蓝或冬蓝、大蓝；菘蓝之名始见于唐代苏敬《新修本草》；宋代苏颂《图经本草》说菘蓝又名马蓝。分析这些文献所述植物形态，菘蓝、马蓝无疑是同一种植物，即十字花科的菘蓝。对这种植物的命名依据，实际上是有迹可寻的。马蓝或大蓝之命名，如《尔雅翼》所云："凡物大于其类者，多以马名之，今人言亦然。"即是说在染蓝植物只有蓼蓝和菘蓝的时代，后者叶片远大于前者，故后者又以"马"或"大"名之。菘蓝和冬蓝之得名则与它"经冬不死，春亦有英"❸的生长状态相关联，亦即《埤雅》所云："菘性隆冬不雕，四时长见，有松之操，故其字会意。"在现代汉语植

❶ 秦双夏. 侗族织染工艺与文化研究——以广西三江侗族自治县为例［D］. 广西民族大学硕士论文，2011.

❷ 张海超，张轩萌. 中国古代蓝染植物考辨及相关问题研究［J］. 自然科学史研究，2015（3）：330-341.

❸ 李时珍《本草纲目》甘蓝条说：甘蓝，大叶冬蓝之类。并引南北朝人胡洽说："经冬不死，春亦有英。其花黄，生角结子，其功与蓝相近也。"

物命名中十字花科菘蓝的得名，显然也是如是。

比苏颂《图经本草》稍晚的罗愿《尔雅翼》，则将菘蓝与马蓝分举成两种不同的植物。明代李时珍《本草纲目》继承了罗愿的观点，并云"菘蓝叶如白菘，马蓝叶如苦荬，即郭璞所谓大叶冬蓝，俗中所谓板蓝者"，反映出明代比之宋代已能更好的区分这两种植物。不过比对前引《中国植物志》对这两种植物叶子形态大小，即十字花科的菘蓝叶宽阔不如爵床科的马蓝（板蓝）叶描述，李氏所言"叶如苦荬"的"马蓝"与十字花科的菘蓝叶非常接近。而所言"叶如白菘"的"菘蓝"，显然也是形容其叶也较宽阔，以示区分马蓝。因为菘形似油菜，叶片较大，呈倒卵形，波状缘边，春日开黄花，一般通称"白菜"。能制靛染蓝，叶片宽阔胜十字花科菘蓝的只有爵床科马蓝（板蓝）。所以据此推断，李氏所云"菘蓝"应是今爵床科的马蓝植物，所云"马蓝"应是今十字花科的菘蓝。

罗愿和李时珍对菘蓝和马蓝的定名，不仅与今人迥异，与比他们早点的人亦有不同。其缘由可能与他们长期生活的地方有关。罗愿是南宋徽州歙县人。历任鄱阳知县、赣州通判、鄂州知事等。李时珍是明代湖北蕲春县人，长期在家乡行医和著述。十字花科的菘蓝，南北地区均有分布。爵床科的马蓝，分布于长江以南地区，北方罕有。马蓝之名早已被北方大量种植的十字花科菘蓝占用，为人熟知。或许李时珍为更好地区分这两种植物，遂将只有南方地区分布的叶片也较为宽阔的爵床科马蓝，借用菘蓝之名而名之，并言简意赅地用"叶如白菘"标识之。亦或许菘蓝在不同时期、地域的习用名就是爵床科马蓝。这不是古人的错误，诚如张海超先生所说：隋唐及更早之前的文献中经常出现的"冬蓝"，应是现在的菘蓝，古书中将"冬蓝"定名为"马蓝"，只是反映了时人的看法及当时的语言习惯。用现代的命名体系去判定古人的说法并不恰当，但今天的研究者必须清楚马蓝和菘蓝这些词古今所指的可能是完全不同的植物❶。

除前文引录的明代文献外，在明末清初方以智《物理小识》中也有对不同蓝草种类的记述，谓："蓝有数种。槐靛叶似槐，以五月种，畏水浸之；蓼靛叶团；大叶蓝似苦荬；唯山靛易染上青，叶似赛兰，三月插条种之。"所言四种蓝草，其中的三种，即似槐的槐靛，叶团的蓼靛，似苦荬的大叶蓝，基本可以肯定分别是豆科的木蓝，蓼科的蓼蓝，十字花科的菘蓝。山靛从其名称及其"叶似赛兰""三月插条种之"特点来看，应是爵床科的马蓝。依据有三，一是无论何地的习用语，在形容野生的物产时，都有"山""野"互换的现象，如野桑叶称之为山桑叶，野蚕称之为山蚕。爵床科马蓝多生于山坡、林下、溪边等山坡郊野阴湿处，故将其称之为山蓝亦是如是。二是赛兰又名珍珠兰，叶片纸质，椭圆形或倒卵状椭圆形，顶端急尖或钝，基部楔形，与爵床科马蓝叶极为相似。三是在今天

❶ 张海超，张轩萌. 中国古代蓝染植物考辨及相关问题研究［J］. 自然科学史研究，2015（3）：330-341.

的西南和东南地区，用扦插法繁殖马蓝仍很普遍。

另外，菘蓝在《天工开物》中称之为茶蓝，张琴认为茶蓝、马蓝是山蓝之别称，吴蓝又是蓼蓝的别称，宋先生把茶蓝之名给予菘蓝，是将茶蓝和菘蓝"混为一谈"了。张海超依据《天工开物》所记："闽人种山皆茶蓝，其数倍于诸蓝"，并根据闽地的自然条件以及临近的台湾、浙江传统培植的蓝染植物种类推断，福建的蓝草品种也以板蓝为主，《天工开物》中的茶蓝指今天的板蓝。两位学者的这个定论应该是没有问题的，下面两则材料可作为间接印证。一是明代的商品经济发达，蓝靛是主要商品染料，交易频繁，且数量庞大。作为大宗商品染料，在满足市场需求的前提下，其制作原料的成本必然追求尽可能得低，加工工序必然追求尽可能得便捷，只有这样才能获取最大的利润，否则的话就会事半功倍得不偿失。而在诸蓝中含靛量多寡名次前三位依次是蓼蓝、马蓝、菘蓝❶。虽然蓼蓝含靛量最多，但产量不如马蓝，不仅制靛时间较马蓝长，加工程序也不如马蓝简便易行。所以选用茶蓝做原料制靛的商品，"性价比"要高于蓼蓝。明代江西种植蓝草的情况颇能证明这点。泰和县县志即记载："青靛。本县土产蓝草，长只四五寸。故其为靛，色虽淡，而价甚高，由于土人少种故也。成化末年，有自福汀贩卖蓝子至者，于是洲居之民皆得而种之。不数年，蓝靛之出，于汀州无异，商贩亦皆集焉"❷。二是笔者曾实地考察过广西种植蓝草和制靛的情况，了解到在三江侗族自治县的八江乡、同乐乡、独峒乡、林溪乡等侗寨，过去有很多野生蓼蓝，也有人工种植用于染布的，但是因为加工过于麻烦，现在都不再用于沤制蓝靛了。

4. 吴蓝和苋蓝

从前文所引录文献可知，吴蓝之名和形态始见于宋代苏颂《图经本草》，其后明代李时珍《本草纲目》也记载了这种蓝草的形态。两书描述相近，皆是"蒿状花白"。而苋蓝之名始见于宋应星《天工开物》中。有研究者根据目前仍在利用的几种蓝草状况，判定"吴蓝"是现在的木蓝。但木蓝的形态和花色，与"蒿状花白"的吴蓝均不符合。也有研究者受《天工开物》所记苋蓝是"蓼蓝小叶者"启发，认为：吴蓝也可能是某一蓝染植物经过优选后产生的变异品种。《本草纲目》中记载开白花的吴蓝很可能正是宋应星笔下的"苋蓝"，李时珍提到的吴蓝可能是在吴地培植成功并得到推广的蓼蓝新品种❸。但是根据宋应星记载，吴蓝和苋蓝是分列的不同品种，这种看法似乎也很难让人完全接受。

在自然界中可以染蓝的植物很多，而且理论上凡含有游离吲哚酚、吲哚甙的

❶ 马琳，夏光成. 大青叶原植物的古今应用研究［J］. 药学实践杂志，2000（5）：309-310.

❷ 光绪《泰和县志·土产志》货之属引《宏治志》.

❸ 张海超，张轩萌. 中国古代蓝染植物考辨及相关问题研究［J］. 自然科学史研究，2015（3）：330-341.

植物，均可用以制靛。为何古往今来产靛量较大的植物只有寥寥四五种？尤其是今人对可制靛植物的研究，不可谓不深入和透彻，却没有发现其他产靛量较大的植物？这就为我们下面的讨论，提供了另一个路径的思路，即不在纠缠吴蓝和苋蓝是否可以制靛，只关注他们可以染蓝这一点。那么吴蓝和苋蓝究竟为何种植物呢？

先谈谈吴蓝。吴蓝在苏颂和李时珍笔下的形态特征是"蒿状花白"。蒿即蒿草，是蒿属植物的统称，有很多种类，包括萎蒿、蒌蒿、细竹蒿、小艾蒿、白背蒿等。此"蒿状"之蒿，可能是指人们较为熟悉的蒌蒿。而符合这一特征又可以染蓝的植物，只有豆科的野百合❶（野百合见图2-14，蒌蒿见图2-15）。这种植物未见制靛的记载，或许是因为靛分含量过低。在苏、李二氏所述吴蓝形态特征正确的前提下，似乎不能排除吴蓝就是野百合的可能。在《图经本草》和《本草纲目》里面，关于百合形态特征都有专门的条目和描述。李时珍的描述有两句："一茎直上，四向生叶。叶似短竹叶，不似柳叶""叶短而阔，微似竹叶，白花四垂者，百合也"。更正了苏颂所说："三月生苗，高二、三尺。竿粗如箭，四面有叶如鸡距，又似柳叶。"可见李氏对百合的形状是非常了解的。为何他没注意到吴蓝可能就是野百合？其缘由可以在李氏关于"蓝"的行文中找到一些端倪。如行文中对吴蓝，只有性状描述，没有明言是否可以制靛。而对木蓝，不仅有性状描述，还明言是可以制靛的。《本草纲目》是集医药之大成的著作，着重的是各种物类的药用价值，对某种物类染色的情况，并非是关注的重点，难免出现一些疏漏，如说菘蓝、板蓝两蓝花子"并如蓼蓝"，便是一例。再者李氏对吴蓝形状特征的描述，明显是转录自苏氏之书，似乎并没有亲眼见识过，以致不能正误苏氏的错误。据此，本文推测古文献中的吴蓝，疑似为豆科的野百合。

图2-14　野百合

图2-15　蒌蒿

再谈谈苋蓝。苋，一般指苋科的苋菜。古代文献中在描述苋、蓝这两种植物

---

❶　见1990年6月28日《中国纺织报》：《大青树. 我国古代的制靛之蓝》。转引自张海超、张轩萌《中国古代蓝染植物考辨及相关问题研究》。

形态时，有经常互为比照的传统，如唐慎微《证类本草》云："苋实当是白苋，所以云细苋亦同，叶如蓝也。"将叶片小于蓼蓝且似苋的蓝染植物，俗名称之为"苋蓝"，无疑是继承了这个传统。苋蓝在宋应星笔下的形态特征是"蓼蓝小叶者"，而且"种更佳"，其叶也可以制靛。今许多研究者据宋应星所说，推测苋蓝是蓼蓝的一个新品种。令人困惑的是这种"种更佳"也可以制靛的植物，为何没有得到普遍种植，成为大宗制靛原料，甚至在今天也只能推测其可能是某种植物。一般来说，人的趋利本性对质量品质高的原料都会格外重视，尤其是各种蓝草的种植环境要求都不是很高，在蓝靛市场需求量很大的情况下，苋蓝淡出人们视野的关键原因似乎只有一个，即苋蓝不是一个好的制靛原料。《天工开物》里面关于染色工艺的记载便是一例最好的注解。如所云染鹅黄色、大红官绿色、豆绿色、天青色、葡萄青色、蛋青色、翠蓝、天蓝、玄色、月白、草白、毛青布色等诸色，皆用靛。其中的豆绿色工艺是："黄檗水染，靛水盖。今用小叶苋蓝煎水盖者，名草豆绿，色甚鲜。"月白、草白二色工艺是："俱靛水微染，今法用苋蓝煎水，半生半熟染。"特别指明了用苋蓝煎水代替用靛的方法。由此可知，苋蓝当是直接用于染色，不是将其制成靛后再使用。而据杜燕孙《国产植物染料染色法》记载，田野中常见的野苋，茎叶中含有紫色素，有染色价值，可染紫色❶。野苋所染紫色，想必是非常浅的紫色，色素也不会太稳定，否则这种非常易于得到的植物，在染紫时定会大行其道，不会被染匠忽视。在今日通用的色标中，蓝色和紫色相邻，将浅紫色说成蓝色也并非是错误。或许正是野苋可以染蓝，叶形又与蓼蓝相近，被古代染匠称之为苋蓝，且因其又易于得到，所以在染豆绿色、月白、草白等浅绿色调时代替蓝靛使用。据此，本文推测《天工开物》中的苋蓝，很有可能就是野苋。

此外，在清人赵学敏《本草纲目拾遗》中记载了一种叶片小于蓼蓝又似苋叶的植物："野靛青，一名鸭青，处处有之，如苋菜，叶尖，中心有青晕。治结热黄疸，定疮毒疼痛，生肌长肉。"❷可称之为"野靛青"者，有好几种原植物，如马边草科的大青，茄科的龙珠，鸭跖草科的鸭跖草，爵床科的观音草等。形似赵学敏所说的"如苋菜，叶尖，中心有青晕"者，只有爵床科的观音草（*Peristrophe baphica*）。其特征为：全草长约80厘米，有灰白色毛。茎有浅槽，节间长。叶对生，卵形，长3～10厘米，宽1.4～4厘米，先端渐尖，基部楔形，全缘。花单生，淡红色。蒴果椭圆形，有毛；种子4粒，黑色，卵圆形而扁，表面有凸起小点。主产于长江流域以及南方各地❸。不仅叶片形似苋菜和蓼蓝，花色也与

---

❶ 杜燕孙著. 国产植物染料染色法［M］. 上海：商务印书馆，1950：220.

❷ ［清］赵学敏. 本草纲目拾遗［M］. 北京：中国中医药出版社，2007：113.

❸ 崔同寅. 全国重名易混中药鉴别手册［M］. 北京：中国医药科技出版社，1992：23.

蓼蓝相近（观音草见图2-16，蓼蓝见图2-17）。虽然赵学敏没有说此植物是否可用于染蓝，但今人张国学在西双版纳野外调查中发现当地将观音草作为蓝色染料使用，不仅用来染棉线和麻线，还用来染筷子。据此，《天工开物》中的苋蓝，除可能是野苋外，似乎也不能排除是爵床科的观音草。

图2-16　观音草　　　　　　　　　　　　　　　　图2-17　蓼蓝

（采自中国数字植物标本馆：http：//www.cvh.org.cn/）

四、小结

通过对蓝草相关文献的考辨，除了认同已有研究对蓝草种类甄别的一些判定外，还得出几种不同以往的看法：一是我国在汉代时利用的蓝染植物已有三种，即蓼科的蓼蓝、十字花科的菘蓝、豆科的木蓝，到南北朝时又增加了豆科的野青树。二是古文献中出现的木蓝，在没有特别标示其形态特征的前提下，似乎还应包括同属豆科与木蓝形态特征较为接近的野青树。三是苏颂和李时珍笔下的吴蓝，因其含靛量少，染色时多是直接利用，而非制靛后再用，原植物疑似为豆科的野百合。四是宋应星笔下的苋蓝，同吴蓝一样，染色时也多是直接利用，原植物疑似是苋科的野苋，或爵床科的观音草。需要特别解释的是，这些看法只是基于现有资料的另类解读而得出的推测，并非否定已有的研究，而且很可能是谬误，只是希望为进一步深入研究蓝染植物提供一些参考。

第五节　宋代以山矾染色之史实和工艺的初步探讨

山矾是一种低矮、开小白花、能散发清香气味的树木。从现有文献史料看，它在宋代有六种用途：一是用于酿酒（其详已不可考）；二是用于入药；三是用于代茗；四是用于收豆腐；五是用于点缀园林；六是用于染布帛和纸。下面仅就文献史料对宋代以山矾参与染色的问题作一些探讨。

一、山矾名称的由来

在历史上，山矾称谓的变化，是比较大的。六朝以前叫什么已不可知。现知最早谈到这种树的是东晋初期葛洪《要用字苑》，叫梣（音阵），大概是六朝时产生的俗字。稍后，则改写作㮅❶。唐以后，由于不同地方方音的差异，又讹异出一些名字，如分见于宋人和明人著作中的㮌、椗、郑、场（音郑）❷以及它的别名米囊❸、春桂❹和七里香❺等。

山矾的上述这些名称，多是根据民间传用的称呼写下，而山矾这一名称则是宋人黄庭坚改定的。黄氏《题高节亭边山矾花并序》即是其证：

"江南野中，有一种小白花，木高数尺，春开极香，野人号为郑花。王荆公尝求此花栽，欲作诗而陋其名。予请名曰山矾。野人采郑花叶染黄，不借矾而成色，故名山矾。海岸孤绝处，补陀落伽山，译者谓小白山。余疑即此花尔。不然，何以观音老人端坐不去耶。"❻

在宋代，山矾由于其特有的生长形态，深得人们喜爱。许多文人墨客，都把它当作不自我粉饰，不慕荣利，遁世离尘的高雅之士看待，纷纷以它为题，著

---

❶ ［唐］姚思廉. 梁书：卷五十［M］. 长春：吉林人民出版社，1995：425.

❷ ［宋］陈景沂. 全芳备祖：卷6［M］. 北京：农业出版社，1982：275.

❸ ［宋］洪迈. 容斋随笔：卷3［M］//影印文渊阁四库全书：杂家二. 台北：台湾商务印书馆，1983.

❹ ［宋］陈景沂. 全芳备祖：卷21［M］. 北京：农业出版社，1982：645.

❺ ［明］李时珍. 本草纲目［M］. 北京：人民卫生出版社，1981：2105.

❻ ［宋］蔡正孙. 诗林广记：卷6［M］. 影印文渊阁四库全书：集部九. 台北：台湾商务印书馆，1983.

文写诗，称许赞颂，寄托自己的情感。黄氏是宋代江南西路洪州分宁（今江西修水县）人，平生工为诗文书法且兼明禅悦，曾师事住持黄龙寺号诲堂老子的祖心。从《山谷诗序》中将山矾花牵强为释家圣地普陀的白花来看，黄氏对山矾亦是倍加偏爱的。他命名的动机，一是出于这种偏爱；再一便是有感于当时以王安石为首的知识界人士，虽喜爱山矾，却又都认为其旧有的名称，比较鄙俚，不与其身价相称。因而，才针对其用途，专门为之命定这个名称。另外，根据宋人著作，黄氏的《山矾组诗》，实写于分宁黄龙寺之所在黄龙山。其时正是黄氏向祖心问道之时，大约是宋神宗熙宁的前半期，也就是说山矾之名是在这个时期命定的❶。

二、宋代用以染色的山矾是什么科属的植物

宋以来，用以染色的山矾出现了多种名称，而有的名称在现代植物学著作上却是不同科属的植物，造成了一些混乱。为了有助于加深我们对宋代以山矾参与染色之史实的认识，在探讨宋代以山矾染色这个问题之前，自然有必要首先对这些名称作一些针对性的澄清。历来用得较多且引起混乱的名称有：玉蕊、芸香、海桐、山矾。

第一个出自宋人曾慥《高斋诗话》和洪迈《容斋随笔》。实际上玉蕊是一种枝条荼蘼与葡萄相似的攀缘灌木，与记载中可染色的山矾并无多少关系，在宋代即已有人驳斥，自可置而不论。

第二个先出自明李时珍《本草纲目》，其后陈淏子《花镜》继之。芸香系现代植物学芸香科之芸香，其形态特征及可避蠹虫的特点也与可染色的山矾大相径庭。此名大概渊源于沈括《梦溪笔谈》或罗愿的《尔雅翼》。这两本书虽均记有：芸，可避蠹，又名七里香。但并无芸即山矾之说。李、陈二人可能因芸名七里香，山矾的别名也叫七里香，遂致牵混。殊不知异物同名的情况历来常见，而且有芬香味的植物多有以七里香为名的，并不仅限于这两种。这一个也可不予考虑。

第三个出自明代王世懋《学圃余疏》和陆深《春风堂随笔》，书中均明文曰：海桐即山矾。据此，实难分辨，所记究竟是现代植物学分类中的海桐科之海桐，还是山矾科之山矾。两书原文依次如下：

"山矾一名海桐树，枝婆娑可观，花碎白而香。宋人灰其叶造黝紫色。"❷

"访旧至南浦，见堂下盆中有树，婆娑郁茂。问之，曰：此海桐花，即山

---

❶ ［宋］陈景沂. 全芳备祖：卷21［M］. 北京：农业出版社，1982：646.

❷ ［清］汪灏. 广群芳谱［M］. 上海：商务印书馆，1935：883.

矾也。"❶

第四个也是出自李时珍《本草纲目》和陈淏子《花镜》，书中都直接点出了山矾的树名，而且对其特征描述得较为详尽。两书原文依次如下：

黄庭坚云："江南野中椗花❷极多，野人采叶烧灰以染紫为黝，不借矾而成，予因易其名为山矾。"❸"山矾生江、淮、湖、蜀野中树者。大者株高丈许。其叶似栀子，叶生不对节，光泽坚强，略有齿，凌冬不凋。三月开花，繁白如雪，六出，黄蕊，甚芬香。结子大如椒，青黑色，熟则色黄，可食。其叶味涩，人取以染黄及收豆腐，或杂入茗中。"❸

"山矾花，……多生江浙诸山。叶如冬青，生不对节，凌冬不凋。三月看白花，细小而繁，不甚可观，而香馥最远，故俗名七里香，北人呼为硁花。其子熟则可食。土人采其叶以染黄，不借矾力而自成色，故名山矾。二月中可以压条，分栽。"❹

关于第三个和第四个名称。笔者认为：王、陆二人笔下的海桐或山矾，不应解作现代植物学分类上的海桐科之海桐（学名为 Pittosprum tobira，Ait.），即使现在有些地方仍把山矾称之为这种植物；李、陈二人笔下的山矾，系宋人用以染色之山矾当无疑问，应解作现代植物分类学上的山矾科之山矾（学名为 Symplocos caudta，Wall.），因为所记特征与此相符。

我们不妨把这两种植物的形态特征与宋代学者对染色用山矾的描述作一番比较。

据现代植物学著作❺，山矾科之山矾的形态特征是：常绿灌木或乔木，生于山谷溪边或山坡林下，高约 1.5 米至 3.5 米，树皮黑褐色，平滑不裂。叶为单叶互生，革质，表面叶面内凹，背面突起，阔披针形，基部呈圆锥形，先端渐尖，边缘微有锯齿，长约 3～8 厘米，宽 1.5～4 厘米。花期三月末四月初，总状花序，腋生，花瓣六出，白色，有香气。果为核果呈圆锥形，蓝黑色，可食。历来在相当于现今的浙江、江西、湖南、湖北、四川、广东等省均有分布。

海桐科之海桐的形态特征是：常绿灌木成小乔木，多生于海滨地区，高 2～4 米，枝叶婆娑。叶色深绿，革质或纸质，较厚有光泽，呈倒卵形或长椭圆形，边缘无齿有反卷性，长约 7 厘米，宽约 2～4 厘米。花期在五月中旬，花多为白色间有黄色，花瓣五出，皆聚集于小枝顶上呈伞形，嗅之有特殊触鼻之香气。果实为蒴果，呈卵形，大如指，熟时三裂，内有红子绽出，殷殷可爱，鸟最

---

❶ 邓子勉. 明词话全编［M］. 上海：凤凰出版社，2012：481.

❷ 椗花即郑花。椗，底径切，郑，直正切，郑若读瑞母则为椗。

❸ ［明］李时珍. 本草纲目［M］. 北京：中国医药科技出版社，2011：1087.

❹ ［清］陈淏子. 花镜［M］. 北京：农业出版社，1962：118。

❺ 下文山矾和海桐的形态特征摘自《中国树木志》《花经》两书。

喜啄之。南方各省多有分布。

宋代关于染色用山矾形态特征的描述，大多集中在文艺作品中，比较分散，我们只能归纳列出❶。虽如此，但这些记载基本涵盖了这种植物的主要特征，而且所记大都出自作者们的亲验，不同耳食，准确性和可信度都较高。

1）生长环境：生长于山野溪谷岭坂之类的地方。如黄庭坚的《山谷诗序》："江南野中有一种小白花……予请名曰山矾。"及其诗句："北岭山矾取意开。"清非居士的诗句："黄龙山中春事晚，山谷道人上山坂，鼻端山矾花气浓，怪底经行众芳苑。"章耐轩的词句："悠然只欲住山林，肯容易结根城市。"赵汝燧的诗句："七里香风远，山矾满岭开。"

2）树高：数尺高的灌木。如黄庭坚的《山谷诗序》："木高数尺"。

3）叶貌：叶与冬青叶相似。如章耐轩的词句："叶儿又与冬青比。"❷

4）花之颜色和形状：花为白色，花朵很小。如黄庭坚所云："江南野中有一种小白花"。章耐轩的词句："未开大如木犀蕊，开后是梅花小底。"徐师川的词句："婀娜瓈珑鬓。"扬万里的诗句："玉花小朵是山矾。"

5）花之气味：有清香味。如章耐轩的词句："何只香闻七里。不因山谷品题来，知道是水仙兄弟。"徐师川的词句："细叶黄金嫩，繁花白雪香。"黄庭坚的诗句："平生习气难料理，爱着幽香未拟回。"王元之的诗句："分与清香是月娥。"谢幼槃的诗句："一树山矾宫样妆，晓风微送雨中香。鼻端空寂谁知许，莫怪狂风取次狂。"

6）花之位置：位于叶底。如曾文清的诗句："青云叶底雪花繁。"祝和甫的诗句："玲珑叶底雪花寒。"

7）花期：多在阴历二月或三月初。如王元之的诗句："春冰薄压枝柯倒。"张季灵的诗句："漫山白蕊殿春光。"

宋人所言山矾与李时珍、陈淏子笔下的山矾相同，亦与现代植物学著作中的山矾科之山矾基本相同，而与海桐科之海桐不同。如果我们再把上引这些材料汇总列表（表2-4），就看得更清楚了。

表2-4　古人对山矾特征描述与现代植物学家对山矾、海桐特征描述之比较

植物特征	宋人 所言山矾	李时珍 所言山矾	陈淏子 所言山矾	现代植物学 所言山矾	现代植物学 所言海桐
生长环境	山岭	山野	山野	山谷或山坡林下	多生于海滨地区
数高	数尺	丈余		1.5～3.5米	

❶　下文所引宋人诗句分别转引自《全芳备祖》卷二十一和《广群芳谱》卷三十一。

❷　冬青（学名llex chinensis）的叶为革质，狭长椭圆形，长约6～10厘米，宽约2～3.5厘米，先端渐尖，边缘有疏生浅圆锯齿，质厚而有光泽，中脉在背后隆起。

植物特征	宋人 所言山矾	李时珍 所言山矾	陈淏子 所言山矾	现代植物学 所言山矾	现代植物学 所言海桐
叶貌	如冬青叶	如栀子叶①	如冬青叶	背面突起，阔披针形，有微齿	呈倒卵形，边缘无齿有反卷性
花之颜色	白色	繁白如雪	白色	白色	多为白色
花之形状	似梅花小底	繁白六出	细小而繁	总状花序，辨六出	伞形
花之气味	有清香味	有芳香味	香馥	有香味	有香味
花之位置	位于叶底			腋生	聚集于小枝顶上
花期	阴历二、三月	阴历三月	阴历三月	三月末四月初	五月中旬
籽核		青黑子		青黑子	红子

① 李时珍说：山矾叶似厄子。厄子叶为长圆披针形，光泽坚强，边缘略有齿。

此外，山矾叶形花色与栀子相近，一些别称又与栀子重叠，有些文献还常常将两者相提并论。为此明人方以智在《通雅》中特别予以澄清：

"山矾者，玚花，春开。而鲁直易名山矾者也。栀子者，夏开六出，薝卜也。四者悬若天壤。栀子染黄以子，而山矾染黄以叶，二物迥殊。……以山矾为栀子谬矣。智按：《七修类稿》以栀子即玉蕊改为山矾。"❶

三、宋代以山矾染色的情况

古代以山矾参与染色得到的色彩，可能相当多，现知的只有黄和黝二色。在宋代，黄色是普通色彩，而黝色则是始终盛行不衰的流行色，所以当时以山矾参与染色非常普遍。

宋代流行的黝色，比较特殊，不同于六朝以前的黝色。据《尔雅·释器》记载："青谓之葱，黑谓之黝。"郭璞注："黝，黑貌。"按《尔雅》释黝次于青后，即谓其色近于青色之黑，而郭注稍嫌浮泛。当以《说文·黑部》释黝"微青黑色"为正。可见六朝以前的黝色，大都是介乎于青黑二色之间的淡黑色。而宋代流行的黝色，应名黝紫，亦名黑紫，是一种色调特别深厚，近于深黑而发红光的黑紫色。其时行用这种黝色的较早记载见于沈括的《梦溪笔谈》卷三：

"熙宁中，京师贵人戚里多衣深紫色，谓之黑紫，与皂相乱，几不可分。"❷

其后是王栐《燕翼诒谋录》卷一和卷五的记载，依次如下❸：

"国初仍唐旧制，有官者服皂袍，无官者白袍，庶人布袍，而紫惟施于朝服，非朝服而用紫者，有禁。然所谓紫者，乃赤紫。今所服紫，谓之黑紫，此为妖，

❶ ［明］方以智. 通雅卷：卷四十二［M］//影印文渊阁四库全书：子部十. 台北：台湾商务印书馆，1983.

❷ ［宋］沈括. 梦溪笔谈［M］. 施适校点. 上海：上海古籍出版社，2015：16.

❸ ［宋］王栐. 燕翼诒谋录［M］. 影印文渊阁四库全书：子部十. 台北：台湾商务印书馆，1983.

其禁尤严。故太平兴国七年诏曰：中外官并贡举人或于绯、绿、白袍者，私自以紫于衣服者，禁之。止许白袍或皂袍。至端拱二年，忽诏士庶皆许服紫，所在不得禁止。而黑紫之禁，则申严于仁宗之时。"

"仁宗时，有染工自南方来，以山矾叶烧灰，染紫以为黝献之，宦者洎诸王无不爱之，乃用为朝袍。乍见者皆骇观。士大夫虽慕之，不敢为也。而妇女有以为衫襦者，言者亟论之，以为奇邪之服，寝不可长。至和七年十月己丑，诏：严为之禁。犯者罪之。中兴以后，驻跸南方，贵贱皆衣黝紫，反以赤紫为御爱紫，亦无敢以为衫袍者。独妇人以为衫襦尔。"

另外，在《宋史·舆服志》中也有相关的记载：

"（皇祐七年）……初皇亲与内臣所衣紫，皆再人为黝色。……言者以为奇邪之服。于是禁天下衣黑紫者。" ❶

按上引《燕翼诒谋录》的两段记载和《宋史·舆服志》中的记载系属一事无疑，可知黝紫即黑紫。"至和""皇祐"均乃嘉祐之误，因为至和、皇祐均无七年，而嘉祐七年的十月十六日恰为己丑，与文中所载之日吻合，可证。

从上引记载来看，在宋代，黝色的最初行用地域大概亦只限于江南两路，后来才向外广为扩展。大约宋仁宗时，北传至当时的汴京。因为其色调庄重优美，很快便得到人们的认可。先是被一些王公贵臣和宦官所推崇，用之于各种日常衣着，随后又推广到社会上的各个阶层，成为服装上的一种流行色。我们知道，宋之章服，多沿唐制，极重紫色（一种偏红的紫色），自其开国不久，即明确规定：惟朝服用紫（赤紫），非此，一律不得擅用。由于黝色的广为行用，不仅影响了当时人们的日常生活，甚至还在一定程度上影响了朝服的色相，冲击了章服制度。为严明章服制度，北宋朝廷在嘉祐七年颁布诏旨，严命禁止。不过这次颁诏后的效果甚微，作用不大。在熙宁九年，不得不再一次颁发诏令，严申禁止滥用黝紫，特别是朝服上用黝紫的规定。可是这次依然不起作用。用者益众，待至宋室南渡之后，其在江南盛行之势，更是一无阻碍了。

四、山矾在染色过程中的作用

山矾在染色过程中具有什么作用？是决定它何以能参与染制的关键，也是我们了解它在这方面的价值时必须探讨的。同我们一般想象得很不一致，山矾在参与染制的过程中，不仅具备直接染色的功效，而且还可以作为媒染剂来使用，以促成染色的实现。不过用山矾直接染色的效果不是很理想，宋人郑松窗七言诗可以为证："不把山矾轻比拟，叶酸而涩供染黄。不著霜缣偏入纸，江乡老少知此名。"因上染效果不好，只能得到极浅的颜色，故这不是山矾的主要用途。再一

---

❶ ［元］脱脱，等著. 宋史［M］. 北京：中华书局，2000：2390.

便是作为媒染剂帮助其他染料着色，这才是山矾参与染色的主要用途。

中国传统的染色工艺，其特点是使用植物染料和媒染剂，即以各种具备染色色素的植物直接作着色材料；对一些具备染色色素，但不能直接染色的植物，则借助于诸如黑色河泥、椿木灰、楸木灰等草木灰或明矾、绿矾、铁浆等作媒染材料来助染。前引黄庭坚"野人采郑花叶染黄，不借矾而成色"以及王柔"以山矾叶烧灰，染紫以为黝"的记载，已说明山矾参与的染制，山矾不仅可以作为直接染料，而且还可以充任媒染剂，即是将山矾叶烧成灰来完成与其他草木灰相似的媒染任务，就像《齐民要术》和《唐本草》等书所说的"灰汁""青蒿灰""柃木灰"一并入染似的。

我们知道，中国古代习用的各种媒染材料，虽所含化学成分每每不同，但亦有其相近之处，一般以含铝元素和含铁元素的为多。这两类媒染剂各有自己的媒染作用。

凡含铝元素的，在媒染下列各种染料时，都可呈现这样的一些明亮色调：

染料	姜黄	槐花	荩草	茜草	苏枋	紫草
染之色	柠檬黄	草黄	淡黄	鲜红	橙红	紫红

凡含铁元素的，在媒染下列各种染料时，都可呈现这样的一些沉暗色调：

染料	姜黄	栀子	荩草	茜草	苏枋	紫草	皂斗	五倍子
染之色	褐黄	暗黄	暗绿	深红	紫褐	紫黑	黑	黑

经现代科学分析，椿木灰、楸木灰中均含有大量的铝元素，而山矾的叶片中恰恰也含有较高的铝 ❶，故山矾灰应系染明亮色调的媒染剂，与多数含铝媒染剂一样，只能用以媒染一些色调鲜艳和亮度较大的色。

五、宋代以山矾参与染黄的工艺

宋代以山矾作为直接染料染黄，采用的是最古老的煮染法，其工艺非常简单，即先将山矾的茎叶切碎，和水发酵，加温成沸煮液，再将坯绸放入其中浸煮上色。

宋代除以山矾直接染黄外，还用其他染料染黄，但以山矾灰媒染的有哪些已无法详考。现尤能推定的只有姜黄（*Curcumadomestica*. Valeton.）。宋代时，这种植物在相当于现今的四川、江西、广东等地都有生长。姜黄的根茎内均含有姜黄素（$C_{21}H_{20}O_6$），俱属直接染料，且俱含媒染基因，如以含铝元素的媒染剂媒

---

❶ 中国大百科全书总编辑委员会. 中国大百科全书：生物卷［M］. 北京：中国大百科全书出版社，1991：1276.

染，则可得柠檬黄色，如以含铁元素的媒染剂媒染，则可得褐黄色❶。有关当时采用这种染料染黄的记载，见于寇宗奭《本草衍义》："今人将（郁金）染妇人衣，最鲜明。……染成衣，则微有郁金之气。"按寇氏原文中未提到姜黄，盖因当时郁金和姜黄分辨不严，往往混淆通用。而郁金无染色价值，只有姜黄具染色价值❷。根据姜黄在宋代的利用情况以及相同的产地和染色最鲜明的效果（当系以铝媒染剂媒染出的柠檬黄）来看，与以山矾参与染制的始源地江西，以及其能媒染出的鲜明黄色之史实，均相符合，当时亦必以之作为山矾的媒染对象，自是不难想见的。

宋代以姜黄为染料、以山矾叶灰为媒染剂的染色工艺亦相当简便，采用的是中国传统染色生产中行之最久和应用最普遍的单媒法，即只以山矾叶灰充任媒染手段。其法或是采用历代传习的同媒方法，即先将姜黄的根茎切碎，和水加温为沸煮液，另以山矾叶灰和水调成灰汁，倒入煮液，搅拌均匀，然后再下坯绸煮染；或是采用历代传习的后媒方法，即先将坯绸置于郁金或姜黄的沸煮液中浸泡，随后移入另行调和的山矾灰汁中媒染。不管选用哪种方法，在染制中，如发现着色不足，都可按相同的工序，重染一二次。使用这两种方法得到的颜色，均为鲜明的黄色。

六、宋代以山矾参与染黝的工艺

宋代以山矾作为媒染剂参与染黝，其工艺比之上述的染黄，相对复杂一些。

前引王栐《燕翼诒谋录》卷一："以山矾叶烧灰，染紫以为黝"的记载，印证了宋代以山矾参与染黝的这一史实，它是我们探讨这项工艺最为重要的材料。但应指出，如果仅从这几个字看，好像只用山矾灰媒染，便可得到具特殊染制效果的黝色，实际上并非如此简单。

中国古代用以染紫的染料，主要有两种：一种是属于紫草科的紫草（学名 *Lithospermum erythrorhizon sieb*，*et* Zucc.）；一种是属于豆科的苏枋（*Caesalpinia sappan*，L.）。紫草根内含乙酰紫草素（$C_{18}H_{18}O_6$），苏枋的心材含苏枋隐色素（$C_{16}H_{14}O_5$），都是典型的媒染染料，它们与含铝元素的媒染剂络合，可分别染得一般的紫红色和橙红色；与含铁元素的媒染剂络合，可分别染得深紫色和褐色。而山矾灰只是含铝元素的媒染剂，如单纯以之媒染这两种染料，不难断定，只能出现紫红色和橙红色这两种颜色，绝不会深化成黝色。

---

❶ 杜燕孙. 国产植物染料染色法［M］. 北京：商务印书馆，1950：182.

❷ 由于郁金和姜黄属于同科，形态又非常相似，自唐宋以来的民间，很多人一直把它们视为同一种植物。唐宋的情况，见宋掌禹锡《嘉祐本草》（《经史证类本草》卷九姜黄条引）。近代有些地方的中药房仍把它们统叫作郁金或统叫作姜黄。

那么宋代以山矾参与染黝的工艺是什么样子呢?

利用媒染剂染色,可仅采用单一的一种媒染剂,也可同时采用多种媒染剂。根据现有资料,中国古代利用媒染染料的染色,无论上染何种深重色调,一直沿袭使用的方法就是这种高于单媒法的套媒法。此法是利用两种或两种以上的媒染剂,由浅色一步步套媒至深色。以选用两种媒染剂为例,其过程一般分三个步骤:

坯绸 $\xrightarrow[\text{铝媒染剂染液}]{\text{第一步}}$ 预媒绸 $\xrightarrow[\text{染料染液}]{\text{第二步}}$ 浅色绸 $\xrightarrow[\text{铁媒染剂染液}]{\text{第三步}}$ 深色绸

第一步,先以能与染料络合,但得色较浅如含铝元素的媒染剂预媒坯绸,使纤维与铝离子以离子键的关系结合。第二步,将已预媒的坯绸入染液染色,使染料与预媒之得的铝络合,染成较浅之色。第三步,再以能得色较深如含铁元素的媒染剂套媒,使铁离子与大部分吸附于丝纤维表面之染料络合,而染成深重之色。

宋代以山矾参与染黝的工艺,应该与此相似,既以含铝元素的山矾叶灰充任媒染剂,也以含铁元素的铁浆或黑色河泥充任媒染剂。可能是先把准备染色的坯绸置入山矾叶灰汁中浸泡,继而再移入紫草或苏枋染浴中染成紫红色或橙红色,最后再移入含铁元素的媒染剂中套媒成近似黑色的黑紫色。从紫红色或橙红色变为黑紫色的根据:一是含铁元素的媒染剂媒染紫草或苏枋,可分别染得深紫色和褐色;二是山矾不仅含铝离子,还含有鞣酸成分,在染色过程中,鞣酸遇铁媒染剂中的铁离子,可在纤维上生成无色的硫酸亚铁,再在空气中形成鞣酸高铁黑色色淀。可惜染黝的具体过程在古籍中无明文记载,只能从前引《宋史·舆服志》所载"初皇亲与内臣所衣紫,皆再入为黝色"这几个字来窥知一二。所谓"紫","再入"为"黝",当即隐含这种媒染工艺不只是用山矾灰媒染过一次,也用含铁元素的媒染剂套媒过一次。在古籍中可以查到类似的染其他颜色的方法,如明代人著的《多能鄙事》所载套媒枣褐色的方法:染枣褐色,用坯绸十两,以明矾一两预媒,以苏枋四两为染料,再以绿矾套媒。

当然,亦不能完全排除用下面两种方法得到黑紫色的可能:

① 以含铝元素的媒染剂媒染紫草或苏枋,得到紫红色或橙红色之后,再以皂斗、五倍子等黑色染液与之拼色来得到黑紫色。

② 以含铁元素的媒染剂直接媒染紫草或苏枋,并经同样的多次浸染来得到黑紫色。

不过,若用皂斗、五倍子等黑色染液拼色,亦必须同时使用含铁元素的媒染剂,否则,皂斗或五倍子等染料也是不能显色的。如是,则亦等于加用含铁元素的媒染剂,与不拼色,只套媒无大区别。而以含铁元素的媒染剂直接媒染得到的

黑紫色，其色调，肯定远逊于以含铝元素和含铁元素的媒染剂套媒之后所能产生的色调。

套媒工艺是中国传统染色工艺中的一项重要发明。使用这种工艺，远比只用一种媒染剂为优。因为其所用的各种媒染剂具有不同的媒染特性，同时用于染制，则不但能使染成品的色调有所改变，而且还能产生只用一种媒染剂根本得不到的异常柔和的色光，使产品具有更多的美感。宋代人大概已相当了解这个道理，其时以山矾灰结合另一种媒染材料，染制当时深受人们欢迎，具有特殊光泽效果的皂色工艺，就是基于这一原理的运用。

七、小结

① 历史上山矾称谓很多，有柂、椋、郑、扬、米囊、春桂和七里香等，宋代文人墨客由于偏爱山矾的形态，常以之作高雅的象征来寄托自己的情感，同时又有感于这些名称过于鄙俚，宋庭坚遂定其名为"山矾"，并被后世接受。

② 文献中有把山矾与海桐或栀子混为一谈的现象，不过李时珍《本草纲目》、陈淏子《花镜》和方以智《通雅》等书，对山矾的形态描述得较为翔实。

③ 山矾作为染色原材料被广为利用出现在宋代。其虽然可以直接染黄，但在染色中多做为铝媒染剂使用。宋代流行的近于深黑而发红光的皂色，便是以山矾做媒染剂染出的。因为这种皂色广为行用，在一定程度上还影响了朝服的色相，冲击了章服制度，以致宋朝廷不得不颁令严申滥用。

④ 宋代以山矾参与染皂的工艺，可能是先把准备染色的坯绸置入山矾叶灰汁中浸泡，继而再移入紫草或苏枋染浴中染成紫红色或橙红色，最后再移入含铁元素的媒染剂中套媒成近似黑色的黑紫色。

第六节 《大元毡罽工物记》所载
羊毛织染史料述

　　《大元毡罽工物记》一书，记载了元代官办毡毯生产机构、皇室所用毡毯名目、生产毡毯所用各种物料，几乎涉及了元代官办毡毯生产的方方面面，反映了当时毡毯和染色生产的真实面貌。尤其难能可贵的是书中采用流水账的记述方法，用言简单，没有任何藻饰，通俗易懂。但是由于时代的悬隔，现存《大元毡罽工物记》缺佚甚多，已非原貌；而且文字也错讹满目，兼之句子中有些蒙古语音译，原本直白明了的记述，在今天变得有些难以释读。有鉴于此，仅就书中主要谈及的纺织生产机构及织染名称予以阐述。

一、《大元毡罽工物记》现存内容梗概

　　《大元毡罽工物记》（下文简称《毡罽》）所记内容为元代皇室历年定制毡罽的情况及所耗工料的数量，其编修目的如篇首所云："毡罽之用至广也。故以之蒙车焉，以之藉地焉。而铺设障蔽之需咸以之，故诸司寺监岁有定制，以给用焉。"❶

　　现遗存的该书正文分为"御用"和"杂用"两篇，分别记载了诸司寺监在某个时间定制毡罽的数量和所用工料的情况。其中内容较详尽的在"御用"篇中有10条，"杂用"篇中有8条。

　　"御用"篇中10条载明的具体时间分别是：大德二年（1298年）七月二十六日、泰定元年（1324年）四月二十四日、泰定元年（1324年）十二月一日、泰定二年（1325年）闰正月三日、泰定三年（1326年）正月二十四日、泰定三年（1326年）六月二日、泰定四年（1327年）正月二十一日、泰定四年（1327年）十二月十六日、泰定五年（1328年）二月十五日、泰定五年（1328年）二月十六日。

　　"杂用"篇中8条载明的具体时间分别是：太宗四年（1232年）壬辰六月、太宗六年（1234年）、中统三年（1262年）、至治三年（1322年）九月十一日、

---

❶ 本文关于《大元毡罽工物记》的引文均据［日］松崎鹤雄. 食货志汇编. 北京：国家图书馆出版社，2008年。

天历元年（1328年）九月八日、天历二年（1329年）三月六日、天历二年（1329年）九月五日、天历二年（1329年）十二月。

在这19条中，有些是明确记载了所制毡毯尺寸、植物染材和其他诸用料名称以及数量，有些只是记载了所制毡毯、植物染材和其他诸用料名称，没记载毡毯尺寸和诸用料数量。为大致反映《毡罽》所载内容，今将《毡罽》中所载泰定年间既明确毡、毯方尺数值，又明确主要物料用量的几条记载归纳入表2-5。

表2-5 《毡罽》中所载泰定年间既明确毡、毯方尺数值，又明确主要物料用量的几条记载归纳①

项 目	泰定元年	泰定二年	泰定三年	泰定四年	泰定五年	合计
毡毯面积	11782.1	3890.7	4357.1	8585.7	2853.3	31468.9
羊毛用量	5875.52	2141.71	2410.72	3504.45	1606.07	15538.47
茜根用量	1589.55	519.42	571.11	233.33	373.7	3287.11
蓝靛用量	2463.52	787.21	1452	399.82	578.39	5680.94
槐子用量	25.43	34.58	38.13	5.64	24.86	128.64
荆叶用量	330.01	207.4	247.7		148.23	933.34
牛李用量	644.16	276.33	307.14	45.14	182.85	1455.62
棠叶用量	694.88	137.86	149.07		99.58	1081.39
橡子用量	736.95	240.55	263.5	39.1	170	1450.1
黄芦用量	483.12	103.7	114.34	16.66	74.73	792.55
白矾用量	881.37	267.79	295.43	124.67	192.26	1761.52
绿矾用量	9.42	13.08	14.87	2.1	3.13	42.6
石灰用量	740.54	77.47	85.74	11.67	52.46	967.88
柴用量	19863.43	6484.91	7321.83	8184.6	4656.13	46510.9
醋用量	634.4	298	230.5	120	152	1434.9

① 表中毡毯面积单位是平方公尺（1公尺＝1米＝3尺），醋用量单位是升，其他质量单位是公斤（1公斤＝1千克）。数值是依据《中国科学技术史·度量衡卷》391、397、398、402页之研究结果，将《毡罽》所载数值换算成公制（其中元代1尺折今1.05尺，元代1斤折今0.61公斤，元代1石折今85公斤）。

《毡罽》系元代官修政书《皇朝经世大典》"工典篇"中"毡罽目"的遗文，《永乐大典》卷4972收录。《毡罽》所载诸司寺监几次定制毡罽时间是1232至1329年，可见该书现存内容除泰定期间的记载或许稍微全面一些外，其他年间的记载要么全部散佚，要么仅仅只有一次。尽管如是，书中对当时毡罽生产所用羊毛和植物染材诸物料记载之翔实，却是古文献中比较少见的，相当直观地展示了元代前中期时的毡罽生产和染色情况。

二、所载官办毡罽生产机构

元代官办手工业的设立时间，可追溯到蒙古统治者在建元之前的蒙古汗国时期，当时在北方出现了许多从事手工业生产的局院。到元朝建立时，官府辖管的手工业局院陆续遍及全国各地，形成了一套比较完备的官手工业系统，并确立了在手工业的主导地位。《大元毡罽工物记》所载纺织品，皆是由政府直接控制的工部系统、将作院系统、大都留守司系统、斡耳朵系统及地方政府系统等官手工业系统生产。

（1）工部系统。工部始立于世祖中统元年，主要"掌天下营造百工之政令。凡城池之修浚，土木之修葺，材物之给受，工匠之程式，铨注局院司匠之官，悉以任之。"[❶] 其所属生产性机构主要有诸色人匠总管府、诸司局人匠总管府、提举右八作司、诸路杂造局总管府、大都人匠总管府、提举都城所、受给库、符牌局、撒答剌欺提举司等，涉及雕刻、塑造、纺织、冶炼、铸造及城池修缮等方方面面。《毡罽》中所载大德二年（1298）七月二十六日工部奉旨造察罕脑儿寝殿地毡5扇，即应为诸司局人匠总管府下大都毡局或剪毛花毯蜡布局所造。察罕脑儿是元朝著名的行宫之一，位于河北省沽源县闪电河乡。元代确立两都后，以燕京（今北京）为大都，开平城（今内蒙古正蓝旗）为上都。从元世祖忽必烈开始，建立了两都巡幸制度，为了方便两都之间往来，也为了游猎生活的需要，忽必烈在上都东西两侧建立两座行宫，一座位于多伦白城子，称为"东凉亭"，一座位于沽源县小宏城子村的察罕脑儿行宫，也叫"西凉亭"。每年农历四月，元朝皇帝从大都出发，路经察罕脑儿行宫时，都要驻跸几日，或骑马打猎或大宴群臣。农历八月从上都返回时也要在这里停留数日。

（2）将作院系统。将作院为至元三十年（1293）始置，主要掌"成造金玉、珠翠、犀象、宝贝、冠佩、器皿，织造刺绣段匹纱罗，异样百色造作"[❷] 等。其下属的纺织管理和生产机构有漆纱冠冕局、异样纹绣提举司、绫锦织染提举司、纱罗提举司、纱金颜料总库。《毡罽》中所载泰定元年（1324）织造察赤儿铺设毛毯7扇、泰定二年（1325）织造北平王那木罕影堂铺设毯15扇、天历元年织造苫宝簟毡1扇的机构"随路诸色民匠都总管府"，当初即归属于将作院。"察赤儿"即游牧民族的"帐幕"或"蒙古包"。另据《元史》，"掌仁宗潜邸诸色人匠。延祐六年，拨隶崇祥院，后又属将作院。至治三年时，归隶工部。"[❸] 表明在一段时期内，将作院还掌"仁宗潜邸诸色人匠"。

（3）大都留守司系统。大都留守司为至元十九年置，"掌守卫宫阙都城，调度本路供亿诸务，兼理营缮内府诸邸、都宫原庙、尚方车服、殿庑供帐，内苑花木，及行幸汤沐游之所，门禁关钥启闭之事"[❹] 设有留守、同知、副留守、判

---

❶ ［明］宋濂. 元史［M］. 北京：中华书局，1976：2141.

❷ ［明］宋濂. 元史［M］. 北京：中华书局，1976：2225.

❸ ［明］宋濂. 元史［M］. 北京：中华书局，1976：2147-2148.

❹ ［明］宋濂. 元史［M］. 北京：中华书局，1976：2177.

官、经历、都事等。《毡罽》中所载泰定三年（1326）六月二日造西宫鹿顶殿铺设地毯大小 2 扇的仪鸾局，即归其下辖。这个局的职责是掌"殿庭灯烛张设之事，及殿阁浴室门户锁钥，苑中龙舟，圈槛珍异禽兽，给用内府诸宫太庙等处祭祀庭燎，缝制帘帷，洒扫掖庭" ❶ 等事项。《毡罽》中所载泰定四年（1327）十二月十六日大都留守司奉旨造皇宫内铺设地毯 4 扇，具体的生产机构当也是仪鸾局。

（4）斡耳朵宫帐系统。斡耳朵，蒙古语原意为宫帐。成吉思汗时建斡耳朵宫帐制，设大斡耳朵及第二、第三、第四等四大斡耳朵，分别属于四个皇后。大汗的私人财富，分属四斡耳朵。大汗死后，由四斡耳朵分别继承。元朝建立后，为成吉思汗四大斡耳朵先后设置 4 所总管府和 1 所都总管府，下辖提举司、长官司和各种造作局，经办各种农副产品与手工业品，以满足四大斡耳朵及属下生活的需要。元世祖也设有四大斡耳朵，同样也占有大量财富和私属人口。成宗以后，诸帝的后妃都另设专门机构，主管斡耳朵属下的户口、钱粮、营缮等事 ❷。元代前期的斡耳朵宫帐系统，机构分支不多，而在元代中后期，机构分支渐多，在元代官办手工业中的影响亦越来越大，如至元七年所设立的管领诸路怯怜口民匠都总管府，初隶于政府。到至元十四年，以所隶户口善造作，属中宫。❸ 其下所辖之织染局、杂造局、衣锦局等，多有能工巧匠，所造手工制品，皆供后妃之用。《毡罽》中所载泰定三年（1326）织造速哥答里皇后寝殿用地毯 6 扇、泰定四年（1327）织造撒八剌皇后寝殿柱廊铺设的机构，便是至元十五年（1278）设置，最初叫尚用监，后改称中尚监，其主要职责是掌管大斡耳朵位下的各种事务。《毡罽》中所载泰定元年（1324）奉令造英宗皇帝影堂铺设的青塔寺，则属后妃名下。另据《元史》载，忽必烈时设立的"随路诸色民匠打捕鹰房都总管府"，统掌"四斡耳朵位下户计民匠造作之事"。其人员编制为："达鲁花赤二员，都总管一员，同知一员，副总管二员，经历、知事、提控案牍各一员，令史四人，奏差二人。至元二十四年置。官吏不入常调，凡斡耳朵之事，复置四总管以分掌之。" ❹《毡罽》中也曾提到这个机构，惜只有前文"至元十五年，管领随路诸色民匠打捕鹰房总管府"一句，后面的内容全部散佚。

（5）地方政府系统。据《元史》记载，地方各路、府、州、县均设有手工业局院。其中纺织手工业局院见于《元史·百官志》的有：涿州罗局、晋宁路织染提举司、冀宁路织染提举司、真定路织染提举司、中山织染提举司、深州织染局、弘州人匠提举司、云内州织染局、大同织染局、朔州毛子局、恩州织染局、

❶ ［明］宋濂. 元史［M］. 北京：中华书局，1976：2182.

❷ 云峰. 中国元代科技史［M］. 北京：人民出版社，1994：180.

❸ ［明］宋濂. 元史［M］. 北京：中华书局，1976：2258.

❹ ［明］宋濂. 元史［M］. 北京：中华书局，1976：2267.

保定织染提举司、永平路纹锦等局提举司、大宁路织染局、云州织染提举司、顺德路织染局、彰德路织染人匠局、怀庆路织染局、宣德府织染提举司、东圣州织染局、阳门天城织染局等数十个。这些地方政府控制的纺织生产工厂，有的规模是相当大的。《元史·镇海传》载："收天下童男童女及工匠，置局弘州。既而得西域织金绮纹工三百余户，及汴京织毛褐工三百户，皆分隶弘州，命镇海世掌焉"。❶ 王允恭《至正四明续志》载：庆元（治所在今浙江宁波）织染局，拥有土库 3 间、库前轩屋 3 间、厅屋 3 间，前轩厅后屋 1 间，染房 4 间，吏舍 3 间，络丝堂 14 间，机房 25 间，打线场屋 41 间，土祠 1 间，计 98 间 ❷。《毡罽》中所载太宗四年（1232）毡匠岁织长一丈六尺翰耳朵大毡 4 片的云内、东胜二州织染局，即属地方政府系统。

上述各系统毡罽生产能力之强在表 2-5 的统计数据中得到充分表现。而各系统生产毡罽质量之精，在《毡罽》中亦有所反映。蒙古人的帐幕，大者里面往往有许多柱子，特别是皇室帐幕内的柱子修饰非常讲究。《毡罽》载：泰定四年（1327）十二月十六日，宦者伯颜察儿、留守剌哈岳罗、鲁米只儿等奉旨，制作二十脚柱廊，每个"柱廊胎骨上下板用绢裱之，上画西番莲，下画海马，柱以心红油而青其线缝龙"。元代曾任翰林侍制兼国史院编官的柳贯，在《观失剌翰耳朵御宴回》一诗中曾对超大型帐幕有过生动描述，云："毳幕承空柱绣楣，彩绳亘地掣文霓。辰旗忽动祠光下，甲帐徐开殿影齐。芍药名花围簇坐，葡萄法酒拆封泥。御前赐酺千官醉，恩觉中天雨露低。"自注云："车驾驻跸，即赐近臣洒马妳子。御筵设毡殿，失剌翰耳朵，深广可容数千人。"❸ 文中"失剌翰耳朵"，系蒙古语，汉意为黄色宫帐，亦称金帐，为皇帝行宫。其外施黄毡，内以黄金抽丝与彩色毛线织物为衣，柱与门以金裹，钉以金钉，冬暖夏凉，深广可容数千人，极其华贵宽阔，是为蒙古帐幕之极致。《毡罽》中所载"泰定五年（1328）二月十六日，随路诸色民匠都总管府奉旨，造上都棕毛殿铺设地毯二扇"之"棕毛殿"，被马可波罗称为"竹宫"，即是失剌翰耳朵式的大宫帐，其"外墙用木、竹制成，用毡覆盖，帐顶饰以织金锦缎"❹。当时到过蒙古汗国的不少外国人对失剌翰耳朵都极为称奇，如《柏朗嘉宾蒙古行记》对大汗宫殿的描述："当我们到达那里时，人们已经搭好了一个很大的紫色帆布帐篷，这个帐篷大得足以容纳两千多人。四周围有木板栅栏，木板上绘有各种各样的图案"❺。《克拉维约东使记》对汗帐的描述："高大而有四角者为汉帐。汉帐之高，约三根支柱高。自帐

❶ ［明］宋濂. 元史［M］. 北京：中华书局，1976：2964.

❷ 胡小鹏. 中国手工业经济通史：宋元卷［M］. 福州：福建人民出版社，2004：648.

❸ ［清］顾嗣立. 元诗选：初集卷33［M］//影印文渊阁四库全书：集部八. 台北：台湾商务印书馆，1983.

❹ 叶新民. 元上都研究［M］. 呼和浩特：内蒙古大学出版社，1998.

❺ 柏朗嘉宾. 柏朗嘉宾蒙古行记［M］. 耿昇，何高济，译. 北京：中华书局，1985：102.

之一端至彼端之长度有三百步。……总计全帐内用大小支柱三十六根支撑，由五百根红色绳索系住帐角。汗帐之内，四壁饰以红色彩绸，鲜艳美丽，并于其上加有金锦。帐之四隅，各陈设巨鹰一只。汗帐外壁复以白、绿、黄色锦缎，帐顶之四角各有新月银徽，插在铜球之上。另有类似望楼之设置，高出帐顶，有软梯悬挂之下，可以自此爬出。"❶

在很多人的印象中，各官营生产机构生产的产品主要是为皇室和官僚使用，由于不是为了盈利，因此为追求产品的精致和豪华，生产时不惜浪费。实际情况和人们的印象有些出入，朝廷对生产有一套严格的管理制度，各官营生产机构的生产也并非不用考虑成本随意进行，他们所需生产用料的数量是被严格控制的，而且往往要经审核后方能得到。元代的审核部门就是《毡罽》中出现的"覆实司"，其职责是"总和顾和买、营缮织造工役、供亿物色之务"❷。以染色用柴为例，一般为"验羊毛一斤，用硬柴一斤半"。

三、所载毡罽名目

毛织品中的毡、毯，生产历史悠久，并由于其既具有保温祛湿，又兼备抗风透气等特点，长期以来一直是我国北方少数民族游牧生活中的必需品。蒙古族入主中原后，仍保留他们传统生活习惯，诸如铺设、屏障、庐帐、蒙车、装饰等物均用毡、毯，因而官方对毡毯生产非常重视，不仅每年毡、毯产量之高远超前朝历代，毡、毯的品种也大为增加。下面仅就《毡罽》所载品种分述之。

1. 所载毡、毯之纤维原料

《毡罽》所载的毡、毯品种，按原料可分为白羊毛、青羊毛、驼毛及绒毛4类。其中白羊系绵羊种；青羊系山羊种，亦称为羖羊；驼毛系骆驼毛；绒毛系羊毛或驼毛下的细绒，即长粗毛根部的一层薄薄的细绒。毛纤维的品质除与品种有关外，与采剪毛的季节也有很大关系。以羊为例，一般来说在一年当中可以剪毛2~3次。对此，早在《齐民要术》中就已有非常详细的阐释。谓："白羊三月得草力，毛床动则铰之。铰讫，于河水之中净洗羊，则生白净毛也。五月毛床将落，又铰取之。铰讫，更洗如前。八月初，胡枲子未成时，又铰之，铰了亦洗如初。"山羊不耐寒，只能在"四月末、五月初铰之。早铰，寒则冻死"。还特别指出第三次剪毛最好在八月初以前，此时，许多易沾附在羊毛上的植物尚未长成，剪下的羊毛较干净，易加工。如果在"胡枲子成熟铰者"，则"罪直著毛难治"，而且"比至寒时，毛长不足，令羊受损"。不得不在八月半后铰者，不能洗，否则"白露已降，寒气侵人，洗即不益"。漠北寒冷地区每年只能剪两次，即"八

---

❶ 柏克拉维约. 克拉维约东使记 [M]. 杨兆君, 译. 上海：商务印书馆, 1947：144-145.

❷ [明] 宋濂. 元史 [M]. 北京：中华书局, 1976：2284.

月不铰，铰则不耐寒"。[1] 就品质而言，秋天采剪的毛纤维最佳。这是因为羊或骆驼在水草丰盛的夏天，体质处于一年中最好的状态，毛纤维的品质自然也优于其他季节。制毡时，春毛和秋毛往往按一定比例掺和在一起用，其原因亦如贾思勰所言："春毛秋毛，中半和用。秋毛紧强，春毛软弱。独用大偏，是以须杂"。这也是《毡罽》中多处明确标明原料里有"上等荒秋青、白羊毛"的原因。

2. 所载毡类品种

《毡罽》所载的毡类品种计有：入药白毡、入药白矾毡、无矾白毡、雀白毡、脱罗毡、青红芽毡、红毡、染青毡、白韂毡、白毡胎、大毡、毡帽、毡衫、胎毡、帐毡、毡鞍笼、绒披毡、白羊毛毡（内有药脱罗毡、无药脱罗毡、里毡、扎针毡、鞍笼毡、裁毡、毡胎、好事毡、披毡、衬花毡、骨子毡）、悄白毡（内有药脱罗毡、无药脱罗毡、里毡、杂使毡）、大糁白毡（内有脱罗毡、里毡、裁毡、毡胎、披毡、杂使）、熏毡、染青小哥车毡、大黑毡（内有布答毡、好事毡）、染毡（内有红、青、柳黄、绿、黑、柿黄、银褐）、掠毡（内有青、红色）、白厚五分毡、青毡、四六尺青毡、苦宝篸毡、懞鞍花毡、制花掠绒染毡、海波失花毡、妆驼花毡等。其中较生僻的品种有：

（1）入药白毡。为防止虫蛀在生产过程中加入药材的毛毡。根据《毡罽》提到制作入药白毡两处的用料中均出现寒水石，而制作其他毡的用料中则没有出现的情况分析，所入之"药"似应为寒水石。本草中的寒水石，是硫酸盐的天然晶体，有泄热、消肿、止痛之疗效。中国古代为防虫蛀在毡中加入药材的具体时间从何时开始，现已很难断定。但为防止纸张遭虫蛀，在造纸过程中加入药材的工艺很早即已出现，如六朝期间流行一种经过加工的黄色纸，称为染黄纸，所用料为内含生物碱具有防虫功能的黄柏皮，敦煌石室就曾发现大量的这类黄纸经卷。据此判断，中国古代为防虫蛀在毡中加入药材的时间，应该早于染黄纸。

（2）入药白矾毡。在制毡过程中，既加入寒水石，又加入白矾的毡。白矾，又名明矾、钾矾，成分是含有结晶水的硫酸钾和硫酸铝的复盐。尽管其既具有抗菌之药用，又可做染料的媒染剂，但加在毡中的作用主要是使羊毛柔化和膨松。犹如炸油条（饼）的面粉中要加入少许明矾，才能在炸的过程中一下子就膨松起来。

（3）脱罗毡。"脱罗"疑为与"普罗"大小厚度相近，用下等绒毛为原料制成的细毡。蒙古人最重马乳，自天子下各以脱罗毡置撒帐为取乳室[2]。明曹昭《格古要论》载："普罗，出西番及陕西，甘肃亦用绒毛织者，阔一尺许，与洒海剌相似，却不紧厚，其价亦低。洒海剌，出西番，绒毛织者，阔三尺许，厚如毡，

❶ ［北魏］贾思勰. 齐民要术：卷6［M］. 北京：中华书局，1956.

❷ ［清］姜宸英. 湛园札记：卷3［M］//影印文渊阁四库全书：子部十. 台北：台湾商务印书馆，1983.

西番亦贵。"❶《说郛》载："姚月华赠杨达洒海剌二尺作履，履霜。霜应履而解，谓是真西蕃物也。"❷

（4）白袜毡。用于制袜的细薄毡。白袜，即白袜。

（5）毡衫、胎毡。用绒毛制成的细毡。

（6）扎针毡。毡表面有一层远厚于普通毛毡的绒毛。其加工方法是利用带有倒刺的刺针，经过不断的戳刺让毡表面的绒毛翻出。类似于今天扎针起绒的方法。

（7）大糁白毡。一种特别白的毛毡，其白犹如一句宋词所形容："吹尽杨花，糁毡消白。"❸加工如此白的毡，毛纤维的漂洗非常关键。从《毡罽》所载用料中有羊筋、羊头骨、落藜灰来分析，当时已利用生物酶漂洗羊毛。用生物酶漂洗剂的方法出现在唐代，李时珍《本草纲目》引陈藏器《本草拾遗》云：猪胰"又合膏，练缯帛"❹。猪胰含大量的蛋白酶，而蛋白酶水解后的激化能力较低，专一性强。油脂对蛋白酶具有不稳定性，易被酶分解。孙思邈《千金翼方》记载了用猪胰制澡豆的方法："以水浸猪胰，三、四度易水，血色及浮脂尽，乃捣"❺。澡豆是古代爽润肌肤的用品，作用同现在的肥皂。明代《多能鄙事》记载了一种制作漂洗剂的方法，谓："猪胰一具，同灰捣成饼，阴干。用时量帛多少，剪用稻草一条，折作四指长条，搓汤浸帛。"❻与孙思邈所记澡豆法很接近，差别是明代漂洗剂中加入了草木灰。《多能鄙事》与《毡罽》成书时间相差不过数十年❼，所载可作元代利用生物酶漂洗羊毛之旁证。

（8）悄白毡。白色调，有别于大白色的毡。疑为近月白色调的毡。

（9）熏毡。为防止毛毡生虫，将毡放在某种动植物的烟上熏。古代用于此目的制烟的动植物很多，李时珍《本草纲目》即载有一方，谓："鳗鲡（白鳝）所主诸病，其功专在杀虫去风耳。与蛇同类，故主治近之。《稽神录》云：有人病瘵，相传染死者数人。取病者置棺中，弃于江一女子，犹活。取置渔舍，每以鳗鲡食之，遂愈。因为渔人之妻。张鼎云：烧烟熏蚊，令化为水。熏毡及屋舍竹木，断蛀虫。置骨于衣箱，断诸蠹。观此，则《别录》所谓能杀诸虫之说，益可

❶ ［清］陈元龙. 格致镜原：卷27［M］//影印文渊阁四库全书：子部十一. 台北：台湾商务印书馆，1983.

❷ ［明］陶宗仪. 说郛：卷32上［M］//影印文渊阁四库全书：子部十. 台北：台湾商务印书馆，1983.

❸ ［宋］王质. 雪山集：卷16［M］//影印文渊阁四库全书：集部四. 台北：台湾商务印书馆，1983.

❹ ［明］李时珍. 本草纲目［M］. 柳长华，柳璇校注. 北京：中国医药科技出版社，2011：1349.

❺ ［唐］孙思邈. 千金翼方［M］. 太原：山西科学技术出版社. 2010：84.

❻ ［明］刘基. 多能鄙事：卷四［M］//任继愈. 中国科技典籍通汇：技术卷第一分册［M］. 开封：河南教育出版社，1994. 390.

❼ 所引蓝靛染液配制方法，杜书原文是："1）绿矾染液法；2）锌粉石灰染液法；3）保险粉染液法；4）发酵染液法。"因杜书特意指出锌粉可用铁粉代替，而且效果不次于锌粉。考虑中国古代用铁作媒染剂更普遍，故将"2）"中"锌粉"改之为"铁粉"。

证矣。"❶ 鳗鲡，即白鳝，又名蛇鱼、风鳗、鳗鱼、白鳗、青鳝。

（10）制花掠绒染毡。此种毡可能就是现在一些少数民族地区仍在生产的擀花毡，其法是用原色羊毛或染色羊毛，在黑色羊毛或白色羊毛为底的毡基上摆成各种图案后擀制而成，也称"压花毡"或"嵌花毡"。

（11）白厚五分毡和四六尺青毡。分别是固定厚度和长宽尺寸的毡。为防止工匠偷工减料，《毡罽》中特地注明了青毡每尺用毛重量，即普通青毡每尺用秋荒青羊毛九两；四六尺青毡每尺用秋荒青羊毛七斤。

（12）衬花毡。用彩色毛布剪成各种图案，缝绣在素毡上。

（13）海波失花毡。"海波失"为何意不祥，疑为一种印花图案形状。

（14）妆驼花毡。其上图案是用彩线在色毡上绣出，亦即绣花驼毛毡。

3. 所载毯类品种

《毡罽》所载的毯类品种计有：绒裁毡、毛毯、剪绒花毯、地毯、铺设毯、杂用铺陈毯、白毯廉、剪绒毯、剪绒花毯、掠绒剪花毡等。其中需要稍作解释的有：

（1）绒裁毡。即裁绒地毯，特点是毯基（俗称纬板）挺实，毯背耐磨，毯面弹性强而牢固。它以本色毛线作经纬线，用彩色毛纱裁绒。内在结构是双经双纬组织，织作时在前后两根经线组成的一个经头上，用毛纱打一个"8"字形裁绒结，用刀斫断，行话叫"拴头"；沿纬向自左至右逐个经头打结，打完一层后，然后由前后两经间过一根横向直粗纬，用铣耙砸平，再沿前后经外缘过一根横向弯曲细纬并砸实，最后用荒毛剪将毛线头剪平剪齐，行话称"剪荒毛"；至此为编织一道，整块地毯就是这样一道道编织而成的。案：毡、毯用途相近，元代时，对毡、毯的称谓不像现在这么分明。

（2）剪绒毯。运用工具进行毯面整平处理，以纠正裁绒斫绒不齐，高低不平等因素，对超过标准厚度的裁绒面进行切割、剪平，使绒层厚薄一致，毯面平整光滑。

（3）剪绒花毡。因对毡面不可能进行剪绒处理，故此剪绒花毡应是剪绒花毯。

（4）掠绒剪花毡。与剪绒花毡一样应为掠绒剪花毯。这种毯在制作过程中可能采用了类似近代称为"剪片"的工艺，即运用工具修整织毯过程中造成的花形不美、线条不流畅等缺陷，使花纹更加清晰，生动、完美。

四、所载染料及诸物料名目

《毡罽》所载染料及诸物料名目计有：茜根、淀、槐子、黄芦、荆叶、牛李、

---

❶ ［明］李时珍. 本草纲目［M］. 柳长华，柳璿，校注. 北京：中国医药科技出版社，2011：1243.

棠叶、橡子、栀子、桦皮、白及、白矾、绿矾、落藜灰、花碱、石灰、醋、黄蜡、寒水石、松明子、羊筋、羊头骨、小油、大麦面、木炭、柴。其中需要稍作解释的有：

（1）茜根。即茜草，古代使用最广泛的红色染料，有 40 余种别名。如《尔雅·释草》所谓："茹藘，茅蒐。"晋郭璞注云："今之蒨也，可以染绛。"邢昺疏曰："今染绛蒨也，一名茹藘，一名茅蒐。……陆机云：一名地血，齐人谓之牛蔓。"❶在春秋两季均可采挖（春季所采茜草，因成熟度不够，质量远不如秋季所采），以根部粗壮呈深红色者为佳。鲜茜草可直接用于染色，也可晒干贮存，用时切成碎片，以温汤抽提茜素。茜草所染织物，红色泽中略带黄光，娇艳瑰丽，而且染色牢度较佳。由于生态环境的不同，各地区所产茜草的色素含量和所染颜色明艳度是有差异的。《毡罽》中标明的所用茜根产地有四处：一是回回茜根，即宁夏地区所产，其染色所得颜色之明艳较别地所产为佳。元人马祖常《河西歌》赞云："贺兰山下河西地，女郎十八梳高髻，茜草染衣光如霞，去召瞿昙作夫婿"❷。"贺兰山下"即西夏首府所在地。二是西蕃茜根，即西域一带所产。三是哈喇章茜根，即云南所产。四是陕西茜根。

（2）淀。即蓝草制成的蓝靛。我国制造靛蓝的技术，起始于何时，不见记载，但从秦汉两代人工大规模种植蓝草的情况推测，估计不会晚于这个时期。待至三国以后，即已基本成熟。北魏贾思勰在其著作《齐民要术》卷 5 "种蓝"条中曾详细记载了当时用蓝草制靛的方法。用蓝靛染色时，因蓝靛是不溶于水、弱酸和弱碱的，欲用它制成染液上染纤维，须将其还原成溶于碱性水的靛白。纤维在靛白染液浸泡后，靛白着附在纤维上，经空气氧化，靛白复又氧化成蓝靛，并与纤维牢固地结合在一起，从而实现染蓝之目的。根据杜燕孙《国产植物染料染色法》一书总结的几种蓝靛染液配制方法❸，古代普遍使用的是：①绿矾染液法；②铁粉石灰染液法❹；③发酵染液法。从《毡罽》所载诸物料名目中出现绿矾、石灰、黑沙块子灰（含铁）、大麦面来分析，元代时这三种染蓝方法运用得都很普遍。

（3）黄芦。就"芦"字而言，此"黄芦"似乎是指禾本科植物芦苇，而且在民间确实有用它染色的。方法是：将芦苇剪成小段，加水煮沸 20 分钟，过滤放入染布，以明矾水媒染，可得黄色调，如以铁或铜媒染可得深橄榄绿色。不过在

❶ ［晋］郭璞注，［宋］邢昺疏. 尔雅注疏［M］. 上海古籍出版社，1990：134.

❷ ［清］顾嗣立. 元诗选：初集卷33［M］//影印文渊阁四库全书：集部八. 台北：台湾商务印书馆，1983.

❸ 杜燕孙. 国产植物染料染色法［M］. 北京：商务出版社，1960：30.

❹ 所引蓝靛染液配制方法，杜书原文是："1）绿矾染液法；2）锌粉石灰染液法；3）保险粉染液法；4）发酵染液法。"因杜书特意指出锌粉可用铁粉代替，而且效果不次于锌粉。考虑中国古代用铁作媒染剂更普遍，故将"2）"中"锌粉"改之为"铁粉"。

文献中尚未发现用它染色的记录。因此，此"黄芦"应是至少在唐代就已用来染黄的漆树科"黄栌"。根据一，古文献中有黄栌染色的明确记载，《本草纲目》"黄栌"条："黄栌生商洛山谷，四川界甚有之。叶园木黄，可染黄色。"❶根据二，《天工开物》说用其染色可得金黄色，其方法是："芦木煎水染，复用麻稿灰淋，碱水漂。"❷。尊贵的黄色是皇室偏爱的色彩，不仅中国古代如是，日本受中国影响，也是如是。日本《延喜式》记载：自嵯峨天皇（786～842年）以来黄袍色彩的制作材料为"绫一匹、栌十四斤、苏芳十一斤、酢二升、灰三斛、薪三荷。"❸《毡罽》所载毡毯，皆为皇室用物，其颜色尤其是黄色必用特定的染料。根据三，《天工开物》中"黄栌"写作"芦木"，而现存《毡罽》系《永乐大典》辑录，可见在元、明两代"栌""芦"常常混用。

（4）棠叶。系蔷薇科棠梨树的枝叶，可染绛色。早在南北朝时，用棠叶染色就非常普遍，贾思勰《齐民要术》中有种棠及用棠染色的记载，云："棠熟时，收种之。否则春月移栽。八月初，天晴时，摘叶薄布，晒令乾，可以染绛。必候天晴时，少摘叶，乾之；复更摘。慎勿顿收：若遇阴雨则浥，浥不堪染绛也。"❹

（5）荆叶。马鞭草科荆属落叶灌木，种类很多，有牡荆、黄荆、紫荆等，枝叶中含单宁，用于染褐色及黑色。其用于染色的最早记载见于唐代《本草拾遗》，在元代《多能鄙事》中则有"染荆褐"一条，谓："（以练帛十两为率）以荆叶五两，白矾二两，皂矾少许，先将荆叶煎浓汁，矾了绢帛，扭干，下汁内，皂矾看深浅渐用之。"❺在今人总结出的古代十多种最常用植物染料中，棠叶和荆叶都不在其中，但就《毡罽》所载这两种染料出现次数和使用量而言，毫无疑问，棠叶、荆叶当也是古代最常用的植物染料之一。

（6）桦皮。桦木科树木外皮，含儿茶质单宁。染色方法是：将纤维在染液中长时间浸渍或沸煮，然后再以媒染剂媒染；或先以媒染剂媒染，再入染液。铝媒染剂媒染可得黄棕色，铁媒染剂媒染可得红棕色。桦皮作为染料使用应该由来已久，惜它书不见记载，惟《毡罽》中有明确注明。

（7）白及。兰白科白及属的多年生草本植物。在古代，白及除入药外，由于其根茎含胶质，富黏性，还有几个主要用途：一是用于碑帖制作用料；二是装裱字画用料；三是字画作旧用料；四是印泥制作用料；五是垒丝工艺用料。未见其

❶ ［明］李时珍. 本草纲目［M］. 柳长华，柳璇，校注. 北京：中国医药科技出版社，2011：1026.

❷ ［明］宋应星. 天工开物［M］. 广州：广东人民出版社. 1976：114.

❸ 转引自曾启雄《〈天工开物〉之色彩记载释疑》. 科技学刊. 2000，9（4）：343.

❹ ［北魏］贾思勰. 齐民要术：卷6［M］. 北京：中华书局，1956：67.

❺ ［明］刘基. 多能鄙事：卷4［M］//任继愈. 中国科技典籍通汇：技术卷第一分册［M］. 开封：河南教育出版社，1994. 390.

作染料之用，故疑其在毡罽生产中或是作为制作印花浆的用料，或是作为固色剂使用。

（8）黄蜡。即蜂蜡，苏东坡《蜡梅一首赠赵景贶》诗云："蜜蜂采花作黄蜡，取蜡为花亦寄物。"❶《毡罽》中所载的黄蜡，应不是用于防染印花，而是涂刷在毡、毯背面以提高隔湿防潮之功效。古代黄蜡纸之用途以及南朝《世说新语》所载"阮遥集好屐。……或有诣阮，见自吹火蜡屐，因叹曰：未知一生当箸几量屐"❷，皆可作为这种观点的旁证。"自吹火蜡屐"，就是在木屐上涂蜡。

（9）绿矾。亦称青矾、皂矾、涅石，铁媒染剂，成分为硫酸亚铁。媒染原理是其铁离子与染液中的黄酮类、萘醌类、单宁类成分发生化学反应生成黑色色素，与所染纤维亲和在一起。这种加入铁盐染缂的工艺，不是染液与被染物上原有染料的简单结合，而是通过化学反应形成不同于原先的颜色。早在春秋时期绿矾就已被用于染色。《论语·阳货》有"涅而不缁"之语❸，《淮南子·俶真训》有"今以涅染缁，则黑于涅"❹之文，均说明染黑时染液中要加入了"涅"。涅是什么？《说文解字》："黑土在水中者也。"❺黑土，即含铁离子的河泥。

（10）白矾。亦称明矾，铝媒染剂，主要成分是含水硫酸铝钾。中国利用铝媒染剂的历史亦可追溯至春秋战国时期，但那时所用铝媒染剂多为含铝离子的草木灰。至于我国何时开始利用自然界中的白矾石炼制白矾，进而使用白矾，则还有待进一步研究。因为中国早期典籍中往往只泛言矾石，而不明确说明是白矾抑是皂矾、黄矾。不过，在大约成书于西汉后期的丹经《太清金液神气经》中，在炼制"一化白辉丹"的单方里已明确说明使用白矾❻。

（11）花碱。从蒿蓼草灰浸取出的碳酸钾。其制造方法《本草纲目》中有记载："石碱，又名灰碱、花碱。状如石类碱，故亦得碱名。出山东济宁诸处。彼人采蒿蓼之属，开窖浸水漉起晒干烧灰，以原水淋汁。每百引入粉面二三斤，久则凝淀如石。连汁货之四方，浣衣发面，甚获利也。"❼

（12）大麦面。将被染物先在面粉水中过一遍，再入染液，可起到缓染效果，从而达到染色均匀。在《天工开物》"染毛青布法"中有类似的染色工艺记载，云："取松江美布染成深青，不复浆碾。吹干，用胶水参豆浆水一过。先蓄好靛，名

---

❶ 苏轼. 东坡全集：卷20［M］//影印文渊阁四库全书：集部三. 台北：台湾商务印书馆，1983.

❷ ［南朝宋］刘义庆. 世说新语：卷中之上［M］//影印文渊阁四库全书：子部十二. 台北：台湾商务印书馆，1983.

❸ 论语［M］. 李明阳，译注. 合肥：黄山书社，2010：194.

❹ ［汉］刘安. 淮南子［M］. 杨有礼注说. 开封：河南大学出版社，2010：152.

❺ ［汉］许慎. 说文解字［M］. 北京：中华书局，1993：231.

❻ 赵匡华，周嘉华. 中国科学技术史：化学卷［M］. 北京：科学出版社，1998：512.

❼ ［明］李时珍著. 本草纲目［M］. 柳长华，柳璇校注. 北京：中国医药科技出版社，2011：231.

曰标缸，入内薄染即起，红焰之色隐然。"❶

五、小结

《毡罽》所记虽为一笔笔流水账，但用语简洁明了，内容丰富。仅现存文字中出现的毡罽名目便有六七十种，毡罽颜色有十多种，染料和其他用料名目有二三十种，生产机构名称有十多处，几乎述及了当时皇室毡、罽的使用情况和毡、罽生产的方方面面。其史料价值除表现在羊毛织染技术方面外，至少还表现在下面几个方面：

其一，很早就被蒙元史研究者看重。史学大师王国维在蒙元史研究方面的卓越成就迄今无人比及，1916年，他将徐松、文廷式从《永乐大典》中抄出的元《经世大典》遗文《大元马政记》《大元仓库记》《大元毡罽工物记》《元代画塑记》《元高丽纪事》《大元官制杂记》等6篇（各1卷），以及出自元刊本的元《秘书监志》（11卷）抄本编刊入《广仓学宭丛书》❷，足以说明《毡罽》史料价值对研究蒙元史之重要。

其二，可弥补《元史·食货志》所载之不足。1942年，日本学者松崎鹤雄将《毡罽》收录在其编撰的《食货志汇编》中。收录目的如松崎鹤雄在"序"中所言："窃以为考察中国历代经济政策必须先了解二十四史之《食货志》，于是不揣简陋，力图集二十四史及《清史稿》之食货志于一册，以便检阅。……本书仍将各史《食货志》依序录于卷首，另辑《永乐大典》数条及《四部丛刊》之《罪惟录》的内容。"❸将《毡罽》等同于《食货志》，《毡罽》拾遗补阙之作用不言而喻。

其三，可作为研究元代行宫建制的参考文献。时至今天，元代的各大行宫早已损毁不存，《毡罽》中出现的察罕脑儿行宫亦不例外，只有遗址可供人们凭吊。如在研究察罕脑儿行宫建筑形式、规模、风格时，参考《毡罽》中记载的察罕脑儿寝殿内铺陈的地毯方尺数据，无疑大有裨益。

其四，可作为研究元代宫殿礼制的参考文献。在中国古代，历朝历代一直遵循着一套严格的冠服制度，不同阶层的人应服用符合他们身份的服装和服色，绝不能服用超越身份的服装或服色，否则就是僭越。作为纺织品的毡、毯亦具有相同的功用。《毡罽》所载："留守伯帖木儿奉旨，英宗皇帝影堂祭器，依世祖皇帝影堂制为之。于省部议所用物。省议宜依仁宗皇帝影堂之数造。……成造剪绒花毯五，总计折方尺二千六百三十六尺七寸。正殿地毯一，长三十五尺五寸，阔十八尺二寸。前殿地毯四，折方尺二千二十七尺。"表明元代不同场合使用的毡、

---

❶ [明]宋应星. 天工开物 [M]. 广州：广东人民出版社. 1976：118.

❷ 白寿彝. 中国通史：第8卷 [M]. 北京：人民出版社，2004：11.

❸ 松崎鹤雄. 食货志汇编 [M]. 北京：国家图书馆出版社，2008.

毯尺寸、图案和颜色也是有一定规定的。

其五，可作为研究元代"象轿"形制的参考文献。《元史》中虽然提到的"象轿""象辇""象驾金脊殿"的名称❶，却无其形制和饰物的详细描述。而《毡罽》中恰好有一段是关于"象轿"构件和饰物的描述。尽管文字不多，内容也不全面，但将其与《元史·舆服志》中关于"象鞴鞍"的描述相结合，对探讨元代"象轿"形制势必多有帮助。

❶ ［明］宋濂. 元史［M］. 北京：中华书局，1976：227，653，611.

第七节　柘木染色实验及文献研究

柘树，学名为［*Cudrania tricuspidata*（Carr.）Bur.］，桑科，落叶灌木或小乔木，小枝黑绿褐色，光滑无毛，具坚硬棘刺，刺长 5～35 毫米。可在全国大部地区有分布。因朝代及地域差异，它的称谓很多，据《中国经济植物志》记载，有：柘、柘柴、柘树、柘刺、柘子、柘桑、柘骨针、黄桑、刺桑、文章树、柞树、野梅子、野荔枝、老虎肝、鸡脚刺等别名❶。

用柘树材质所染之黄色，名为柘黄或赭黄。此色有别于其他染料所染之黄色，是中国古代很长一段时间内皇帝服装的专用色。在古文献中提到这个颜色的记载非常多，但明确言其是柘木所染的文献资料，现知的只有三条，且均没有染色工艺的描述：一是东汉崔寔《四民月令》所载："柘，染色黄赤，人君所服（黄者中尊，赤者南方，人君之所向也）。"❷ 二是唐代封演《封氏闻见录》所载："赭黄，黄色之多赤者，或谓之柘木染。"❸ 三是明代李时珍《本草纲目》所载"其木染黄赤色，谓之柘黄，天子所服。"❹ 为明了"柘黄"这种颜色的色相及其染色工艺，有必要采用实验的方法了解不同工艺条件对柘木染色效果的影响，从而确定柘木染"柘黄"色的工艺条件，并尝试对"柘黄"这种颜色进行定性和定量的界定。

一、柘木染色实验内容

1. 实验说明

实验内容：据现代科学分析，柘木的化学成分主要为：槲皮素、三羟基二氢异黄酮、二氢桑色素、环桂木黄素、大戟烷二烯醇、大戟烷二烯乙酸酯、花旗松素，其中前四种均有可能是染料成分。因柘木所含色素成分有可能并非是单一的，文献资料中也没有对其染料属性的界定，故本染色工艺实验包括：有无媒染

---

❶ 中华人民共和国商业部土产废品局，中国科学院植物研究所编. 中国经济植物志［M］. 北京：科学出版社；2012.

❷ ［宋］李昉，等. 太平御览：卷九百五十八［M］//影印文渊阁四库全书：子部十一. 台北：台湾商务印书馆，1983.

❸ ［唐］封演. 封氏闻见记：卷四［M］//影印文渊阁四库全书：子部十. 台北：台湾商务印书馆，1983.

❹ ［明］李时珍. 本草纲目［M］. 北京：中国医药科技出版社，2011：1071.

剂实验、不同酸碱度染液实验、不同媒染剂种类实验等内容。

实验材料及色素萃取方法：染料材料为中药店出售的河北产柘木片。萃取过程是取柘木片100g，在3000毫升自来水中浸泡30分钟，再经加热1小时得2000毫升染液。待染材料选用的是杭州福兴丝绸厂采用传统工艺生产的真丝杭罗，式样尺寸为15×5厘米，入染前在清水中浸泡1小时。

表色形式：采用1976年被国际照明委员会（CIE）认定的 $L*a*b*$ 表色系统（1987年我国发布的 GB 7921—87 将 $L*a*b*$ 空间作为国家标准）。这个表色系统是用一个假想的球形三维立体结构来描述色彩的三个基本参数。第一个参数是色相的变化，表现在球形横截面上，a 表示红色方向，$-a$ 表示绿色方向，b 是黄色方向，$-b$ 是蓝色方向。第二个参数是彩度变化，表现在色相方向上距离纵轴的远近，数值越大，越向周边，彩度越大，颜色越鲜明；数值越小，越靠近纵轴，彩度越小，颜色越不鲜明。第三个参数是明度变化，表现在纵轴上，越向上明度越高，越向下明度越低。根据物体颜色的这三个基本参数，就可在彩色球形结构中精确定位，从而将其准确地描述、表达出来（囿于实验仪器条件，为把实验得到的颜色更好地表述清楚，另外将所染颜色的 C、M、Y、K 数值测出作为参考。CMYK 也称作印刷色彩模式，是一种依靠反光的色彩模式，C、M、Y 是 3 种印刷油墨名称的首字母：青色 Cyan、品红色 Magenta、黄色 Yellow。而 K 取的是黑色 black 最后一个字母）。

测色仪器、条件及过程：使用潘通（PANTONE® Color Cue ™ 2 PANTONE® Color Cue ™ 2）色彩检测仪，光源为仪器默认的 D50，将所得之色彩样本分 3 次与仪器进行接触性测试，得到 3 组 L、a、b 和 C、M、Y、K 值，分别取其平均值。每次色样与仪器接触时都旋转一定角度，以尽量避免因色样表面凹凸不平而影响测色的准确。

2. 施染方法

施染方法有直接染和媒染两种方式。直接染方式设计了以下 3 种方案。

a. 取萃取液 450 毫升，染液 pH 值为 7，将待染织物直接浸入其中，浴比为 1：30。染色过程升温曲线如图 2-18 所示。

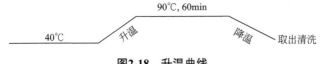

90℃, 60min

40℃　　升温　　　　降温　　取出清洗

图2-18　升温曲线

b. 取萃取液 450 毫升，加入醋酸使染液 pH 值为 5，将待染织物直接浸入其中，浴比为 1：30。染色过程升温曲线如图 2-18。

c. 取萃取液 450 毫升，加入醋酸使染液 pH 值为 2，将待染织物直接浸入其中，浴比为 1：30。染色过程升温曲线如图 2-18。

媒染方式设计了6种方案，如表2-6所示。

表2-6 媒染方案

项目	1	2	3	4	5	6
媒染剂	PbO	PbO	PbO	$KAl(SO_4)_2 \cdot 12H_2O$	$KAl(SO_4)_2 \cdot 12H_2O$	$KAl(SO_4)_2 \cdot 12H_2O$
媒染方式	同浴	预媒	后媒	同浴	预媒	后媒

上述6种方案中皆取萃取液450毫升，$FeSO_4 \cdot 7H_2O$ 和 $KAl(SO_4)_2 \cdot 12H_2O$ 两媒染剂重量皆取2克，媒染浓度皆约为13%（媒染剂重量/帛重量×100%），预媒和后媒时间皆为2小时，各方案染色时间和升温曲线与直接染相同。

3. 实验结果

3种直接染方式所染色泽 L、a、b 值和 C、M、Y、K 值测定结果见表2-7。

表2-7 直接染色泽测定结果

实验方案	染色方式	pH值	L	a	b	C	M	Y	K	色相
1	直接染	7	87.16	9.21	36.13	3	9	36	0	黄色
2	直接染	5	82.35	20.79	31.59	0	30	42	0	黄色
3	直接染	2	73.70	18.28	30.88	1	29	51	0	黄色

6种媒染方式所染色泽 L、a、b 值和 C、M、Y、K 值测定结果见表2-8。

表2-8 媒染色泽测定结果[①]

实验方案	媒染剂	媒染方式	L	a	b	C	M	Y	K	色相
1	PbO	同浴	80.93	15.02	37.06	5	28	53	0	黄色
2	PbO	预媒	80.87	9.23	45.49	9	24	63	0	黄色
3	PbO	后媒	85.95	9.10	30.68	5	20	42	0	黄色
4	$KAl(SO_4)_2 \cdot 12H_2O$	同浴	81.24	10.83	50.51	16	19	71	0	黄色
5	$KAl(SO_4)_2 \cdot 12H_2O$	预媒	82.71	12.02	54.08	4	25	68	0	黄色
6	$KAl(SO_4)_2 \cdot 12H_2O$	后媒	87.16	9.21	36.13	3	18	46	0	黄色

① 说明：3种直接染方式和6种媒染方式得到的 L、a、b 值范围分别为：明度值 L 73.70～87.16；红色值 a 9.10～20.79；黄色值 b 31.59～54.08。其中铅媒染剂同浴染液所得明度最低，染后经铝媒染剂媒染所得明度最高；染后经铅媒染剂媒染所得红色值最低，pH值为5染液直接染所得红色值最高；铝媒染剂预媒后再染黄色值最高。3种直接染方式和6种媒染方式得到的 C、M、Y、K 值范围分别为：青 C 0～16、品红色 M 9～30、黄色 Y 36～71、K 皆为0。其中 pH 值为5染液直接染所得红色值最高。各种方式所染色相均在黄色色相范围内。

二、相关问题讨论

1. 古代种柘普遍却鲜有柘木染色的记载

在古代，柘木就其用途而言主要有五种：一是用于弓材；二是用于养蚕；三

135

是入药；四是用于制作高档硬木器具；五是用于染黄。由于用途广泛，柘树人工种植是相当早的。《诗经·大雅·皇矣》中有"启之辟之，其柽其椐。攘之剔之，其檿其柘"的记载，表明其时栽培柘树就已非常普遍。秦以后，种柘愈加普遍，并渐成为农户主要岁入收益之一。

关于农户种柘的收益，肯定是随时代的政治、经济大环境的不同，而出现大的差异，现在因文献资料的记载不翔实，已经很难厘清。但就一般年景或某一特定历史时间和地域而言，还是有迹可循的，大可借此对柘树之所以能够普遍广泛种植作一参考和判断。

贾思勰《齐民要术》卷四"种桑柘"篇载："三年，间劚去，堪为浑心扶老杖（一根三文）。十年，中四破为杖（一根直二十文）。任为马鞭、胡床（马鞭一枚直十文，胡床一具直百文）。十五年，任为弓材（一张三百）。亦堪作屐（一两六十）。裁截碎木，中作锥、刀靶（一个直三文）。二十年，好作犊车材（一乘直万钱）。欲作鞍桥者，生枝长三尺许，以绳系旁枝，木橛钉着地中，令曲如桥。十年之后，便是浑成柘桥（一具直绢一匹）。"❶贾思勰是北魏末期时人，从这段记载来看，种柘的收入似乎不多，且收益周期长，但比较一下北朝当时的赋税和物价，种柘对农户之重要便显露出来。

北魏孝文帝太和九年（485年）开始颁行均田制，同时推行了与这一田制相适应的赋税制度。《魏书·食货志》载："诸初受田者，男夫一人给田二十亩，课莳余，种桑五十树，枣五株，榆三根。"又载："其民调，一夫一妇帛一匹，粟二石。民年十五以上未娶者，四人出一夫一妇之调。奴任耕，婢任织者，八口当未娶者四。耕牛二十头当奴婢八。其麻布之乡，一夫一妇布一匹，下至牛，以此为降"❷。北齐和北周的土地以及赋税制度基本上因袭了北魏的田制，仅土地分配和赋税数量上略有变化，但办法大体一样。

据王仲荦先生考证❸，北朝粟帛的比价计有：匹布折二斛五斗粟；匹绢五百文；匹帛折二斛五斗、二斛、六斛，十五匹合一千文，三匹合米十石；匹布六百文，另有三百文、四百文、五百文。如是，北魏绢布价约300钱；米价当在百钱左右。北齐匹帛折五斛；北周匹布六百钱，斛谷百文。依此估算，北朝期间的平均绢、粟价格分别为470钱和100钱左右，一夫一妇的民调共约为570钱左右。按前引记载，如果一夫一妇按规定在20亩授田中栽桑柘50株，桑、柘比例为1.5∶1，3年时间以1棵柘树至少可出2根扶老杖计算，价值可达120钱，意味着这个农户家庭当年的固定资产，仅柘树的价值就相当于民调的21%。如果10

❶ ［后魏］贾思勰. 齐民要术［M］. 缪启愉，校释. 北京：农业出版社，1982：231-232.

❷ ［北齐］魏收. 魏书：食货志［M］. 吉林：吉林人民出版社，1995：1664.

❸ 王仲荦. 金泥玉屑丛考［M］. 北京：中华书局，1998：101.

年后20亩授田中有树龄10年的柘树20棵，价值至少达1600钱，约是民调的2.8倍。另据研究，在唐代，10亩地植桑五功，饲蚕得茧，缫丝织帛，至少可成5匹绢，今以低线计，则亩产0.5匹❶。古代生产技术发展缓慢，短时期内单位产出难有变化，北朝植桑柘的功效应与唐代相近。由此可知，种柘的收益是农户岁入主要来源之一，亦可知中国古代柘树之所以能够广泛普遍种植，当是与种植柘树能获得稳定和良好的经济收益密切相关。

既然古代柘树种植如此之普遍，柘木应该是一种来源广泛，成本低廉，像蓝草或茜草那样被大量使用的染材。可是为什么言其用于染色的文献记载却如此之少，只有前文列举的三条？究其原因，可能与柘黄自唐代开始一直是皇帝服装的专用色，其他人不得服用，一般染家对其敬而远之，以致长时间后民间知道柘木染色用途的人越来越少，写书的文人或因其染色不普遍，遂将这个用途忽略不计；或根本就不知道柘木可以染黄。最典型的例证是宋应星《天工开物》。在是书"乃服"篇中，记载织作龙袍的丝线需先染成赭黄色❷。而在专门论述染色工艺的"彰施"篇中，宋应星对自己了解和收集的许多颜色的染色方法和用材，都记载得非常翔实，唯独对柘（赭）黄这种颜色，所记是"制未详"❸。

2. 柘木染黄的肇始时间

由于柘树染黄的肇始时间文献没有明文记载，我们根据柘树早期利用情况，沿着柘叶饲蚕、柘木制弓和染料植物的使用三条线索，对其开始用于染黄的时间做些初步推测。

第一条线索——饲蚕。大家知道，桑蚕既可以喂食桑叶，亦可喂食柘叶，故古代常常桑、柘并提。而且柘树出叶早于桑树，饲养早蚕只能以柘叶喂食。《农桑辑要》引《博闻录》云："柘叶多蘖生，干疏而直，叶丰而厚，春蚕食之。其丝以冷水缫之，谓之冷水丝。柘蚕先出、先起、而先茧。"❹食柘叶之蚕丝韧性，亦优于食桑叶之蚕丝。《齐民要术》载："柘叶饲蚕，丝好。作琴瑟等弦，清鸣响彻，胜于凡丝远矣"。❺长沙马王堆汉墓曾出土一把汉琴，其上弦丝即为柘丝所制。另外，柘树不像桑树那样对土壤条件有一定要求，在不宜植桑树的地区都是靠种植柘树发展丝绸生产，《蛮书》卷七载："蛮地无桑，悉养柘蚕，绕树村邑人家，柘林多者数顷，耸干数丈。"❻之所以饲蚕以桑叶为主，盖因蚕桑发达地区大多适宜种桑，且桑树生长远较柘树快，致桑叶产量远高于柘叶产量。

---

❶ 卢华语. 唐天宝间西南地区绢帛年产量考［J］. 中国经济史研究，2007（4）：126-127.

❷ ［明］宋应星. 天工开物［M］. 钟广言，注释. 广州：广东人民出版社，1976：93.

❸ ［明］宋应星. 天工开物［M］. 钟广言，注释. 广州：广东人民出版社，1976：114.

❹ 农桑辑要校注［M］. 石声汉，校. 北京：农业出版社，1982：97.

❺ ［后魏］贾思勰. 齐民要术［M］. 缪启愉，校释. 北京：农业出版社，1982：231-232.

❻ ［唐］樊绰. 蛮书：卷七［M］. 北京：中国书店，1992：7.

根据考古资料，我国的蚕业生产在 5000 年前即已出现。到商周时期，随着养蚕业的迅猛发展，野生桑树已不能满足需要，开始人工栽桑。周代规定宅地周围须种植桑麻，否则要接受处罚。为保证桑树的正常生长，以确保养蚕季节有足够的桑叶，西周时又制定了保护桑树的措施，《礼记·月令》载："季春……无伐桑柘"。官府明令严禁滥伐桑柘，表明当时人工栽植柘树应和栽植桑树一样普遍。《诗经·大雅·皇矣》中提到山桑和柘桑，亦说明春秋时期用柘丝织绸是相当普遍的。

第二条线索——制弓。《易·系辞》载："弦木为弧，剡木为矢，弧矢之力，以威天下"。弧，即木制之弓；矢，即箭。因柘木弹性甚为出色，很早便被用于制弓。传说中黄帝乘龙上天后遗下的"乌号"神弓，便是柘木所制。后来"乌号"成为良弓的代称。"乌号"之意，据《风俗通义》引淮南原道篇高注："乌号：柘桑其材坚劲，乌峙其上，及其将飞，枝必桡下，劲能复起，巢（借作操）乌随之，乌不敢飞，号呼其上，伐其枝以为弓，因曰乌号之弓也。一说：黄帝铸鼎于荆山鼎湖，得道而仙，乘龙而上，其臣援弓射龙，欲下黄帝不能也。乌，于也，号，呼也，于是抱弓而号，因名其弓为乌号之弓也。"❶ 在古代，竹、藤等诸多材料都曾用于制弓，但第一选择是柘木。

虽然黄帝使用柘弓的传说虽依据不足，在以往的考古发掘中，也难以见到石器时代的弓和箭杆（弓和箭杆都是采用竹、木、藤之类的易腐物质难以保存至今），但传说是历史的影子，而且迄今确实出土有大量的石器时代箭镞，如山东省姚官龙山文化遗址就曾出土大量的骨镞、角镞和石镞，它们制作和使用的年代，大致与古史传说的年代相当，可作为古史中关于黄帝时代制弓和用箭传说的印证❷。到周代时，出现了弓人"取干之道七，柘为上"之说法❸，柘木已是弓材的第一选择，被大量用于制弓已是不争的事实。

第三条线索——植物染。虽然植物染色很早即已出现，但就技术发展历程而言，商周以前的植物染非常原始，尚处于萌芽期。植物染的大发展，技术上的长足进步，是从周代开始的。其时，无论是在植物染料品种、数量，还是在染色技术上，较之以前均有质的飞跃。为此，周代专门设置了管理机构。《周礼·地官》记载了"掌染草"之官员的职责："掌染草，掌以春秋敛染草之物，以权量授之，以待时而颁之。"郑玄注："染草，茅搜、橐芦、豕首、紫茢之属。"贾公颜疏："染草，蓝、蒨、象斗等众多，故以之属兼之也。"孙诒让正义说："掌染草者，凡染有石染、有草染。此官掌敛染色之草木，以供草染。"西周时，植物染成为

❶ 陈广忠. 淮南鸿烈解［M］. 合肥：黄山书社，2012：6.

❷ 王兆春. 中国科学技术史：军事卷［M］. 北京：科学出版社，1998.

❸ 闻人军. 考工记译注［M］. 上海：上海古籍出版社，1993.

主流染色方式。可以想见当初试染的染料植物种类一定是相当多的。

依据上述三条线索，我们推测柘木染黄似应至迟在西周期间就已开始。因为，此时柘树人工种植普遍，柘木来源便利，人们对柘树的性状和功用都有所了解，兼之恰逢植物染大发展，制作柘木弓时废弃的大量柘木屑，一定会引起当时染匠的注意，从而取之试着染色，进而发现可以染黄。

古代王后六服之一的"鞠衣"，为这种推测提供了旁证。西周居豳（今陕西栒邑），重视农桑，皇室贵妇们在蚕季身着"鞠衣"举行祀礼，开后世亲蚕礼之先河。《周礼·天官·内司服》载："掌王后之六服：袆衣、揄狄、阙狄、鞠衣、展衣、缘衣。"郑玄注："鞠衣，黄桑服也。色如鞠尘，象桑叶始生。"《礼记·月令》载：季春之月"天子乃荐鞠衣于先帝。"郑玄注："为将蚕，求福祥之助也。鞠衣，黄桑之服。"柘树亦名黄桑。鞠尘，酒曲所生霉菌，呈淡黄色，柘木薄染之色与之接近，可见鞠衣即为柘木所染之淡黄色衣服。

3. 柘黄成为皇服专用色的时间

在先秦时期的色彩观念中，黄色代表土地之色，位之"五方正色"中央，是非常重要的一种颜色。不过那时各种黄色的服装并不被王室独享，天子的服色可以是"玄冠、黄裳"，庶民百姓也可以有"绿衣黄里""绿衣黄裳"的衣服。西汉前期，国祚色几经改易，黄色才压倒其他颜色慢慢尊贵起来。史载："高祖之微时，尝杀大蛇。有物曰：蛇，白帝子也，而杀者赤帝子。"[1] 刘邦建汉后以此确定服色尚赤，皇袍用红绸，皇城宫殿四壁为紫红。汉文帝十三年（前167年），鲁人公孙臣上书，认为汉朝尚赤不合"五德终始论"，秦既为水德，汉取而代之，当为土德，服色应尚黄。但他的建议当时并没有被采纳。直到武帝继位三十多年后的元封七年（前104年），才正式宣布改制，颁行"太初历"，改元封七年为太初元年，以夏正为准，建寅之月（即今正月）为岁首；服色也从尚赤改为尚黄。前引崔寔《四民月令》所载："柘，染色黄赤，人君所服"，表明东汉时柘（赭）黄已是皇帝服色之一种。从隋唐开始，柘（赭）黄成为皇帝的常服颜色，《唐六典》载："隋文帝着柘黄袍、巾带听朝。"《宋史·舆服志》载："衫袍，唐因隋制，天子常服赤黄、浅黄袍衫、折上巾、九还带、六合靴。宋因之，有赭黄、淡黄袍衫、玉装红束带、皂文靴，大宴则服之。又有赭黄、淡黄襕袍、红衫袍，常朝则服之。"[2] 民间禁用黄色则始于唐高宗总章年间（668—670年），《新唐书·车服志》载："唐高祖以赭黄袍、巾带为常服。……既而天子袍衫稍用赤黄，遂禁臣民服。"[3] 从此各代袭承。元代曾明令"庶人惟许服暗花纻丝、丝绸绫罗、毛毳，

---

❶ ［汉］司马迁. 史记［M］. 长沙：岳麓书社，1988：117.

❷ ［元］脱脱，等. 宋史［M］. 北京：中华书局，2000：2362.

❸ ［宋］欧阳修，宋祁. 新唐书［M］. 吉林：吉林人民出版社，1995：297.

不许用赭黄"❶。明代弘治十七年（1504 年）禁臣民用黄，明申"玄、黄、紫、皂乃属正禁，即柳黄、明黄、姜黄诸色亦应禁之"❷。

4. 柘黄与赭黄

自黄色成为皇帝的常服颜色后，在唐宋期间的文学作品中，柘黄或赭黄的衣袍便成为天子的代称。现择几例：①元稹《酬孝甫见赠十首》："曾经绰立侍丹墀，绽蕊宫花拂面枝。雉尾扇开朝日出，柘黄衫对碧霄垂。"②张祜《马嵬归》："云愁鸟恨驿坡前，孑孑龙旗指望贤。无复一生重语事，柘黄衫袖掩潸然。"③王建《宫中三台二首》："鱼藻池边射鸭，芙蓉园里看花。日色柘袍相似，不著红鸾扇遮。池北池南草绿，殿前殿后花红。天子千年万岁，未央明月清风。"④花蕊夫人《宫词》："锦城上起凝烟阁，拥殿遮楼一向高。认得圣颜遥望见，碧阑干映赭黄袍。"⑤和凝《宫词百首》："紫燎光销大驾归，御楼初见赭黄衣。千声鼓定将宣赦，竿上金鸡翅欲飞。"⑥张端义《贵耳集》卷下："黄巢五岁，侍翁父为菊花联句。翁思索未至，巢信口应曰：堪与百花为总首，自然天赐赭黄衣。"⑦苏轼《书韩干牧马图》："岁时翦刷供帝闲，柘袍临池侍三千。"⑧欧阳玄《陈抟睡图》："陈桥一夜柘袍黄，天下都无鼾睡床。"❸

在黄色谱系中，黄色色名繁多，文献描述的天子黄色常服之色名，仅前文所引便出现了三种，分别是：赭黄、柘黄、赤黄（日色）。这三种黄色色名，从字面理解均为黄中带赤的颜色。

中国各种传统色的命名方式很多是以两个词语组成，即在一个基本色名，如红、黄、蓝、绿、紫等前面冠以一个修饰性词语。而用于色名的修饰性词语属性，又可概况归纳为三种：

其一，形容词。在基本色名前冠以形容词，以表示该色的明度和彩度，如鲜红、大红、粉红、艳黄、明黄、浅绿、嫩绿、深蓝、翠蓝、暗紫等。

其二，借用名词。在基本色名前冠以与之色调相近的某种物体名称，如枣红、橘红、砖红、橘黄、金黄、苹果绿、茄紫、天青、葡萄青等。

其三，特定名词。在基本色名前冠以显色材料，以表明这种色彩是经由这种特定材料通过染色或其他过程后所显现的色彩，如赭红、石黄、姜黄、槐黄、茜色、苏木色、荆褐、皂色等。

"赭黄"显然属于第二种，其名称之由来应与"赭红"之色名相同。赭红即赭石（赤铁矿）之本色，而赭黄则是赭石经加工处理后所得之色。案：国画中赭色颜料的制作方法是，把赭石研细加胶倒在水中，待其沉淀，浮在上面的偏黄，

---

❶ ［明］宋濂. 元史［M］. 吉林：吉林人民出版社，1995：1680.

❷ ［清］张廷玉. 明史［M］. 吉林：吉林人民出版社，1995：1054.

❸ 上引唐宋诗词均转引自1999年黄山书社出版的周振甫主编《唐诗宋词元曲全集》。

中层是赭石的本色，沉在下面的偏红，分别将其析出，便可得到赭黄、赭褐、赭红三色。笔者依此方法制取出赭黄，经目测，是红里稍泛黄光，属红色系。

"柘黄"属于第三种。前面的实验证明，无论是直接染，还是加铝、铅盐媒染剂，所得颜色皆为黄色系。其中 pH 值为 5 染液中所染得的柘黄，其 L、a、b 值，分别是 82.35、20.79、31.59，红色相数值虽然相对高一些，但也只是黄中稍泛红光。

"赤黄"属于第一种，在黄色基本色名前冠以形容词"赤"，以表示该色的明度和彩度，但基本是表示赤少黄多，如《封氏闻见录》所云："黄色之多赤者"。

既然柘黄与赭黄分属不同的颜色体系，是否表明这两色皆为隋代及至明代，历代皇帝的常服之用色？答案是否定的。古代皇帝常服颜色只有柘黄一色，一些文献中出现的"赭黄"之"赭"字，或许是"柘"字之错讹或假借。最能说明这个问题的莫过于唐人诗句，如在《四库全书》所辑录的《全唐诗》里，杜甫《戏作花卿歌》诗句："绵州副使著柘黄，我卿扫除即日平。"王建《宫词一百首》诗句："闲着五门遥北望，柘黄新帕御床高。"句中"柘"字后均注明"一作赭"。之所以出现这种状况，想必有两种可能。一种可能是因柘黄泛有红光，而赭石颜色中含有黄色调，兼之赭石用做颜料的历史远较柘木染色久远，先秦时又以"石染之色尊"❶。一些古文人在既不了解皇袍染色之用材，又不清楚赭色中所含黄色调多寡的情况下，想当然地把"柘"字写作了与之同音的"赭"字。长久的以讹传讹，以致在不同文献中出现了在描述皇帝常服颜色时，赭黄、柘黄混用的错乱；另一种可能是柘黄所呈现的红色调色泽与赭石所呈现的红色调相近，古人假借赭石之"赭"字，形容柘黄所呈现的红色调之色泽。

三、小结

① 一些文献将皇帝常服之色记为赭黄，从另一个侧面反映出皇帝常服之黄色中带有很明显的红色调之特征。将这个特点与柘木染色实验结果进行比照，显然在酸性柘木染液中所染得的黄色，因其红色值相对高一些，与之最为接近，故古代柘木染黄的工艺条件应是在酸性染液中进行。

②"黄里泛红""黄多赤少"或"赤黄"可视作对柘黄之颜色的定性描述。若仅以此理解柘黄之色相，极易引起混淆，因为像橘黄色也可以这样描述。故柘黄在球形三维立体结构表色系统中的位置，即 L、a、b 数值，作为对柘黄之颜色的定量描述是非常有必要的。

③ 对柘黄之颜色定量描述的 L、a、b 数值，当然最好是直接从实物上测取，但因存世的皇袍系国家重要文物，很难做到，而且这些遗留物品还会因时间、保

---

❶ ［清］孙诒让. 籀庼述林//许嘉璐主编. 孙诒让全集：卷二. 北京：中华书局，2010.

存条件等诸多因素导致的销蚀、褪色，以至于与原来的状态相差甚远。故本实验pH 值为 5 染液直接染所得 L、a、b 数值，可作为对柘黄之颜色定量描述的参考依据。

④ 在大日本油墨化学工业株式会社印刷的《中国の伝统色》色卡中，有"浅橘黄"和"橘黄"二色。经测定两色的 L、a、b 数值分别为：68.32、24.04、42.57；68.24、39.84、48.99。实验 pH 值为 5 染液直接染所得柘黄 L、a、b 数值为：82.95、20.79、31.59。柘黄明度值高于浅橘黄和橘黄，红色值低于浅橘黄和橘黄。根据 CIELAB 色差公式：$\Delta E=[(\Delta L)^2+(\Delta a)^2+(\Delta b)^2]^{1/2}$，柘黄与浅橘黄、橘黄的 ΔE 值分别约为 15 和 29。在实际配色操作中，若 $\Delta E < 3$，即为配色成功，视觉无法分辨。柘黄与浅橘黄、橘黄的 ΔE 值之大，表明柘黄与橘黄之色在视觉上还是很易分辨的。

⑤ 需要补充说明的是：清王朝皇帝的朝服不同于前面各代，颜色是明黄。《钦定大清会典》载："皇帝用明黄色，亲王至宗室公用红色。"又《皇朝文献通考》载：皇帝朝服"色用明黄惟祀"。清代因用明黄服饰获罪的最著名案例发生于清初，当时顺治帝出于削减摄政多年的睿亲王多尔衮势力，借口多尔衮死后"僭用明黄龙衮"为敛服，并将此作为"觊觎之证"[1]，追论其谋逆罪，剥夺一切封典，并毁墓掘尸。明黄之色在《中国の伝统色》色卡中有收录，经测定，其 L、a、b 数值为 83.96、4.25、63.11，与柘黄之色差 ΔE 值也是相当大的，在视觉上亦是很易分辨的。

❶ ［清］张廷玉，等. 皇朝文献通考：卷一百十五［M］//影印文渊阁四库全书：子部十一. 台北：台湾商务印书馆，1983.

第八节　黄栌染史料及相关问题刍议

黄栌（*Cotinus coggygria* Scop），漆树科黄栌属植物。原产于中国西南、华北和浙江等地，别名摩林罗、黄道栌、黄溜子、黄龙头、黄栌台、黄栌材、栌木等 ❶。因其叶片秋季变红，观赏性较强，长久以来一直是中国重要的观赏红叶树种，著名的北京香山红叶就是该树种。黄栌除观赏之外，很早以前便作为药材利用，有解毒、散瘀止痛等功能。此外，黄栌枝材中含有色素，在古代还是一种非常重要的黄色染材。近代国内对黄栌的研究，基本为药用应用性的试验研究，讨论古代染色的相关著作也因相关记载太少，对黄栌染亦多为百余字的简单介绍，尚不见从史学角度对黄栌染及所染之黄色色相进行系统的研究。本文在查阅黄栌染相关史料的基础上，结合今人研究，对黄栌染相关记载及一些问题做一些初步的梳理和简单的阐述。

一、黄栌染相关史料的梳理

在经史子集各类文献中都可以发现一些关于黄栌染的材料，但归纳起来，大多为引用和转录，笔者搜集到的原始记载实仅有数条。这数条记载可按内容分为训诂、植物形态特征和产地、用量及染色工艺四类。

训诂的文献材料有二则。

一是《周礼·地官·掌染草》。

"掌染草：掌以春秋敛染草之物。"郑注："染草，茅搜、橐芦、豕首、紫莔之属。" ❷

二是许慎《说文解字》里似乎也提到黄栌可用于染色。

"栌，木出橐山。" ❸

因《唐韵》中有"黄栌木可染"之说，有研究者认为这两则史料是关于黄栌

---

❶　中华人民共和国商业部土产废品局，中国科学院植物研究所编. 中国经济植物志［M］. 北京：科学出版社，1961. 1180.

❷　［汉］郑玄注，［唐］陆德明音义，贾公彦疏. 周礼注疏：卷十六［M］//影印文渊阁四库全书：经部四. 台北：台湾商务印书馆，1983.

❸　［汉］许慎撰，［清］段玉裁注，许惟贤整理. 说文解字注［M］. 上海：上海凤凰出版社，2015：429.

染的较早记载，其中的"橐芦"，可能就是黄栌❶，而柍则是栌之通假字，黄柍木即今之黄栌❷。不过周代染草中是否有橐芦？或黄柍木是否为黄栌？很早就被质疑。贾公彦在《周礼注疏》中便有疑问。

"橐芦者，〈尔雅〉无文。豕首者，〈尔雅〉云：'荍蒵豕首'。郭注云：'〈本草〉曰：蘵卢，一名蟾蜍兰，今江东呼豨首，可以爛蚕蛹'。郭氏虽有此注，不言可染何色，则此橐卢、豕首未审郑之所据也。"❸

段玉裁《说文解字》注更是明确指出柍木非橐卢。

"柍木，出橐山。……〈广韵十一模〉曰：黄柍木可染。〈十姥〉曰：柍，木名。可染缯。按〈周礼〉注曰：染草，茅搜橐卢豕首紫荍之属。橐卢岂卽黄柍木与？抑字音相近，而草木异类也。"❹

另外，段玉裁对橐芦是否为黄栌也存在疑问，其在注"栌"字时云："郑注〈周礼〉说染草之属有橐芦。未知是否？"因此我们在没有发现更多材料可验证这两则史料的前提下，利用时要慎重和存疑。

植物形态特征和产地的文献，唐代及以后各个时期均有之，但实亦为二则。

一是颜师古《汉书》注"桦枫柍栌"之"栌"字。

"栌，今黄栌木也。"❺

二是陈藏器《本草拾遗》。

"黄栌，生商洛山谷，四川界甚有之，叶圆木黄，可染黄色。"❻

宋以后关于黄栌形态特征、产地及染黄的记载，在唐慎微《证类本草》、朱橚《救荒本草》、徐光启《农政全书》、李时珍《本草纲目》均有谈及，但文字内容基本上是辑录上述这两则唐代文献，新增内容甚少。如《证类本草》云："黄栌，……堪染。生商洛山谷，叶圆，木黄，川界甚有之。"《救荒本草》云："黄栌：生商洛山谷，今钧州新郑山野中亦有之。叶圆，木黄，枝茎色紫，赤叶似杏叶而圆大，味苦性寒无毒，木可染黄。"

用量的文献材料亦只见二书。

一是《大元毡罽工物记》记载的几条❼：

成宗皇帝大德二年（1298）七月二十六日。奉旨寝殿内造地毯，工部委官计

❶ 赵匡华，周嘉华. 中国科学技术史：化学卷［M］. 北京：科学出版社，1998：639.

❷ 朱新予. 中国丝绸史：专论［M］. 北京：中国纺织出版社，1997：215.

❸ ［汉］郑玄注，［唐］陆德明音义，贾公彦疏. 周礼注疏：卷十六［M］//影印文渊阁四库全书：经部四. 台北：台湾商务印书馆，1983.

❹ ［汉］许慎撰，［清］段玉裁注，许惟贤整理. 说文解字注［M］. 上海：上海凤凰出版社，2015：429.

❺ ［汉］司马迁. 史记［M］. 长沙：岳麓书社，1988：168.

❻ ［明］李时珍. 本草纲目［M］. 北京：中国医药科技出版社，2011：1026.

❼ 松崎鹤雄. 食货志汇编［M］. 北京：国家图书馆出版社，2008.

料用：

"黄芦五十斤十四两五钱。"

泰定元年（1324）四月二十四日，随路诸色民匠都总管府奉旨，造察赤儿铺设毛毯七扇，用：

"黄芦三百九十六斤。"

泰定元年（1324）十二月一日，青塔寺奉令，造英宗皇帝影堂用毯十扇，用：

"黄芦一百四十五斛三两。"

泰定二年（1325）闰正月三日，随路诸色民匠都总管府奉旨，造北平王那木罕影堂铺设毯十五扇，用：

"黄芦一百七斤。"

泰定三年（1326）正月二十四日，中尚监奉令造速哥答里皇后寝殿用地毯六扇，用：

"黄芦一百二十五斤一十五两。"

泰定三年（1326）六月二日，西宫仪鸾局奉令，造西宫鹿顶殿铺设地毯大小二扇，用：

"黄芦六十一斤八两。"

泰定四年（1327）十二月十六日，大都留守司奉旨造皇帐内铺设地毯四扇，用：

"黄芦二十七斤五两。"

泰定五年（1328）二月十五日，承徽寺奉令造撒答八刺皇后金脊殿铺设剪绒毯四片，用：

"黄芦一十一斤八两。"

泰定五年（1328）二月十六日，随路诸色民匠都总管府奉旨，造上都棕毛殿铺设地毯二扇，用：

"黄芦一百一十一斤。"

世祖皇帝中统三年，造羊毛毯，用：

"黄芦六百一十二斤。"

天历二年（1329）三月六日，随路民匠都总管府奉令，造毯，用：

"黄芦六十七斤八两。"

二是《钦定大清会典则例》卷三十八。

"直隶布政使司应解黄栌木二千四百三十斤、芝麻百石。" ❶

《大元毡罽工物记》系元代官修政书《皇朝经世大典》"工典篇"中"毡罽目"的遗文，采用流水账的记述方法，现存本缺佚甚多，已非原貌。上述关于黄栌用量内容，除泰定期间的或许稍微全面一些外，其他年间的记载要么全部散佚，要

---

❶ 钦定大清会典则例：卷三十八［M］//影印文渊阁四库全书：史部十三. 台北：台湾商务印书馆，1983.

么仅仅只有一次。尽管如是，记载的诸司寺监在1232—1329年黄栌用量，仍达约一万二千零七十斤八两。按元代1斤折今0.61公斤计算❶，约为8265.2公斤。可以想见，元政府官办生产毡毯机构在近百年的时间里，实际所用黄栌总量应远远不是这个数字。参照《钦定大清会典则例》记载的直隶布政使司应解黄栌木数量，并联想不见记载的民间黄栌用量。毋庸置疑，黄栌应是古代最重要的黄色染材之一。

染色工艺的文献材料仍是只见二书。

一是宋应星《天工开物》。

"大红色（其质红花饼一味，用乌梅水煎出。又用碱水澄数次，或稻稿灰代碱，功用亦同。澄得多次，色则鲜甚。染房讨便宜者，先染芦木打脚）""金黄色（芦木煎水染，复用麻稿灰淋，碱水漂）""玄色（靛水染深青，芦木、杨梅皮等分煎水盖）""象牙色（芦木煎水薄染，或用黄土）"。

二是中国第一历史档案馆藏内务府全宗档案《织染局簿册·乾隆十九年分销算染作》。

"染金黄色绒三钱三分，用明矾一钱零三厘，槐子一钱零三厘，栌木四钱九分五厘，木柴一两三钱二分。"❷

《天工开物》记载的黄栌染工艺有三种。一是直接染工艺，即芦木煎水薄染得到的象牙色。二是用黄栌与其他染材拼色而染的复染工艺，即黄栌与红花拼色得到的大红色以及靛、芦木、杨梅皮得到的玄色。三是利用铝媒染剂后媒染，即先芦木煎水染，再用麻稿灰淋得到的金黄色。麻稿灰含铝离子，而后媒法的特点是先以亲和性不很强的染料上染，使染料在纤维上和染浴中达到平衡、匀染，然后用媒染剂使其在纤维表面形成络合，生产中后媒浓度易控制，可根据需要掌握以达到预期的色相❸。《织染局簿册》记载的黄栌染工艺也为复染，黄栌与槐子皆为黄色染材，两者拼色染是为了得到饱和度较佳的明黄色。

二、黄芦是否为黄栌？

在上引文献中，可用于染色的黄栌之"栌"字，在本草书中皆书之为木字旁的"栌"，而在《大元毡罽工物记》和《天工开物》中皆书之为草字头的"芦"。在以往讨论植物染色的文章里，大多认为黄芦即黄栌，如现在刊行的不同研究者为《天工开物》做的注释❹。不过由于"栌"与"芦"的字义确有不同，近年来有

❶ 丘光明，邱隆，杨平. 中国科学技术史：度量衡卷［M］. 北京：科学出版社，2001：391.

❷ 王业宏，刘剑，童永纪. 清代织染局染色方法及色彩［J］. 历史档案，2011（2）：125-127.

❸ 赵丰. 《天工开物》彰施篇中的染料和染色［J］. 农业考古，1987（4）：354-358.

❹ 清华大学机械厂工人理论组. 天工开物注释［M］. 北京：科学出版社，1976：107.
钟广言. 天工开物注释［M］. 广州：广东人民出版社，1976：113.
潘吉星. 天工开物译注［M］. 上海：上海古籍出版社，2008：118.

人对此提出了质疑。认为黄芦可能是入秋后的禾本科芦苇，或是小檗科黄芦木❶。

单就字面而言，将黄芦看作入秋后的禾本科芦苇应该没有什么问题，如在很多古诗词中出现的黄芦便是指芦苇，今择三首：

宋人黄庭坚《十月十三日泊舟白沙江口》诗：

"绿水去清夜，黄芦摇白烟。篙人持更柝，相语闻并船。"❷

元人冯子振《奉皇姊大长公主命题周曾秋塘图》诗：

"沙凫野鸭浮清流，霜中鸣雁寒汀洲。黄芦红蓼叶尚抽，水石懒倦不自由。"❸

元人吴莱《黑海青歌》诗：

"黄芦老苇日催折，白鹭文鸥看碟裂。"❹

就染色而言，禾本科芦苇和小檗科黄芦木也皆可作为染材使用。今人研究和实验表明，芦苇叶含有芦丁、野黄芩苷、橙皮苷、木犀草素、懈皮素、芹菜素、山奈酚、异鼠李素（或橙皮素）、异甘草素和黄芩素，其中芹菜素含量最高，还有许多未确定的类黄酮。用芦苇制成的染液，在加入不同媒染剂后，可染暗色调的浅黄、草绿、棕褐几色❺。另据《中国植物志》载：黄芦木，落叶灌木，木根皮和茎皮含小檗碱，供药用。有清热燥湿，泻火解毒的功能。主治痢疾、黄疸、白带、关节肿痛、口疮、黄水疮等，可作黄连代用品。黄芦木含有小檗碱，又可作黄连代用品，按黄连可染黄推断，应可作为染材。经笔者染色实验，黄芦木的确可以染出黄色。

既然禾本科芦苇和小檗科黄芦木与漆树科黄栌是不同的植物，且均可作为黄色染材使用，是否文献中记载的染色用黄芦和黄栌也是不同的植物染材？答案是否定的，毕竟在文献中没有发现用禾本科芦苇和小檗科黄芦木染色记载。在笔者所查的古代本草书中，甚至没有发现用小檗科黄芦木入药的记载。此外，我们知道植物染色技术出现以后，试染过的染料植物种类一定是相当多的，一些要么失传不被人知，要么在试用一段时间后因性能不理想被淘汰。根据芦苇和黄芦木染色实验，这两种植物的上染率和所染黄色的色相，远甚黄栌。因此，芦苇和黄芦木当属被淘汰的染材，不可能成为用量非常大的主流染材。

认同文献中染色之用的黄芦和黄栌是一种染材，为何文献中这种染材会用不同的字来表述？台湾色彩学专家曾启雄先生在《〈天工开物〉之色彩记载释疑》一文中认为是误刻或是借用。谓：

❶ http://blog.sina.com.cn/s/blog_4a83139e0102ecq5.html.

❷ ［宋］黄庭坚. 山谷外集：卷五［M］//影印文渊阁四库全书：集部三. 台北：台湾商务印书馆，1983.

❸ ［元］冯子振. 珊瑚网：卷二十六［M］//影印文渊阁四库全书：子部八. 台北：台湾商务印书馆，1983.

❹ ［元］吴莱. 渊颖集：卷二［M］//影印文渊阁四库全书：集部五. 台北：台湾商务印书馆，1983.

❺ 黄荣华. 芦苇在天然纤维染色中的应用［C］. 北京："联胜杯"第八届全国染色学术研讨会论文集，2013.

"栌木的说法，隐藏着许多的令人质疑的地方。……在染金黄色的栌木，按照《天工开物》上所使用的栌字是草字头的芦，芦字的意思是芦苇，属于水边生长的草本植物，可是宋应星并不是使用芦单字，而是和木一起使用的，意思也就是说是木本的栌，也有可能是因为刻工或抄工的误写，而将栌字写成芦，如果是如此的话，和染色材中的黄栌应该是一致的。另外，芦和栌同音，因此而有借用的可能性。"❶

在文献中这种染材用不同的字来表述，并非是刻工或抄工的误写，也并非只是有借用的可能性，实际上只有借用一种可能。《康熙字典》对卢、芦、栌的解释颇能说明这个问题，谓：卢，与芦通、与栌通。在文献中也能找到一些相应的实例，如金人段克己诗："卢希颜草虫横披，朱李黄芦相并枝。"❷ 朱李是蔷薇科李属植物李子树，言其与黄芦并枝，可见此黄芦不可能是芦苇。再如元人杨仲弘词："但黄芦古木，夕阳回照，有渔歌起。"❸ 直接言明了此黄芦是木本植物。曾先生考虑到了古人同音字相互借用的习惯，却未引起足够的重视，以至出现了这个小小的误判。

另需补充说明的是黄栌和黄芦虽皆为木本植物，但黄栌属漆树科落叶小乔木，黄芦属小檗科落叶灌木。乔木有由根部发生的独立主干，且树干和树冠有明显区分。灌木则没有明显的主干，呈丛生状态。故小檗科黄芦木被称为"古木"的可能性非常小。

三、黄栌染之黄色

黄栌枝材中所含色素，名 Fisotin，亦称嫩黄太素，可直接染黄，也可加入铬、铝、铁、锡等媒染剂染色，得到黄、橙黄、淡黄诸色，但色牢度不佳❹。一般来说，色牢度不佳的染材很难被当作主流染材大量使用。为何黄栌能反其道而被大量使用？下面的几则文献资料间接回答了这个问题，并道出了古人看重黄栌这种染材的原因。

崔豹《古今注》卷下载：

"栌木，一名无患者，昔有神巫，名日宝（一本作实）耗。能符劾百鬼，得鬼则以此为棒杀之，世人相传以此木为众鬼所畏，竞取为器，用以却厌邪鬼，故号曰：无患也。"❺

司马贞《史记索隐》卷二十六载：

❶ 曾启雄. 《天工开物》之色彩记载释疑［J］. 台北：科技学刊，2000（4）.

❷ ［清］王太岳，王燕绪，等辑. 钦定四库全书考证：卷九十九集部［M］//影印文渊阁四库全书. 台北：台湾商务印书馆，1983.

❸ ［清］卞永誉. 书画汇考：卷十八［M］//影印文渊阁四库全书：子部八. 台北：台湾商务印书馆，1983.

❹ 杜燕孙. 国产植物染料染色法［M］. 北京：商务出版社，1960：218.

❺ 古健青，张桂光，等. 中国方术大辞典［M］. 广州：中山大学出版社，1991：436.

"栌，今黄栌木也。一云玉精，食其子得仙也。"❶

《太平御览》卷六百六载：

"《神仙传》曰：阴长生裂黄素，写丹经一通，封以文石之函，着嵩高山；一通黄栌之简，漆书之，封以青玉之函，着华山；一通黄金之简，刻而书之，封以白银之函，着蜀绥山"。❷

《大藏经•萨婆多毗尼毗婆沙卷第八•九十事第五十九》载：

"紫草、奈皮、柏皮、地黄、红绯染色、黄栌木，尽皆是不如法色。以如法色更染覆上，则成受持"。❸

《文殊师利问经》卷上载：

"文殊师利白佛言：世尊，菩萨有几种色衣？……佛告文殊师利：不大赤色、不大黄、不大黑、不大白，清净如法色，三法服及以余衣皆如是色。若自染若令他染，如法捣成。"❹

前三则文献记载的是道教轶事。黄栌木呈黄色，道教尚黄，以其做法器和简牍表明道教非常看重黄栌木的黄色色相，甚至认为食其子可以成仙。后两则是佛教法衣颜色的戒律，类似的内容在其他一些佛经中也都有出现。诸律所论法衣之颜色，举青、黄、赤、白、黑等五正色及绯、红、紫、绿、碧等五间色为不如法色，故禁用之，而且明确直言"染色黄栌木"不如法色，其如法色只能是"不大黄"。佛教修行追求"毁形而苦行，割爱而忍辱，食以粗粝，衣以坏色，器以瓦铁"❺，故僧人的法衣，即亦被称之为袈裟的外衣，就是根据梵文的音译而得名，意为"不正色坏色"，因僧人穿着，便从色而言❻。道教对黄栌色的尊崇，佛教法衣对黄栌色的避讳，且中国古代长期以来形成的以木材技艺为载体的色彩体系是一个以纯色为中心的平面单色体系❼，均反映出黄栌染色相应该是纯正的黄色。

在古代染材中，黄色染材的数量最多，有 10 余种，如柘木、槐子、栀子、郁金、黄檗、荩草等均可染黄，其中有些染材的染色牢度很高，有些则很低，之所以这些黄色染材都被大量使用，其原因不外有二：一是就地取材，来源方便，成本低廉；二是所染黄色色相或风格各有不同，如柘木取其"黄色之多赤"，郁金取其"鲜明，微有香气"。古人看重的可能正是黄栌能染纯正黄色的这个特点，

❶ ［汉］司马迁. 史记［M］. 长沙：岳麓书社，1988：168.

❷ ［宋］李昉. 太平御览：卷六百六十六［M］//影印文渊阁四库全书：集部三. 台北：台湾商务印书馆，1983.

❸ ［晋］鸠摩罗什，等译. 大藏经［M］. 沈阳：万卷出版公司，2011.

❹ 赵小梅主编. 中国密宗大典［M］. 北京：中国藏学出版社，1993：164.

❺ ［元］徐硕. 至元嘉禾志［M］. 卷十八//影印文渊阁四库全书. 史部十一. 台北：台湾商务印书馆，1983.

❻ 萧振士. 中国佛教文化简明辞典［M］. 北京：世界图书出版公司北京公司，2014：342.

❼ 黄宝源. 中国传统色彩观辨析［J］. 苏州：苏州大学学报（工科版），2005（5）：48-49.

而容忍其染色牢度不佳的缺点，仍把它当作主流染材大量使用。

此外，日本古籍《延喜式》的一条记载也颇能说明黄栌染黄之色。谓：自嵯峨天皇（786—842 年）以来，皇袍色彩的制作材料为"绫一匹、栌十四斤、苏芳十一斤、酢二升、灰三斛、薪三荷。"苏芳即苏木，古代主流染红染材之一。日本皇袍的颜色，无疑是参照了当时中国皇袍的色相。史载，自隋唐开始，皇帝的袍服颜色是赭黄。此色用柘木所染，其黄色相中的赤色调与赭石色调相近，古人假借赭石之"赭"字，形容柘木所染之色相。由此可想见黄栌所染黄色之纯正，以致日本染工为染出带赤的黄色，要用黄栌和苏木两种染材。

因颜色是一种有关感觉和解释的问题，而且每个人由于色灵敏度和过往经历的不同，在看同一物体颜色后很难准确地用统一的语言表达出来。例如不同的人在听到"大黄"或"明黄"时，常会以不同方式来解释。因此，现将黄栌染丝、麻、棉、毛实验所得黄色的 L、a、b、C、h 数值列表如下（见表2-9），以便更直观地说明黄栌染之黄色及染色工艺。

表2-9　黄栌染色试样色值[①]

试样材料	染色方式	L值	a值	b值	h值	C值
丝	直接染	87	6	18	36	21
	明矾后媒	81	15	37	34	42
麻	直接染	82	6	17	35	21
	明矾后媒	81	15	37	34	42
棉	直接染	86	6	14	33	17
	明矾后媒	75	22	40	30	48
毛	直接染	86	6	27	40	29
	明矾后媒	81	15	37	34	42

① 实验说明：染材选用北京产黄栌，施染材料为平纹丝、麻、棉、毛平纹织物。助剂材料为酸、碱、明矾。采用仪器为天平、电磁炉、恒温电热水浴锅、酸度计、测色仪。测色是使用日本柯尼卡美能达 CM-2300d 分光测色计，光源为仪器默认的 D65，将所得之色彩样本分 3 次与仪器进行接触性测试，得到 3 组 L、a、b、C、h 值，分别取其平均值。每次色样与仪器接触时都旋转一定角度，以尽量避免因色样表面凹凸不平而影响测色的准确。色素提取采用水煮提取。因本文主要是探讨黄栌直接染色和借矾类媒染而得到的黄色，故只采用直接染和《天工开物》记载的明矾后媒两种实验方式，染色温度皆设定在 70℃。

分析表 2-9 的试样色值可知，所有试样的明度 L 在 75～87，色角 h 在 30°～40°之间，处于黄色区间；色彩指数 a、b 都是正值，且 b 数值远大于 a 数值，主色调是略微带有红调的黄色。从 b 和 C 的绝对值来看，媒染的黄色调和饱和度都远大于直接染，黄色色相突出。这些数值特征提示古代以黄栌为单一染材的染色工艺应多为《天工开物》记载的上染率高、黄色色相纯正的媒染，所染黄色在 L、a、b 色空间的大概位置是 L：75～85；a：15～22；b：37～40；h：30～34；C：42～48 左右。

四、小结

由于相关史料太少且记述过于简单，上述只是对古之黄栌染文献及当中的某些应注意问题，做个粗略回顾和阐述。尤其是对黄栌所染色相的解释，更是由于古代色名、色相描述的不确定性和复杂性，兼之没有直接文献，都是间接文献，显得稍欠说服力。黄栌染色实验能在一定程度上弥补这个不足，但也只是特定产地的染材，特定条件下的染色实验。不过我们相信，只要是同一染材、同一施染方式，主色调就不会有本质的差异，故期望上述对古之黄栌染史料的钩稽，能对今后深入研究古代染色技术有所帮助和补充。

第九节　郁金色辨析

郁金为多年生宿根草本姜科植物，其块根呈椭圆形，内含化学分子式为 $C_{21}H_{20}O_6$ 的姜黄素（Curcumin），可用沸水浸出，既可直接染丝、毛、麻、棉等纤维，又可借矾类媒染而得到各种色调的黄色。用它染出的织物往往会散发出一种淡淡的芬芳香气，别具风格，是我国较早就用于染色的带有花香的一种植物染料，并由它衍生出一个特定色名——郁金色。

由于色彩的表达属于较抽象的部分，没有具体的形，只是视觉上的感觉而已。如用来表示红色的就有"朱红""玫瑰红""品红""绯红"等，不同的人听到红色时往往会以不同的理解方式来解释这些色名。同样的，古籍中出现的许多色名，如单一地从文字理解，难免会与实际的色彩有一定的偏差，为克服这一缺陷，只能依赖实物。郁金所染出的郁金色，亦是如此。鉴于郁金有不同的品种，而古文献对郁金染色情况的记载又比较混乱，因此要理解古籍所载郁金色的真实样貌，有必要通过染色实验对其做技术复原和记录，将其所能染得的颜色还原、直观地呈现出来，同时参照相关文献所涉及的工艺及描述色彩的色名进行比照，并与现行色标对照，予以相对准确的定位，从而弥补文字释义的单一性。这样做，无论是在技术、还是直观层面上，都不失为一种较为可靠的途径。

一、郁金的品种

中国药典 2015 年版一部郁金项下载："本品为为姜科植物温郁金 *Curcuma wenyujin* Y. H. Chen et C. Ling、姜黄 *Curcuma Longa* L、广西莪术 *Curcuma kwangsiensis* S. G. Lee et C. F. Liang 或蓬莪术 *Curcuma Phaeocaulis* Val. 的干燥块根。前两者分别习称"温郁金"和"黄丝郁金"，其余按性状不同习称"桂郁金"或"绿丝郁金"。冬季茎叶枯萎后采挖，除去泥沙和细根，蒸或煮至透心，干燥。❶

据此可知郁金大致有 4 个品种，它们的植物来源、性状特征如表 2-10。

---

❶ 国家药典委员会编. 中华人民共和国药典［M］. 北京：中国医药科技出版社，2015.

表2-10 不同品种郁金原植物形态特征比较

	温郁金	姜黄	广西莪术	蓬莪术
学名	*Curcuma wenyujin* Y.H.Chen et C.Ling	*Curcuma longa L*	*Curcuma kwangsiensis* S.G.Lee et C.F.Liang	*Curcuma phaeocaulis Val*
植株高度	130～170厘米	80～120厘米	130～170厘米	140～170厘米
叶片	无毛	无毛	叶两面均密无毛被柔毛	叶中部有紫斑，叶背具短柔毛
花序	从根茎上抽出，花冠白色，苞片白色而带淡红	于叶鞘中抽出，花冠淡黄色，苞片粉红色或淡红紫色	从叶鞘或根茎上抽出，花冠粉红色	由根茎上抽出，花冠黄色
块根形状	呈长圆形或卵圆形，稍扁，有的微弯曲，两端渐尖。表面灰褐色或灰棕色，具不规则的纵皱纹，纵纹隆起处色较浅	呈纺锤形，有的一端细长，表面棕灰色或灰黄色，具细皱纹	呈长圆锥形或长圆形，表面具疏浅纵纹或较粗糙网状皱纹	呈长椭圆形，较粗壮，表面灰褐色或灰棕色，具细皱纹
块根大小	长3.5～7厘米 直径1.2～2.5厘米	长2.5～4.5厘米 直径1～1.5厘米	长2～6.5厘米 直径1～1.8厘米	长1.5～3.5厘米 直径1～9厘米
块根断面	断面灰棕色，角质样；内皮层环明显	断面橙黄色，外周棕黄色至棕红色	断面灰棕色	断面灰棕色
气味	气微香，味微苦	气芳香，味辛辣	气微，味微辛苦	气微，味淡

在古文献中，上述品种的郁金往往混为一谈，但在本草书中郁金、姜黄和莪术都是分列的，说明本草家已能很好地区别这些品种，不过值得注意的是言明前两个品种，即郁金、姜黄，能用于染色，莪术则不能用于染色。

李时珍《本草纲目》"郁金"条载：

"恭曰：郁金生蜀地及西戎。苗似姜黄，花白质红，末秋出茎心而无实。其根黄赤，取四畔子根去皮火干，马药用之，破血而补，胡人谓之马蒁。岭南者有实似小豆蔻，不堪啖。颂曰：今广南、江西州郡亦有之，然不及蜀中者佳。四月初生苗似姜黄，如苏恭所说。宗奭曰：郁金不香。今人将染妇人衣最鲜明，而不耐日炙，微有郁金之气。时珍曰：郁金有二。郁金香是用花，见本条；此是用根者。其苗如姜，其根大小如指头，长者寸许，体圆有横纹如蝉腹状，外黄内赤。人以浸水染色，亦微有香气。"[❶]

李时珍《本草纲目》"姜黄"载：

"颂曰：姜黄今江、广、蜀川多有之。叶青绿，长一、二尺许，阔三、四寸，有斜纹如红蕉叶而小。花红白色，至中秋渐凋。春末方生，其花先生，次方生叶，不结实。根盘屈黄色，类生姜而圆，有节。八月采根，片切曝干。蜀人以治

---

❶ ［明］李时珍. 本草纲目［M］. 北京：中国医药科技出版社，2011：462.

气胀，及产后败血攻心，甚验。蛮人生啖，云可以祛邪辟恶。按郁金、姜黄、术药三物相近，苏恭不能分别，乃如一物。陈藏器以色味分别三物，又言姜黄是三年老姜所生。近年汴都多种姜，往往有姜黄生卖乃是老姜。市人买啖，云治气为最。大方亦时用之。又有廉姜，亦是其类，而自是一物。时珍曰：近时以扁如干姜形者，为片子姜黄；圆如蝉腹形者，为蝉肚郁金，并可浸水染色。（莪）术形虽似郁金，而色不黄也。"❶

此外，关于姜黄染色，高濂《遵生八笺》"造金银印花笺法"还有如是记载，谓：

"用云母粉，同苍术、生姜、灯草煮一日，用布包揉洗，又用绢包揉洗，愈揉愈细，以绝细为佳。收时，以绵纸数层，置灰矼上，倾粉汁在上，晾干。用五色笺将各色花板平放，次用白及调粉，刷上花板，覆纸印花纸上，不可重拓，欲其花起故耳，印成花如销银。若用姜黄煎汁，同白及水调粉刷板印之，花如销金，二法亦多雅趣。"❷

从上引文献对郁金和姜黄的植物形态描述，很难与现代植物学对郁金和姜黄的描述比对，但从李时珍引苏恭所言：郁金"苗似姜黄，花白质红，末秋出茎心而无实"，又引寇宗奭所言："郁金不香，今人将染妇人衣最鲜明"，很明确将此郁金与形似"蝉肚郁金，并可浸水染色"的姜黄区别开来。

在今人阐释古代植物染料的一些著述中，郁金和姜黄也是被分列为两种染材的。

二、郁金染色实验

1. 实验材料及色素提取方法

实验材料及用具：染料为上述不同品种的郁金，即四川产姜黄（*Curcuma longa* L）和蓬莪术（*Curcuma phaeocaulis* Val）、浙江产温郁金（*Curcuma wenyujin* Y. H. Chen et C. Ling）、广西产莪术（*Curcuma kwangsiensis* S. G. Lee et C. F. Liang）。施染材料为平纹丝织物。助剂材料为酸、碱、明矾。采用仪器为天平、电磁炉、恒温电热水浴锅、酸度计、测色仪。

测色仪器、条件及过程：使用日本柯尼卡美能达 CM-2300d 分光测色计，光源为仪器默认的 D65，将所得之色彩样本分 3 次与仪器进行接触性测试，得到 3 组 L、a、b 和 C、M、Y、K 值，分别取其平均值。每次色样与仪器接触时都旋转一定角度，以尽量避免因色样表面凹凸不平而影响测色的准确。

色素提取方法：4 种染材均采用水煮提取法，即将一种染材称量后放入刻度杯，各加入约 2000 毫升水浸泡 24 小时，然后放在电磁炉上加热煎煮，让水分逐渐蒸发至约 1000 毫升液体时倒出，重复两次，将上述液体收集混合并过滤备用。

❶ ［明］李时珍. 本草纲目［M］. 北京：中国医药科技出版社，2011：462.

❷ ［明］高濂. 遵生八笺［M］. 兰州：甘肃文化出版社，2004：385.

染液颜色：4 种染材所制染液只有姜黄染液呈黄色。

2. 施染方法

郁金染色时加入不同的金属媒染剂可得不同的色彩，如加铁盐可得黄绿色，加铝盐仍为黄色，因本实验主要是探讨郁金直接染色和借矾类媒染而得到各种色调的黄色，故只采用直接染和明矾媒染两种方式。

直接染采用两种方案。

a. 四种染材萃取液各取 450 毫升，染液 pH 值为 7，将待染织物直接浸入 4 种染材萃取液中，浴比为 1：30。染色过程升温曲线如图 2-19 所示。

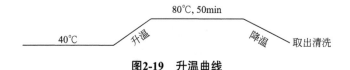

图2-19　升温曲线

b. 萃取液各取 450 毫升，加入草酸使染液 pH 值为 3，将待染织物直接浸入其中，浴比为 1：30。染色过程升温曲线如图 2-19。

媒染方式采用同媒、预媒、后媒在中性染液和酸性溶液施染的六种方案，媒染剂为明矾。

三种方式中皆各取 pH 值为 7 和 pH 值为 3 的萃取液 450 毫升，$KAl(SO_4)_2 \cdot 12H_2O$ 媒染剂重量为 2 克，媒染浓度约为 13%（媒染剂重量 / 帛重量 ×100%），预媒和后媒时间皆为 2 小时，各方案染色时间和升温曲线与直接染相同。

3. 实验结果

经目测，施染后的丝帛，无论是哪种直接染方式，还是哪种媒染方式，只有姜黄施染的丝帛呈黄色。蓬莪术、温郁金和广西产莪术施染的丝帛基本没有变化，表明这 3 种材料无染色价值，不能作为染料使用。不同施染方案下姜黄所染色泽ΔE、L、a、b 值测定结果见表 2-11。

表2-11　不同施染方案所染色泽结果

实验方案	染色方式	pH值	ΔE	L	a	b	目测色调
1	直接染	7	34.71	82.25	−4.16	42.85	柠檬黄
2	直接染	3	32.32	73.28	6.46	36.28	浅橘黄色
3	明矾预媒	7	38.03	77.82	−2.52	45.24	柠檬黄
4	明矾预媒	3	43.16	72.01	5.14	48.24	浅橘黄色
5	明矾同媒	7	33.77	74.33	6.41	38.58	柠檬黄
6	明矾同媒	3	34.99	72.91	7.44	38.99	浅橘黄色
7	明矾后媒	7	32.12	82.22	−2.44	40.35	柠檬黄
8	明矾后媒	3	33.53	72.75	6.74	47.75	浅橘黄色

不同施染方案下所染色泽的光谱和 *Lab* 绝对值如图 2-20 ～图 2-23。

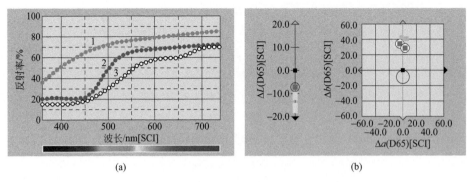

(a) (b)

图2-20 方案1和方案2所染色泽的光谱（a）和*Lab*绝对值（b）

（1号线为染色前，2号线为中性溶液，3号线为酸性染液）

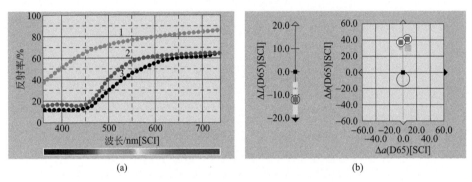

(a) (b)

图2-21 方案3和方案4所染色泽的光谱（a）和*Lab*绝对值（b）

（1号线为染色前，2号线为中性溶液，3号线为酸性染液）

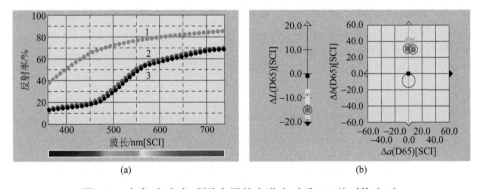

(a) (b)

图2-22 方案5和方案6所染色泽的光谱（a）和*Lab*绝对值（b）

说明：各种方式得到的Δ*E*、*L*、*a*、*b*值范围分别是，色差值Δ*E* 43.16 ～ 32.12，其中第 4 种方式Δ*E* 最高，为 43.16，表明这种方式上染性最好。明度值 *L* 82.25 ～ 72.01；红色值 *a* 7.44 ～ -4.16；黄色值 *b* 48.24 ～ 36.28。其中中性染

液的明度均高于加矾染液；中性染液的红色值均低于加矾染液；黄色值除直接染外，中性染液均低于加矾染液。另外，从表中各数值和目测结果来看，染液的 pH 值对色调的影响较大，是否使用铝媒染剂则对色调影响不是很大。此外，由光谱图形对象图可见：不同方式施染的织物光谱曲线变化趋势一致性非常强，只是在 450 ～ 550 谱段在呈酸性的染液施染的织物其变化曲线较中性染液的变化曲线平缓；而由 Lab 绝对值图形来看，在呈酸性的染液施染的织物，其 Δa 值均大于 0；在中性的染液施染的织物，其 Δa 值基本都小于 0，亦都说明染液的 pH 值对织物吸收色素有很大影响，是否使用铝媒染剂则关系不大。

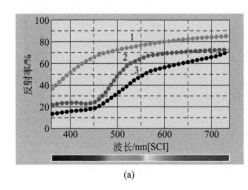
(a)

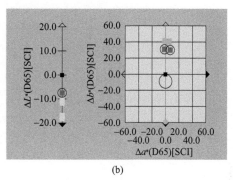
(b)

图2-23 方案7和方案8所染色泽的光谱（a）和 *Lab* 绝对值（b）
（1号线为染色前，2号线为中性溶液，3号线为酸性染液）

三、中国古代利用郁金的时间

我国使用郁金的时间可追溯到周代，当时主要用途是制酒。《周礼·春官宗伯第三》载："郁人掌祼器。凡祭祀、宾客之祼事，和郁鬯以实彝而陈之。"❶ 郑玄注："郁，郁金香草。宜以和鬯。鬯，酿秬为酒，芬香条畅于上下也"❷ 又注："《王度记》谓之鬯。鬯即郁金香草也。云宜以和鬯者。鬯人所掌者是秬米，为酒不和郁者。若祭宗庙及灌宾客，则鬯人以鬯酒入郁人，郁人得之，筑郁金草煮之以和鬯酒，则谓之郁鬯也。"❶ 这种酒因其酒色金黄，也被称为黄流。《诗·大雅·旱麓》云："瑟彼玉瓒，黄流在中。"郑玄笺："黄流，秬鬯也。"孔颖达疏："酿秬为酒，以郁金之草和之，使之芬香条鬯，故谓之秬鬯。草名郁金，则黄如金色；酒在器流动，故谓之黄流。"❸ 可见"黄流酒"是因添加郁金后呈黄色而

❶ ［汉］郑玄注，［唐］陆德明音义，贾公彦疏. 周礼注疏：卷四十［M］//影印文渊阁四库全书：经部四. 台北：台湾商务印书馆，1983.

❷ ［明］冯复京. 六家诗名物疏：卷四十二［M］//影印文渊阁四库全书：经部三. 台北：台湾商务印书馆，1983.

❸ ［宋］吕祖谦. 吕氏家塾读诗记：卷二十五［M］//影印文渊阁四库全书：经部三. 台北：台湾商务印书馆，1983.

得名，故南朝梁沈约《梁宗庙登歌》中有："我郁载馨，黄流乃注"❶之句，宋罗愿《尔雅翼》中有："郁，郁金也。其根芳香而色黄。古者酿黑黍为酒。所谓秬者。以郁草和之。则酒色香而黄。在器流动。《诗》所谓黄流在中者也"❷之说。

因中国在周王朝时期就利用郁金制酒，以致美国汉学家谢弗（Edward H. Schafer）认为："郁金是中国西南地区土生土长的品种。"❸不过从汉代文献记载来看，郁金似乎非中国原产，在早期皆来自远方小国所贡。《说文》解鬯字云："以秬酿郁草芬芳攸服以降神也。"又解郁字云："郁鬯百草之华，远方郁人所贡芳草合酿之，以降神。"❹东汉王充《论衡》中也多次记述了倭人向周朝中央王国进贡郁金的事。如《论衡·异虚篇》载："周之时天下太平，人来献畅草。畅草亦草野之物也，与彼桑谷何异，如以夷狄献之则为吉，使畅草生于周家肯谓之善乎。夫畅草可以炽酿，芬香畅达者，将祭，灌畅降神。"《论衡·恢国篇》载："白雉贡于越，畅草献于宛。"同篇："成王之时，越裳献雉，倭人贡畅。"《论衡·儒增篇》载："周时天下太平，越裳献白雉，倭人贡鬯草。食白雉服鬯草不能除凶，金鼎之器安能辟奸。"❺此"倭人"，是否是指日本人有待进一步考证，但"倭"通"逶"，有遥远的意思。由此可见郁金是远方所贡，在当时是相当珍贵的，一度只掌控在天子手中，用它制成的酒被用于宗庙祭祀或是重大场合。

需要指出的是，根据今人分析，温郁金、广西莪术或蓬莪术中所含色素——姜黄素，甚少，远远低于姜黄❻。结合前述只有姜黄才能析出黄色素的实验结果，古代用于制作"黄流酒"的原材料郁金，其品种实应界定为姜黄。宋人郑樵所撰《通志》中的一段话，可作为这个界定的佐证，谓：

"郁金，即姜黄。《周礼》郁人和郁鬯注云：煮郁金以和鬯酒。又云：郁为草若兰。今之郁金，作将潘臭，其若兰之香，乃郁金香。生大秦国，花如红蓝花，四五月采之即香。陈藏器谓《说文》云：郁，芳草也。十叶为贯，将以煮之用为鬯，为百草之英，合而酿酒以降神也。然大秦国去长安四万里，至汉始通，不应三代时得此草也。或云郁金与姜黄自别，亦芬馨，恨未识耳。"

由此推之，当有关文献中谈及郁金时，凡涉及色彩，此郁金肯定是指姜黄；反之，可能只是指郁金的某个品种。

❶ [宋]郭茂倩，辑. 乐府诗集：卷九［M］//影印文渊阁四库全书：集部八. 台北：台湾商务印书馆，1983.

❷ [宋]罗愿. 尔雅翼：卷八［M］. 吉林：吉林出版集团有限责任公司，2005.

❸ 谢弗著. 唐代的外来文明［M］. 吴玉贵，译. 北京：中国社会科学出版社，1995.

❹ [汉]许慎. 说文解字［M］. 北京：中华书局，1993.

❺ [汉]王充. 论衡［M］//张宗祥校注，郑绍昌标点. 论衡校注. 上海：上海古籍出版社，2010.

❻ 李敏，等. 中药材规范化生产与管理（GAP）方法及技术［M］. 北京：中国医药科技出版社，2005：718.

四、郁金（姜黄）用于染色的时间及施染物特点

虽然在先秦时期人们就知道郁金（姜黄）含有大量的黄色素，但因其是远方所贡的贵重物品，比较稀罕，当时被当作染材用于染色的可能性不大。言指郁金，即姜黄用于染色的现知最早文献记载是西汉史游《急就篇》中的一首描述色名的七言诗，云：

"锦绣缦綵离云爵，乘风悬钟华洞乐。豹首落莫兔双鹤，春草鸡翘兔翁濯。郁金半见缃白纱，缥缤绿纨皂紫硟。烝栗绢绀缛红燃，青绮绫縠靡润鲜。绨络缣练素帛蝉，绛缇絓绸丝絮绵。" ❶

《急就篇》，又名《急就章》，是我国现存最早的识字与常识课本。之所以取"急就"二字作篇名，宋人晁公武是这样解释的："杂记姓名诸物五官等字，以教童蒙。'急就'者，谓字之难知者，缓急可就而求焉"。按现在的说法，"急就"二字并不是指"字之难知"，而是"速成"的意思。上引这首诗是史游为便于儿童学习和易于记诵，根据当时寻常可见的丝织品名称和特定色名而编成的。其中"郁金半见缃白纱"之句是描述染缯之色，"郁金""半见""缃""白纱"都是当时的特定色名。《急就篇》成书时间约在公元前40年，既然当时郁金作就已成为特定色名，表明郁金已非稀罕之物，在此时应有广泛种植，不仅可满足制酒之需，亦可大量供染色之用。由此推断其用于染色的起始时间似应不晚于西汉早期。

郁金（姜黄）施染物的最大特点是能散发微香，最大缺点是不耐日炙。宋寇宗奭《本草衍义》载：

"郁金：不香。今人将染妇人衣最鲜明，然不耐日炙，染成衣，则微有郁金之气。" ❷

不耐日炙的染料使用往往不会很广泛，且很快就被其他染材取代，郁金却恰恰相反。先人在利用郁金染色时看中的是它能散发微香，因而历朝历代都曾普遍利用它染制高档的黄色纺织品。对权贵阶层喜好郁金染色之物，一些文学作品反映得尤为充分，从中亦不难窥见古代郁金作为植物染料染色之普遍。今择几例：①唐李商隐《牡丹》诗句："垂手乱翻雕玉佩，招腰争舞郁金裙。"❸ ②唐李珣《浣溪沙》："入夏偏宜澹薄妆，越罗衣褪郁金黄，翠钿檀注助容光。"❹ ③宋贺铸《减字浣溪沙》："宫锦袍熏水麝香。越纱裙染郁金黄。"❺ ④宋杨修《齐云观》诗："上

❶ [汉] 史游. 急就篇 [M]. 影印文渊阁四库全书：经部十. 台北：台湾商务印书馆，1983.
❷ [汉] 寇宗奭. 本草衍义 [M]. 颜正华，等点校. 北京：人民卫生出版社，1990：65.
❸ [唐] 李商隐. 李商隐诗集 [M]. 朱鹤龄，笺注，田松青点校. 上海：上海古籍出版社，2015：94.
❹ [五代后蜀] 赵崇祚辑. 花间集 [M]. 杨鸿儒，注评. 杭州：浙江古籍出版社，2013：433.
❺ [明] 陈耀文. 花草粹编：卷三 [M]. //影印文渊阁四库全书：集部十. 台北：台湾商务印书馆，1983.

界笙歌下界闻，缕金罗袖郁金裙。"❶⑤元王恽《过稼轩先生墓》诗句："朝野不应传乐语，六宫春动郁金裙。"❷⑥明谢榛《秋宫词》："茜红衫子郁金裙，玉貌灯前坐夜分。"❸⑦明宋登春《竹枝词》："小姑茜红衫，大姑郁金裙。把手促侬去，两两拜湘君。"❹

五、郁金与郁金香

在古代，郁金（包括姜黄、莪术）是一种用于制作香料的重要原料，因其名称与另一种制作香料的重要原料——郁金香，名称相近，在古文献中常常混为一谈。郁金香（Crocus sativus），又名番红花，或藏红花、西红花、撒馥兰，佛经里音译为"恭矩磨"，是一种鸢尾科番红花属的多年生花卉，既可入药，也可用于制香料和黄色染料。作为中药，《本草拾遗》（公元 741 年）最早将其收录。番红花之名则始见于《本草品汇精要》（1505），书中以撒馥兰为正名、番红花为别名收载。2015 年版《中国药典》以西红花之名收录。另据考证，"郁金香作为专属性的物名，见于从西晋安息三藏安法钦于迄惠帝光熙元年（公元 218—230 年）在洛阳白马寺译出的佛经《阿育王传》卷第四。安氏创造性地将梵文名称 Kashmira janman 意译为郁金香（另一个梵文名称 kesaravara 是形容花柱纤细如毛发状，尼泊尔人称 Keshara 或 Keshar），并提到罽宾国（即今克什米尔一带，是佛教大乘派的发源地，曾与中国汉王朝通使）有香山产郁金香（有专人保护种源）。汉晋之际，郁金香和苏合香等香料输入中国"❺。美国人谢弗在其所著《唐代的外来文明》一书中，根据《唐会要》中的一段记载："贞观二十一年，伽毗国献郁金香，叶似麦门冬，九月花开，状如芙蓉，其色紫碧，香闻数十步，华而不实，欲种取其根"，考证郁金香为鸢尾科植物❻。谢弗的考证是很有说服力的，因为叶形、花期、香性、繁殖方法都与番红花完全吻合，但他书中把唐诗中的郁金香一词统统解释成藏红花却是值得商榷的，毕竟郁金、姜黄、莪术都能用于制造香料，没有证据能够排除在先秦时期就已被用于制作香酒的郁金，在唐代时彻底被郁金香（Crocus sativus）取代。

因郁金香和郁金（包括姜黄、莪术）都能用于制造香料和黄色色料，在古文献中的一些相关记载中，我们现在已很难分辨究竟是以郁金为原料，还是以郁金

❶ 曹学佺. 石仓歷代诗选：卷二百十一//影印文渊阁四库全书：集部八. 台北：台湾商务印书馆，1983.

❷ ［元］王恽. 秋涧集：卷三十一［M］//影印文渊阁四库全书：集部五. 台北：台湾商务印书馆，1983.

❸ ［明］谢榛. 四溟集：卷十［M］//影印文渊阁四库全书：集部六. 台北：台湾商务印书馆，1983.

❹ ［明］宋登春. 宋布衣集：卷二［M］//影印文渊阁四库全书：集部六. 台北：台湾商务印书馆，1983.

❺ 胡世林. 红花与郁金香的本草考证［J］. 现代中药研究与实践，2008（3）：3-6.

❻ 谢弗. 唐代的外来文明［M］. 吴玉贵，译. 北京：中国社会科学出版社，1995：274-277.

香为原料。如《大唐西域记》卷二记载，印度之人：

"身涂诸香，所谓旃檀、郁金也。"❶

《陀罗尼集经》卷九记载，真言行者作坛时，涂坛所用的五色粉者：

"一白色，粳米粉是。二黄色，若郁金末若黄土末。三赤色，若朱砂末赤土末等。四青色，若青黛末干蓝淀等。五黑色，若用墨末若炭末等。其粉皆和沉香末用。"❷

《苏悉地羯啰经》"涂香药品第九"记载：

"用诸草香根汁香花等三物，和为涂香，佛部供养。诸香树皮及坚香木，所谓旃檀沉水天木等类，并以香果如前分别，和为涂香，莲花部用。诸香草根花果叶等和为涂香，金刚部用。或有涂香，具诸根果，先人所合成者，香气胜者，通于三部。或唯用沉水和少龙脑，以为涂香，佛部供养。唯用白檀和少龙脑，以为涂香，莲花部用。唯用郁金和少龙脑以为涂香，金刚部用。紫檀涂香，通于一切金刚等用。"❸

实际情况大概应如谢弗在书中介绍"郁金与蓬莪术"时所言：

"与普通郁金有密切亲缘关系的一种植物，是在印度和印度尼西亚地区以蓬莪术知名的一种高级的芳香品种。蓬莪术主要是用作香料的原料。在印度支那和印度尼西亚地区，还有姜黄属植物的许多其他的品种，它们分别被用作染色剂、医药、咖喱粉以及香料制剂等多种用途。在汉文中，这些植物的集合名称叫做'郁金'，正如我们在上文中所指出的，虽然'番红花'在汉文中被比较明确的称为'郁金香'，但是'郁金'这个字也是指'番红花'而言的。总而言之，在贸易中和实际应用时，郁金与郁金香往往混淆不清，当有关文献中强调其香味时，我们就可以推知：这不是指郁金香就是指蓬莪术，反之，就是指郁金。……据记载，郁金还常常被用来涤染妇女的衣物，在染衣服的同时，它还能够使衣服上带上一股轻微的香味，但是这里的'郁金'究竟是指郁金（turmeric），还是指郁金香（saffron）——在古代，郁金香也被作为染料来作用——我们还不能断定。而与龙脑香一起铺在天子将要经过的道路上的'郁金'粉，则不是郁金香就是蓬莪术。"❹

六、郁金色

在古文献中描述或形容颜色时经常出现"郁金"或"郁金色"，它们无疑是指同一特定色名。从前述实验结果来看，中性和酸性条件下郁金（姜黄）染色可

---

❶ ［唐］玄奘. 大唐西域记：卷二［M］. 重庆：重庆出版社，2008.

❷ 丁福保. 佛学大辞典［M］. 上海：上海书店，1991：517.

❸ 李英武，注. 密宗三经［M］. 成都：巴蜀书社，2001：312.

❹ 谢弗. 唐代的外来文明［M］. 吴玉贵，译. 北京：中国社会科学出版社，1995：241-243.

得柠檬黄和浅橘黄色两个色调，古人所言的郁金色，实为姜黄色。这个特定色彩是哪一个？如何界定？我们可以通过古代色名的命名方式和古人对郁金色的描述做个大概的推断。

一是中国各种传统色的命名方式很多是以两个词语组成，即在红、黄、蓝、绿、紫等基本颜色前冠以一个修饰性词语。这个修饰性的词语，可为形容词，以表示该色的明度和彩度，如明、暗、艳、浅、深等。

二是借用名词。在基本色名前冠以与之色调相近的某种物体名称，如枣红、橘红、砖红、橘黄、金黄、苹果绿、茄紫、葡萄青等。

三是特定名词。在基本色名前冠以显色材料，以表明这种色彩是经由这种特定材料通过染色或其他过程后所显现的色彩，如槐黄、石黄、茜色、苏木色、荆褐、皂色等。

前引西汉史游《急就篇》诗句："郁金半见缃白纟素"，其中各色名的色调，唐人颜师古有如是注："郁金，染黄也。缃浅黄也。半见，言在黄白之间，其色半出不全成也。白纟素，谓白素之精者，其光纟素纟素然也。"❶ 整个诗句对色调的描述是从深至浅，郁金排在第一位，而柠檬黄的色调接近浅黄的缃，以此可判定郁金所染之黄色调不会太浅。对这个判定最好的佐证是晋陆翙《邺中记》中的一段记载，云："牙桃枝扇，其上竹或绿沈色或木兰色或作紫绀色或作郁金色。"❷ 绿沈色、木兰色、紫绀色皆为重色调，郁金色与它们并列，其色调当然不会太浅。此外，一些唐宋诗词中的描述也颇能说明郁金的色调。如唐许浑《骊山》诗："闻说先皇醉碧桃，日华浮动郁金袍。"❸《十二月拜起居表回》诗："空锁烟霞绝巡幸，周人谁识郁金袍。"❹ 从诗中所言"郁金袍"来看，当指帝王的皇袍。在古代，皇袍通常用柘木所染，又称柘黄袍，其色"黄色之多赤者"❺。"多赤"意味其色调非浅色调。在很多文学作品中，柘黄袍是天子的代称，五代十国时期的女诗人花蕊夫人所作《宫词》便是一例，云："锦城上起凝烟阁，拥殿遮楼一向高。认得圣颜遥望见，碧阑干映赭黄袍。"❻ 中国历朝历代都制定有严格的服饰制度，皇帝的服饰颜色更是有着一定之规。皇帝既然喜欢郁金施染物之芬香味道，染工投皇帝之喜好，以郁金所染皇袍之色调，当与柘黄袍色调接近，也非浅色调。因为这样既不违反制度，又不失帝王的庄重和威严。在中国传统绘画中，姜黄色也经常用

❶ ［汉］史游. 急就篇［M］. 影印文渊阁四库全书：经部十. 台北：台湾商务印书馆，1983.

❷ ［晋］陆翙. 邺中记［M］. 影印文渊阁四库全书：史部九. 台北：台湾商务印书馆，1983.

❸ 周振甫，主编. 唐诗宋词元曲全集［M］. 合肥：黄山书社，1999：3970.

❹ 周振甫，主编. 唐诗宋词元曲全集［M］. 合肥：黄山书社，1999：3978.

❺ ［唐］封演. 封氏闻见记：卷四［M］//影印文渊阁四库全书：子部十. 台北：台湾商务印书馆，1983.

❻ 周振甫，主编. 唐诗宋词元曲全集［M］. 合肥：黄山书社，1999：5841.

于古代长者服饰，以使其有庄重肃穆之感❶。又如宋王仲修《宫词》："蒙金衫子郁金黄，爱拍伊州入侧商。""蒙"有"暗"之意，言蒙金衫子呈郁金之黄色调，亦说明郁金所染之黄色调不会太浅。

非常巧合的是酸性染液所染的这个颜色与姜黄的本色很接近，根据古代色名的命名方式以及前述推断和实验结果，"郁金色"这个特定色，应该为酸性条件下的郁金（姜黄）染液所染之色泽。

另据实验研究，郁金（姜黄）染液中是否加矾媒染对日晒牢度影响不大。结合前述实验"染液的 pH 值对色调的影响较大，是否使用铝媒染剂则对色调影响不是很大"的现象，不难得出这样的判定：古人所谓的郁金色，其施染方式是在以姜黄为染材的酸性染液中直接染取；其色泽在 $L*a*b$ 色空间的大概范围是 $L\,73.28 \sim 72.01$、$a\,7.44 \sim 5.14$、$b\,48.24 \sim 36.28$。

七、小结

综上所述，得出三个主要结论：

其一，不同的郁金品种只有姜黄具染色价值。凡文献中出现郁金时，如偏重强调色彩，此郁金肯定是指姜黄；反之，可能只是指郁金的某个品种。

其二，西汉早期，郁金已广泛种植，郁金用于染色的起始时间应不晚于此时。其施染物虽有不耐日炙之缺陷，但其能散发出微微的香味，因而历朝历代都曾普遍利用它染制高档的黄色纺织品。

其三，古人所谓的郁金色，其施染方式是在以姜黄为染材的酸性染液中直接染取；其色泽在 $L*a*b$ 色空间的大概范围是 $L\,73.28 \sim 72.01$、$a\,7.44 \sim 5.14$、$b\,48.24 \sim 36.28$。

最后需要说明的是：因生长环境和气候差异，不同产地的同一染材色素含量是不同的，故用不同产地同一染材所染之物的色度值肯定也是不同的，不过我们相信，只要是同一染材、同一施染方式，主色调就不会有本质的差异。前述只是将某一特定产地的染材做了染色实验，并依据相关文献记载，经详细比对叙述内容做了一些初步的探讨，以期能够对辨析和最终定量的界定"郁金色"这个颜色有所帮助。

---

❶ 王定理. 中国の伝统色［M］. 东京：大日本インキ化学株式会社，1986：136.

第十节　明清时期对染料植物的认知

——以《格致镜原》一书所载为例

　　明清时期相关染料植物的文献记载很多，但非常零散，充斥于各种农书、医书、类书、文人笔记中，如《农政全书》《本草纲目》《多能鄙事》《天工开物》《便民图纂》《格致镜原》《群芳谱》等，这些书对各种染料植物的描述各有偏重。其中的《格致镜原》这部综合性类书，成书于康熙时期，当时西方自然科学自明朝末年传入中国，已有数十年的时间。中国文人受西方方法论的影响，学风开始向"证实"的方向发展，以致《格致镜原》中的各类条目内容，虽采取传统考据方法修撰，但受这种学风的影响，在考据"物原"的同时，也出现了重视各物的实用性描述的倾向。书中辑录的一些染料植物内容，与明清时期相关文献记载的内容相比，很能反映当时人们对染料植物的认知水平，值得我们认真总结。故本文对《格致镜原》所载相关内容做些粗浅分析，以便大家深入了解明清时期植物染色技术达到的高度，更希望能为大家了解、借鉴传统的染色技术经验和实践措施提供依据。

一、《格致镜原》一书特点

　　《格致镜原》是一部介绍古代典籍中"物原"的综合性类书，编纂时间始于康熙四十三年（1704 年），于康熙五十六年（1717 年）刊刻。编纂者陈元龙，浙江海宁人，康熙二十四年（1685 年）进士，授编修，历官至文渊阁大学士、工部、礼部尚书。该书一百卷，共分三十类，包括乾象、坤舆、身体、冠服、宫室、饮食、布帛、舟车、朝制、珍宝、文具、武备、礼器、乐器、耕织器物、日用器物、居处器物、香奁器物、燕赏器物、玩戏器物、谷、蔬、木、草、花、果、鸟、兽、水族、昆虫。书的体例上"有总论、有名类、有称号、有纪异"，每个条目都摘录原文，并标明原书出处。

　　陈元龙编纂这本书的目的，如其在"凡例"中所言："凡类书所以供翰墨，备考订也。是书则专务考订，以助格致之学。每纪一物，必究其原委，详其名号，疏其体类，考其制作，以资实用。比事属辞非所取也，故于古来诗赋以及故事一概不录，以别于他类书。间有关于物之别名与怪异者，采百之一"。❶从书中所录"三十类"内容看，皆是当时人们视野可感知的"物"，而原来传统类书中有关帝王、州郡、职官、礼仪、政事、刑法、祥瑞、仙释、神鬼这些部类，则全部淘汰。而在每一类所立细目的数量上，又大大超过旧有类书。基本达到了他为使这本书有别于传统类书的体例、内容以及考订物原之良苦初衷，并由此得到众多学者的重视和肯定。《四库提要》曾大加赞赏，云："其采撷极博，而编次具有条理。体例秩然，首尾贯穿，无诸家丛冗猥杂之病，亦庶几乎称精核矣。"李约瑟在编写《中国科学技术史》时，也曾说在"专门涉及科学技术史的小型百科全书和类似书籍"中《格致镜原》是"最好的"。❷

另有研究者将《格致镜原》一书的最大特点概括为：与传统的综合性百科类书划清了分界，增添了大量前人未予重视的资料。在体例上，有继承，也有创造。如在它的每一类下，分设若干条目。一种名物而资料多的，则以总论、名类、称号、纪异等分别标列其首，以为条目。内容之间相互关联的，就作为附条，放在主要条目之后。不足成一类者，则附见于各类之末；一物而分见于两类的，则另立相关的内容，以便互相参见。其引证文献内容则表现有四：一是大多直接采自原书，很少转抄其他类书。所用版本，多编者家藏旧刻及传世善本，甚少讹文脱字，是一般类书所不及，足资凭信。二是删繁就简，用省略或变换无关紧要的词语、字句而无伤原意，免于徒增篇幅。三是留取所需，即根据"各类"所需，选择内容，与无关事物径直削去。既精简了内容，又节省了篇幅，一举两得。四是消化改写，将原文不易理解的词语加以改写，又不失原意。并称《格致镜原》这部产生于我国十八世纪初的有关科技史的专题性百科全书，如它书名一样，充满了"格致之学"的博物气息。❸❹

二、《格致镜原》引录的染料植物及其所引书目

据赵丰先生统计，中国古代见于记载的染料植物有 50 种，分别是：茜草、红花、苏木、棠梨、落葵、都捻子、冬青、番红花、紫檀、紫草、虎杖、荩草、栀子、黄栌、地黄、黄檗、小檗、姜黄、郁金、槐树、栾树、柘树、丝瓜、鼠李、鸭跖草、菘蓝、蓼蓝、马蓝、木蓝、麻栎、胡桃、鼠尾草、乌桕、狼把草、黄荆、椑柿、榉柳、桴、榛、桑、莲、茶、杨梅、黑豆、菱、栲、扶桑、薯莨、

❶ ［清］陈元龙. 格致镜原［M］. 影印文渊阁四库全书：子部十一. 台北：台湾商务印书馆，1983.

❷ 李约瑟. 中国科学技术史：第一卷总论［M］. 北京：科学出版社，2002：103.

❸ 高振铎.《格致镜原》及其引书的特点［J］. 古籍整理研究学刊，1991（5）：6-9.

❹ 钱玉林. 陈元龙的《格致镜原》——十八世纪初的科技史小型百科全书［J］. 辞书研究，1982（5）：157-161.

鼠曲草、槲。❶《格致镜原》辑录了其中的 34 种染料植物（其中崧蓝、蓼蓝、马蓝、木蓝合为一类，红花、番红花合为一类），未辑录的 16 种染料植物是：落葵、都捻子、虎杖、黄栌、地黄、黄檗、小檗、姜黄、栾树、丝瓜、鸭跖草、鼠尾草、乌桕、狼把草、黑豆、薯莨。在未辑录的染料植物中，除黄栌、黄檗、薯莨外，其他数种都是在某一时期或某一小的地域曾经使用，用量也非常少，绝非主流染料植物。当然在所辑录的 32 种染料植物中，诸如椑柿、椵柳、栌、榛等几种，亦是如是。

在辑录的 34 种染料植物中引书分别是：

（1）茜草：《尔雅》、陆玑《诗疏》《卉谱》《说文》《和州刺史壁记》。

（2）红花：《通雅》《群芳谱》《博物志》《本草》《古今注》《与燕王书》《竹坡诗话》。

（3）苏木：《事物绀珠》《博物要览》。

（4）棠梨：《海棠记》《复斋漫录》《全芳备祖》。

（5）冬青：《格物总论》《典术》《本草》《晋宫阁名》《泊宅编》《群芳谱》。

（6）紫檀：《格古要论》。

（7）紫草：《六书故》。

（8）荩草：《尔雅》《本草》。

（9）栀子：《本草经》《格物总论》《地镜图》《史记》《晋令》《名山志》《升庵外集》、韩翃诗《送王少府归杭州》《酉阳杂俎》《山谷诗话》《野人闲话》《词话》《牡丹荣辱志》。

（10）郁金：《说文》《埤雅》《本草》《汇苑》。

（11）槐：《春秋》《周礼》《淮南子》《埤雅》《天玄主物簿》《本草》《中朝事迹》《古今注》《事物绀珠》《挚虞连理》《南柯记》《清异录》《南部新书》《酉阳杂俎》《群芳谱》《抱朴子》《颜氏家训》《卢氏杂志》《花木考》《三辅黄图》《国史纂异》《尔雅》《广志》《曲洧旧闻》。

（12）柘：《格物总论》《周礼》《清异录》《古今注》《本草》。

（13）蓝草：《毛诗》《礼记》《说文》《汉官仪》《通志》《群芳谱》《尔雅疏》《尔雅翼》《本草》《月令》《续汉书》、赵岐《蓝赋序》。

（14）麻栎：《名义考》、陆玑《诗疏》《六书故》《本草》《郡国志》。

（15）胡桃：《本草》《名物志》《梵书》《格物总论》《晋书》《荀氏春秋》《云仙散录》《朝野金载》《广志》《草木子》《酉阳杂俎》《岭表录异》。

（16）黄荆：《春秋》《格物总论》《艺文类聚》《广志》《本草》《南方草木状》《登真隐诀注》《大业拾遗录》《朝野金载》《事物绀珠》《孝子传》。

❶ 朱新予. 中国丝绸史（专论）［M］. 北京：中国纺织出版社，1997：220-224.

（17）椑柿：《地理志》《西京杂记》《正字通》《本草》。

（18）檕柳：《群芳谱》。

（19）柠：《齐民要术》《晁氏墨经》。

（20）榛：《左传》《周礼》、陆玑《诗疏》《汇苑》。

（21）桑：《典术》《周易》《礼记》《史记》《格物总论》《种树书》《氾胜之书》《吕氏春秋》《晋书》《见闻录》《五代史会》《东都事略》《河图括地》《本草》《异苑》《王桢农书》《蚕经》《拾遗记》《山海经》《广异》《十洲记》《齐书》《述异记》《神异经》《尔雅》《唐书》《事物绀珠》《庶物异名疏》。

（22）莲：《尔雅》、陆玑《诗疏》《酉阳杂俎》《事物原始》《拾遗记》《豫章志》《三堂往事》《内观日疏》《五杂组》。

（23）茶：《尔雅》《说文》《南方草木状》《方言》《茶经》《学斋占毕九经》《茶论》《云谷杂记》《南窗纪》《世说》《茶录》《实录》《滴露漫录》《茶述》《兄子演书》《桐君录》《博物志》《神农食经》《杂录》《食论》《食忌》《本草》《茶疏》《国史补》《食檄》《表遣》《金銮密记》《七修类稿》《王氏谈录》《珍珠船》《茶谱》《神异记》《欧阳修》《续搜神记》《试茶录》《煮泉小品》《学林新编》《考盘余事》《群芳谱》《太平清话》《清异录》《邺侯家传》《戒庵漫笔》《北苑别录》《澄怀录》《庶物异名疏》《谈苑》《蛮瓯志》《甲申杂记》《潜确类书》《丹铅总录》《留青日札》《升庵外集》《苕溪渔隐》《归田录》《东溪试茶录》《演繁露》《入蜀记》《墨客挥犀》《合璧事类》《圣政记》《避暑录》《与杨祭酒书》《艻茶笺》《图经》《方舆胜览》《武夷杂记》《泉南杂志》《采茶录》《雨航杂录》《吴兴记》《国史补》《事物绀珠》《锦绣万花谷》《中朝故事》《陈继儒笔记》《李白诗序》《述异记》《南越志》《广州记》《本草拾遗》《研北杂志》《花木考》、陆玑《诗疏》《谢氏诗源》《宋录》《洛阳伽蓝记》《送茶与焦刑部书》《云溪友议》《物理小识》《地纬》《汇苑》《飞龙磵》。

（24）杨梅：《临海异物志》《格物论》《南越行纪》《林邑记》《剑南诗注》《吴兴记》《南越志》《汇苑》《果谱》《金楼子》《东坡诗注》《北户录》《湘潭记》《姑臧记》《挥尘录》。

（25）菱：《尔雅》《埤雅》《周礼》《武陵记》《酉阳杂俎》《广志》《罗浮山记》《尔雅翼》《梁书》《洞冥记》《拾遗记》《汇苑》《本草》。

（26）栲：《尔雅》、陆玑《诗疏》。

（27）佛桑：《花木考》《格物丛话》《余皇日疏》《临漳志》《清漳志》《群芳谱》。

（28）鼠曲草：《荆楚岁时记》。

经统计，上面所列引书次数为 291 次，具体书目有 213 种，明代书目约占总数的 18%，引录次数约占所列引书次数的 25%，涵盖了经、史、子、集等各类书籍。其中征引经部文献十余种，如《毛诗》《礼记》《周礼》《说文》《尔雅》，征引频次以《尔雅》为最，有 8 次；征引史部文献数十种，主要包括正史、编年、

杂史及地理四类，征引频次最高者不过 4 次；征引子部文献一百多种，以《本草纲目》和《群芳谱》二书征引频次最多，分别是 14 和 7 次；征引集部文献仅几种，频次最多者为 2 次。

三、《格致镜原》辑录的三种重要染料植物

明清时期，博物知识的内容在类书中的地位日渐上升，并表现出更为突出的客观认知和实用色彩。这一点通过考察《格致镜原》具体引书文字的内容更显突出。下面举录蓝草、红花、栀子三种主流染料植物的内容，并简单分析于后，对同时期较为详尽的相关重要文献，也做些大致介绍，以便从中管窥明清时期人们对染料植物的认知图景。

1. 蓝草

《格致镜原》卷六十八：

"《毛诗》：终朝采蓝。《礼记》：仲夏之月令民无刈蓝以染。注：蓝色青青者赤之母，刈之伤时气。《说文》：蓝，染草也。《汉官仪》：小蓝，曰蒇。《通志》：蓝有三种，蓼蓝染绿，大蓝如芥染碧，槐蓝如槐染青，三蓝皆可为淀。《群芳谱》：蓝有数种，大蓝，叶如莴苣而肥厚微白，小蓝茎赤叶绿而小，槐蓝叶如槐，皆可作靛。又有蓼靛，花叶梗茎皆似蓼。别有芥蓝，一名擘蓝，叶色如蓝，芥属也，叶可擘食，故北方谓之擘蓝，叶大于菘，根大于芥台，苗大于白芥，子大于蔓菁，三月花四月实，叶可作菹，又可作靛染帛胜福青。《尔雅》疏：葳，一名马蓝，今大叶冬蓝，为淀者是也。《尔雅翼》：菘蓝，其汁抨为淀，堪染青。《本草》：吴蓝长茎如蒿而花白，吴人种之。木蓝长茎如决明，与诸蓝不同，而作淀则一。别有甘蓝可食。崔寔《月令》：榆荚落时可种蓝，五月可刈蓝，六月可种冬蓝、大蓝。《续汉书》杨震植蓝以供食母。赵岐蓝赋序：余道经陈留，土人皆以种蓝染绀为业，蓝田弥望黍稷不植。"❶

蓝草是古代应用最广的蓝色植物染料，至迟在商周时期即已广泛利用。《诗经·小雅·采蓝》最早著录了这种染料，云："终朝采蓝，不盈一襜"❷。明清时期，随着棉纺织业的发达，用蓝草制成蓝靛被大量制作和使用，用它染成的蓝色更是成为很多平民服装的主导色。《格致镜原》引录的文献有 11 种，介绍了蓼蓝、大蓝、小蓝、槐蓝、芥蓝、马蓝、菘蓝、冬蓝、吴蓝、甘蓝等 10 种蓝草的不同品种，涉及了某些品种所染之色的色泽、形貌特征、种植技术；对蓝草溯源、品种、形态、种植、制靛等方方面面的情况进行了贯串，对蓝草药用性能的内容一条没引，反映出蓝草作为染料植物在古代的重要。比对文中引录的明人王象晋

❶ ［清］陈元龙. 格致镜原［M］//影印文渊阁四库全书：子部十一. 台北：台湾商务印书馆，1983.

❷ 向熹. 诗经译注［M］. 北京：商务印书馆，2013：368.

《群芳谱》中蓝草记述，少了《诗经》《荀子》《秦子》《贵州通志》《便民图纂》《别录》及一些诗赋内容，对引录的文献也做了精简，特别是很多有关蓝草种植和制靛技术细节的文字，不但精简，甚至不录，如没有引录《齐民要术》关于蓝制靛技术的内容，仅保留最能考订蓝草物原的文字，显然这与陈元龙侧重客观认知有关。

清代人陈大章汇编的《诗传名物集览》，风格类似《格致镜原》，但其有关蓝草种植和制靛技术细节的内容，比《格致镜原》要丰富一些，两书可互为参照。另外，《格致镜原》从各种文献中罗列出的蓝草品种有 10 余种，而且莫衷一是，非常混乱，不仅反映出明清时人对此的困惑，也很容易造成古代用于制靛染蓝的蓝草品种非常丰富的误解。据今人研究，从很早开始，各地对蓝草的习用名便已五花八门，并随着书籍记载的混乱和知识的流传，人们的理解就出现了偏差。实际上用于染蓝的常用蓝草品种只有寥寥 4 种，分别是蓼蓝、菘蓝、木蓝和板蓝。举录文中出现的马蓝即板蓝；槐蓝即木蓝；冬蓝即菘蓝。而举录文中所引《本草纲目》中的冬蓝、马蓝、板蓝、菘蓝全都是指现在的菘蓝，吴蓝可能是在吴地培植成功并得到推广的蓼蓝新品种。❶

2. 红花

《格致镜原》卷六十八：

"《通雅》：红蓝，即红花。北方有焉支山，山多红蓝，北人采其花染绯，取英鲜者为胭脂。《群芳谱》：红蓝，一名黄蓝花，色红黄，叶似蓝，有刺，春生苗嫩时可食，夏乃有花，花下作梂，花出梂上，梂中结实白颗如小豆，其花可染真红及作胭脂，为女人唇妆。晚花色更鲜明，耐久不黦，胜春种者。其子捣碎煎汁入醋和蔬食极肥美，又可为车脂及烛。《博物志》：张骞得其种于西域。李益诗：'蓝叶郁重重蓝花。'石榴色是蓝花本红也。红蓝花，中国人谓之红花，《本草》：番红花，一名洎夫蓝，出回回地面。"❷

《格致镜原》卷五十五：

"烟脂：出自虏地。《古今注》：燕脂盖起自纣，以红蓝花汁凝作燕脂，以燕国所生故曰燕脂。涂之作桃红妆。习凿齿《与燕王书》：山下有红蓝，足下先知否？北方人采取其花染绯黄，接取其上英鲜者作烟脂，妇人用为颜色。今始知为红蓝后，当致其种。《竹坡诗话》《古今注》云：燕支出西方，土人以染，中国谓之红蓝，以染粉为妇人面色，而俗乃用胭脂或臙脂。字不知其何义也。"❷

红花，又名红蓝草，菊科红花属植物。株高达 4～5 尺，叶互生，夏季开呈红黄色的筒状花。它是中国古代汉以后最重要的染红植物之一，相关的记载也非常多。《格致镜原》引录的书籍均是红花染色不可忽视的重要文献。其中值得称

---

❶ 张海超，张轩萌. 中国古代蓝染植物考辨及相关问题研究［J］. 自然科学史研究，2015（3）：330-341.

❷ ［清］陈元龙. 格致镜原［M］//影印文渊阁四库全书：子部十一. 台北：台湾商务印书馆，1983.

道的是将红花功用、胭脂起源和名称来源的相关重要文献记载，标列得较清楚，读后可以很快了解历史上几种不同的说法。但所引内容的局限和缺点也非常明显，如所引《通雅》，出自《通雅》燕支条目，删减的文字是"失我焉支山，使我妇女无颜色""单于妻号曰阏氏，音焉支，字书遂作烟蒸"❶。此条目源自《西河旧事》，据《太平御览》载，是书还有"祁连山、焉支山宜畜养，匈奴失此二山乃歌曰：失我祁连山，使我六畜不蕃息，失我焉支山，使我妇女无颜色"❷的内容。《格致镜原》仅保留了原书"北方焉支山是早期红花最重要产地"的信息。所引习凿齿《与燕王书》的内容，同样也删减了"匈奴名妻作阏氏，言可爱如烟支"❷的文字。所引《本草纲目》更仅有"番红花，一名泊夫蓝，出回回地面"一句话，对是书有关红花如何种植、如何制作染料的内容一概缺失。而且在《本草纲目》中，红花、番红花分列为两个条目，陈元龙却因两个条目引用相同的文献将其视为一物。这些对今天的研究者来说殊为不便。

明清时期有关红花种植和染色的文献，在《本草纲目》《农政全书》《物理小识》《天工开物》《便民图纂》等书籍中都有记载，尤以《天工开物》最为详尽。据是书记载，种植红花需"二月初下种。若太早种者，苗高尺许即生虫如黑蚁，食根立毙。"凡肥地，"苗高二三尺。每路打橛，缚绳横拦，以备狂风拗折。"若瘦地，"尺五以下者，不必为之。"采花时要"带露摘取。若日高露旰，其花即已结闭成实，不可采矣。其朝阴雨无露，放花较少，旰摘无妨，以无日色故也。"染色时"必以法成饼然后用，则黄汁净尽，而真红乃现也。真红乃现也。其子煎压出油，或以银箔贴扇面，用此油一刷，火上照干，立成金色。"造红花饼的方法是："带露摘红花，捣熟以水淘，布袋绞去黄汁。又捣以酸粟或米泔清。又淘，又绞袋去汁，以青蒿覆一宿，捏成薄饼，阴干收贮。染家得法，'我朱孔扬'，所谓猩红也。"为节省染料，"凡红花染帛之后，若欲退转，但浸湿所染帛，以碱水、稻灰水滴上数十滴，其红一毫收转，仍还原质，所收之水藏于绿豆粉内，再放出染缸，半滴不耗。"❸现在科学分析，红花花冠内含两种色素，其一为含量约占30％的黄色素；其二为含量仅占0.5％左右的红色素，即红花素。其中黄色素溶于水和酸性溶液；含量甚微的红花素则是红花染红的根本之所在，它属弱酸性含酚基的化合物，不溶于水，只溶于碱液，而且一旦遇酸，又复沉淀析出。《天工开物》所载染色机理，上述化学原理完全一致，说明古代染匠不仅对红花素的染色特点和性能相当了解，而且在红花的利用技术上也是异常娴熟的。

❶ ［明］方以智. 通雅：卷41［M］. 北京：中国书店，1990.

❷ ［宋］李昉. 太平御览：卷719［M］. 北京：中华书局，1960.

❸ ［明］宋应星. 天工开物［M］. 钟广言注释. 广州：广州人民出版社，1976：120-123.

3. 栀子

《格致镜原》卷七十三：

"栀子花：《本草经》：一名木丹。《格物总论》：栀子一名薝卜花，色白中心黄，夏初结花其差大者，谢灵运目为林兰。《地镜图》：望气占人家黄气者，栀子树也。《史记·货殖传》：栀、茜千石。《晋令·诸宫》：有秋栀子守护者置吏一员。《名山志》：楼石山多栀子。《升庵外集》：越桃，栀子也。陶隐居云：栀子剪花六出，刻房七道，其花香甚。韩翃诗：栀子同心可赠人。《酉阳杂俎》：诸花少六出，惟栀花六出。《山谷诗话》：染栀子花六出，虽香不秾郁。山栀子八出一株可香一园。《野人闲话》：蜀主升平尝理园苑，申天师进花子两粒，曰红栀子种，种之不觉成树，其花斑红六出，其香袭人，蜀主甚爱重之。或令图写于团扇，或绣入于衣服，或以绢、素鹅毛做作首饰，谓之红栀子花。《词话》：曾端伯十友禅友薝卜也。《牡丹荣辱志》：薝卜花为花形史。" ❶

栀子属常绿灌木，开白花，果实中用作染料的色素主要成分是栀子苷。先将其果实在冷水中浸泡，再经过煮沸，即可制得黄色染料。此染料属直接性染料，可直接染着于丝、麻、棉等天然植物纤维上，也可用媒染剂进行媒染，得到不同的色泽。《格致镜原》将栀子编在"花类"，故引书内容侧重于栀子的别名、不同品种花的形态、花色与香味以及文人雅士对栀子的欣赏。对栀子的染色价值不是很看重，只引了《山谷诗话》一句话，所引《野人闲话》也删除了"及结实成栀子，则异于常者，用染素则成赭红色，甚妍萃，其时大为贵重"这段内容。之所以出现这种情况，可能与栀子染黄色牢度性较差，明清时期染黄多用色牢度较佳的槐米有关。《明会典》记载的两则岁贡染色物料记录 ❷ 可为这个观点提供佐证，一是槐花："衢州府六百斤、金华府八百斤、严州府六百斤、徽州府一千斤、宁国府八百斤、广德州二百斤。"二是栀子："衢州府五百斤、金华府五百斤、严州府二百斤、徽州府五百斤、宁国府五百斤、广德州二百斤"。槐花岁贡达 4000斤，栀子只有 2500 斤，栀子的用量比槐花少了近 40%。

此外，陈元龙似乎刻意回避自己不太清楚或有争议的问题，以保证条目内容的客观性，这点在所引书目和内容上表现的非常明显。如引书中出现的"薝卜"，是否为栀子？薝卜，古文献中或写作成薝葡、詹卜、檐卜、詹波等，取自梵语的音译。其所引《酉阳杂俎》，只保留了描述栀子花形态的内容，摒弃了栀子"相传即西域檐卜花"这句话。所引《词话》和《牡丹荣辱志》中出现的薝卜，也只是反映文人对栀子花的欣赏心态。实际上栀子非薝卜，宋代罗愿在《尔雅翼》即

❶ ［清］陈元龙. 格致镜原［M］//影印文渊阁四库全书：子部十一. 台北：台湾商务印书馆，1983.

❷ 明会典［M］//影印文渊阁四库全书：子部十一. 台北：台湾商务印书馆，1983.

已辩证，云："蒼葡者，金色，花小而香，西方甚多，非栀也。"❶ 其后明周晖《金陵琐事》更加不认同，云："白云寺一名永宁寺，在凤台门与牛首山相近。太监郑强葬地，坟旁多名花异卉。有蒼葡一丛，乃三宝太监西洋取来者，中国无此种。余曾三见其开花，花瓣似莲而稍瘦，外紫，内淡黄色，与佛经云蒼葡花金色者同。花心嗅之，辛辣触鼻，远远闻之，微有一种清香。杨用修、胡元瑞皆云蒼葡花即栀子花者，非也。栀子花瓣极俗，色极白，香极浓，品极贱，处处有之。若以为即蒼葡花，恐栀子不敢当也。"❷ 明李时珍《本草纲目》对蒼卜是栀子的说法，也提出了怀疑，云：栀子"佛书称为蒼葡，谢灵运谓之林兰，曾端伯呼为禅友。或曰蒼葡金色，非栀子也。"❸ 这三部书在其他条目引书中多次出现，陈元龙不可谓读阅不精，却一字都不引，颇能说明他严谨和客观的取舍态度。

四、小结

类书的首要功用是作为文人阅读的资料汇编，不同时期汇编的类书体现了当时人们的知识兴趣、学术倾向和认知水平。我们知道，成书于战国时期的《尔雅》是我国第一部按义类编排的综合性辞书，是疏通包括五经在内的上古文献中词语古文的重要工具书，被认为是中国训诂学的开山之作，在训诂学、音韵学、词源学、方言学、古文字学方面有着非常重要影响；李时珍《本草纲目》则堪称我国古代一本最完备的药典，同时也是明代一部规模初具的博物学辞书，囊括的知识范围，远远超出了医药学的范畴，里面植物学知识亦相当丰富，今人统计的50种染料植物里面均有条目，内容之翔实，远超以前的文献所述；而王象晋的《群芳谱》则是中国明代介绍栽培植物的一部内容丰富的谱录，里面收录的植物虽均见于《本草纲目》，但其对植物形态特征的描述尤为详尽，被后人视为古代农学或植物学集大成之作。《格致镜原》对这三部书的引用频次，远远高于它书之多，很能说明这部书以权威性著作为主，其他著作以资考稽为辅的客观和实用色彩。此外，在所引200多种书目中，明代书目占了近30%，其中大量的是考证类笔记、谱录。见微知著、窥斑知豹，这些文献对染料植物名称、品性、栽培和染色等方面的描述，映衬出明清时期人们对染料植物的认知图景。

❶ ［宋］罗愿. 尔雅翼：卷4［M］. 石云孙点校，合肥：黄山书社，1991.

❷ ［明］周晖. 金陵琐事：卷1［M］. 南京：南京出版社，2007.

❸ ［明］李时珍. 本草纲目［M］. 北京：中国医药科技出版社，2011：1077.

下　篇
古代植物染料的
色彩重现

由于古文献中相关染色工艺的描述非常少且零散，为便于了解古代植物染色之工艺及所得色相，有必要尝试对植物染料的色相进行定性和定量的界定，染色实验的结果无疑是了解不同工艺条件对植物染料染色效果之影响的最佳手段。故本篇从中国传统五色出发，依据《齐民要术》《多能鄙事》《大明会典》《天工开物》等古代典籍，选用古代常用的染料如蓝草、栀子、茜草、苏木、五倍子、紫草等；常用的媒染剂如明矾、绿矾等；基础的染色方法如复染、套染、后媒染等。在不排斥现代工具的条件下，以科学严谨的手段进行染色及测色，以进行植物染色的探索性复原，尽可能全面地直观呈现古代植物染色的色彩。

第一节　染色前的准备工作

一、染色方案的制订依据

表3-1为部分古籍文献中整理的传统色彩的染色工艺，以作为下面染色实验的依据。

表3-1　染色方案制订依据

色系	文献记载
红色系	以上质亦红花饼一味，浅深分两加减而成。——《天工开物》 用苏木煎水，入明矾、椿子。——《天工开物》 丹矾红每斤染，经用苏木一斤，黄丹、明矾各四两、栀子二两。——《大明会典》 今又有乌红，用苏木染成者。——《正字通》 帛借黄檗而染红，或炒槐花入苏木借。——《物理小识》 十两熟帛，苏木四两，黄丹一两，槐花二两，明矾末一两。只以槐花苏木同煎亦佳。——《多能鄙事》
黄色系	栀子染黄，久而色脱，不如槐花，或用栌檗。——《天工开物》 栌木煎水薄染或用黄土。——《天工开物》 栌木煎水染，复用麻稿灰淋，碱水漂。——《天工开物》 其木染黄赤色，谓之柘黄，天子所服。——《本草纲目》 姜黄，近时以扁如干姜形者为片子姜黄，圆如蝉腹形者为蝉肚郁金，并可浸水染色，……——《本草纲目》
蓝色系	二色俱靛水分深浅。——《天工开物》 俱靛水微染，今法用苋蓝煎水，半生半熟染。——《天工开物》
绿色系	黄檗煎水染，靛蓝盖上。——《天工开物》 黄檗煎水染，然后入靛缸。——《天工开物》 黄槐青靛，绿则合之。——《物理小识》 槐花煎水染，靛蓝盖，深浅皆用明矾。——《天工开物》 黄檗煎水染，靛水盖。……色甚鲜。——《天工开物》 槐花薄染，青矾盖。——《天工开物》 每斤黑绿用靛青二斤八两、槐花四两、明矾三两。——《大明会典》

色系	文献记载
黑色系	靛水染深青，芦木、杨梅皮等分，煎水盖。——《天工开物》 五棓子、绿矾、百药煎，秦皮各两文为末，汤浸染。——《多能鄙事》 ……用栗壳或莲子壳煎煮一日，漉起，然后入铁砂、皂矾锅内，再煮一宵即成深黑色。——《天工开物》 生纱以皂斗子，铁铫内同煮褐色，晾干，勿见日。次日用黑豆，酸石榴皮煮黑晾干。——《多能鄙事》

二、染色工具、设备及材料

1）染料

染色实验所用的染料大部分采购于中药店，按色系分类，见表 3-2。

表3-2　染色用植物染料

色系	植物染材
红色系	红花、苏木、茜草
黄色系	槐花（槐米）、栀子、黄柏、姜黄、黄栌、柘木
黑色系	莲子壳（石莲子）、桑寄生、五倍子、青核桃皮（胡桃）、石榴皮、苏木
蓝色系	蓝草（蓼蓝）
其他色系	紫草、茶叶

2）被染材料

以 100% 优质桑蚕丝线为被染材料，规格为 $20/22^D \times 4$（$8.89 \sim 9.78$tex）。

3）染色仪器及染色用助剂

染色前，用电子分析天平对染料、染色用丝（经脱胶预处理）进行精确称量；用恒温水浴锅进行染液制备；染色过程在小样染色机中完成，使得各项染色条件稳定、精准；染色结束，用美国 Datacolor 公司生产的台式分光光度计对染色蚕丝进行客观测色，得到色彩的 Lab 色度值，替代肉眼对蚕丝色彩的主观评判。

染色过程中，用白醋和苏打进行酸碱调节；用明矾（学名：十二水合硫酸铝钾）、绿矾（学名：七水合硫酸亚铁）、蓝矾（俗称胆矾或铜矾，学名：五水合硫酸铜）、硫酸铁做媒染剂；用米酒对加了苏打的蓝靛进行还原；部分染料用酒精（乙醇）进行提取。染色后用中性皂片进行皂洗。

此外，还有一些辅助工具，如 pH 试纸、量筒、吸管、温度计、烧杯、玻璃棒、不锈钢锅、钢筛、电磁炉等。

三、色彩重现步骤

古代传统五色为赤、黄、青、白、黑，其中白色系色彩，一般指漂练过的或

未经染色的丝绸颜色，故在此不对白色做研究，而是将重现的色彩划分为五个色系，分别为红色系、黄色系、黑色系、蓝色系和绿色系，并补充了其他色系。按色系进行文献古籍的整理、重现实验、色彩测试分析等。

（1）整个流程。实验过程如下：

蚕丝预处理→预染、后媒染、皂洗→阴干→测色

若复染则反复多次

（2）测色。使用 color i7 测色仪测试染色蚕丝的 L 值、a 值、b 值、C 值。其中，L 值表示色彩的明度，全白的物体 L 值为 100，全黑的物体 L 值为 0；a 值、b 值为物体的色调及彩度，分别表示红（$+a$）、绿（$-a$）、黄（$+b$）、蓝（$-b$）色调；C 值表示色饱和度，C 值越大，色饱和度越高，色泽越纯、越艳丽；C 值越小，色饱和度越低，颜色越浑浊。另外，ΔE 值表示两个颜色间总体色差值，由 L 值、a 值、b 值的差值组成。ΔE 值在 1 以下，色差变化微弱；ΔE 值在 4 以上，色差变化非常大。

四、染色方案的确定

文献古籍中所记载的染色工艺非常简单，大多只记载染材，详细的染色工艺的记载非常稀少。反复多次复染是传统染色中常用的方法，同时古籍中对染料的用量、染料与所染布的比例都记录不清，为增加染色层次以及了解色彩的渐进过程，设计多次复染和不同浓度的染色方式进行色彩的重现。此外，不同媒染剂用量或种类、有无媒染剂等实验也做了尝试，靛蓝采用了还原染色法；绿色采用套染方法，尽可能多地再现古代植物染色的色彩体系。黄色系、红色系、蓝色系、绿色系和黑色系的染色方案分见表 3-3 ～表 3-7。

表 3-3 黄色系染色方案

染料	染色工艺	文献记载
栀子	多浓度法：5个浓度梯度，pH=4	栀子染黄，久而色脱，不如槐花，或用栌檗。 ——《天工开物》
槐花、槐米	（1）多浓度法：3个浓度梯度，pH=4 （2）多次复染法：1～6次复染，pH=4	其花未开时，状如米粒，炒过煎水染黄，甚鲜。 ——《本草纲目》
黄栌	（1）多浓度法：5个浓度梯度，pH=4 （2）多次复染法：1～6次复染，pH=4	栀子染黄，久而色脱，不如槐花，或用栌檗。 ——《天工开物》 栌木煎水薄染或用黄土。 ——《天工开物》 栌木煎水染，复用麻稿灰淋，碱水漂。 ——《天工开物》

176

染料	染色工艺	文献记载
黄柏	多次复染法：1～6次复染，pH=4	栀子染黄，久而色脱，不如槐花，或用栌檗。 ——《天工开物》
柘木	（1）多浓度法：5个浓度梯度，pH=4 （2）多次复染法：1～6次复染，pH=4	其木染黄赤色，谓之柘黄，天子所服。 ——《本草纲目》
姜黄	多浓度法：3个浓度梯度，pH=4	姜黄，……浸水染色。——《本草纲目》

注：所有黄色染材的染液提取方法均采用水煎法，料液比（染料的质量与提取液的体积之比）1：25，90℃持续加热60min；媒染剂均为明矾（Al³⁺）；各浓度详见下文"各染料染色结果"。

表3-4　红色系染色方案

染料	染色工艺	媒染剂	文献记载
红花	（1）多浓度法：6个浓度梯度，pH=4 （2）多次复染法：1～5次复染，pH=4	—	其质红花饼一味，用乌梅煎水出，又用碱水澄数次。或用稻稿灰代碱，功用亦同。 以上质亦红花饼一味，浅深分两加减而成。 是四色皆非黄茧丝所可为，必用白丝现形。 ——《天工开物》
槐花+苏木	槐花料液比1：200，后媒染，pH=4 苏木（多浓度法）：5个浓度梯度，pH=4	Al³⁺	以练帛十两为率，苏木四两，黄丹一两，槐花二两，明矾一两。……其色鲜明甚妙。 又法：只以槐花苏木同煎亦佳。 ——《多能鄙事》
黄柏+苏木	黄柏料液比1：200，后媒染，pH=4 苏木（多浓度法）：5个浓度梯度，pH=4	Al³⁺	—
栀子+苏木	栀子料液比1：200，后媒染，pH=4 苏木（多浓度法）：5个浓度梯度，pH=4	Al³⁺、 Pb₃O₄	丹矾红每斤染，经用苏木一斤，黄丹四两、明矾四两、栀子二两。 ——《大明会典》
槐花、苏木 （同煎）	多浓度法：5个浓度梯度，pH=4	Al³⁺	以练帛十两为率，苏木四两，黄丹一两，槐花二两，明矾一两。……其色鲜明甚妙。 又法：只以槐花苏木同煎亦佳。 ——《多能鄙事》
槐花+苏木 （古法比例）	苏木：40%（o.w.f.），黄丹：10%（o.w.f.）；槐花：20%（o.w.f.），明矾：10%（o.w.f.）	Al³⁺、 Pb₃O₄	以练帛十两为率，苏木四两，黄丹一两，槐花二两，明矾一两。……其色鲜明甚妙。 又法：只以槐花苏木同煎亦佳。 ——《多能鄙事》
苏木	（1）多浓度法：4个浓度梯度，pH=4 （2）多次复染法：1～6次复染，pH=4	Al³⁺	今又有乌红，用苏木染成者。 ——《正字通》
茜草 （醇提）	（1）多浓度法：5个浓度梯度，pH=4 （2）多次复染法：1～6次复染，pH=4	Al³⁺	……染绯草。 ——《本草纲目》

注：染液其他提取条件如下

1. 红色染料（除红花外）大多以1：25的料液比浸泡一夜，然后在90℃下加热1～3h，染液提取后冷却待染。该提取方案中也尝试了乙醇提取染料的方法。

2. 红花染料以（1：10）～（1：20）的料液比浸泡一夜后在室温下用酸（加少许醋酸）提取，反复进行2～3次，让黄色素完全溢出用碱（加少许碳酸钠）反复揉搓，直至水溶液呈茶色时，表示已抽出红色素，如此反复进行2～3次。染色时，在红色素染液中加醋酸至弱酸性，即可染红色。

3. 黄色打底染料以1：200料液比浸泡一夜，然后在90℃下持续加热60min，冷却后待染。

4. 除红花外，媒染剂均为Al³⁺，"+"之前为先染的材料，"+"之后为后染的材料，以下全文同，不再赘述；各浓度详见下文"各染料染色结果"。

表3-5　蓝色系染色方案

染料	染色工艺	文献记载
靛蓝	（1）多浓度法：8个浓度梯度 （2）多次复染法：1～8次复染	俱靛水微染，今法用苋蓝煎水，半生半熟染。 ——《天工开物》

注：所用靛蓝为蓼蓝所制，购于贵州贞丰地区。

表3-6　绿色套染方案

染料	染色工艺	文献记载
靛蓝+槐花	靛蓝分3个浓度、槐花分4个浓度套染	黄槐青靛，绿则合之。——《物理小识》 槐花煎水染，靛蓝盖，深浅皆用明矾。 ——《天工开物》 槐花薄染，青矾盖。——《天工开物》
靛蓝+栀子	靛蓝分3个浓度、栀子分4个浓度套染	—
靛蓝+黄柏	靛蓝分3个浓度、黄柏分4个浓度套染	黄檗煎水染，靛蓝盖上。——《天工开物》 黄檗煎水染，靛水盖。……色甚鲜。 ——《天工开物》
靛蓝+石榴皮	靛蓝分3个浓度、石榴皮分4个浓度套染	—
靛蓝+柘木	靛蓝1：25+柘木1：200套染	—
靛蓝+姜黄	靛蓝1：25+姜黄1：200套染	—
靛蓝+黄连	靛蓝1：25+黄连1：200套染	—
靛蓝+黄栌	靛蓝1：25+黄栌1：200套染	—
靛蓝+大黄	靛蓝1：25+大黄1：200套染	—
靛蓝+黄芩	靛蓝1：25+黄芩1：200套染	—

注：1. 黄色染材的提取工艺均采用水煎法，90℃持续加热60min。
2. 媒染剂均为Al^{3+}。
3. "+"之前为先染的染料，"+"之后为后染的染料；各浓度详见下文"各染料染色结果"。

表3-7　黑色系染色方案

染料	染色工艺	媒染剂	文献记载
五倍子	（1）多浓度法：5个浓度梯度，pH=4 （2）多次复染法：1～5次复染，pH=4 （3）1：100料液比下，不同媒染剂种类 （4）1：100料液比下，不同媒染剂用量	（1）Fe^{2+} （2）Fe^{2+} （3）Fe^{2+}、Fe^{3+}、Cu^{2+} （4）Fe^{2+}：3%、5%、7%、10%、14%	时珍曰：五倍子……皮工造为百药煎，以染皂色，大为时用。 ——《本草纲目》
莲子壳 （石莲子）	（1）多浓度法：5个浓度梯度，pH=4 （2）多次复染法：1～6次复染，pH=4 （3）1：100料液比下，不同媒染剂种类 （4）1：100料液比下，不同媒染剂用量	（1）Fe^{2+} （2）Fe^{2+} （3）Fe^{2+}、Fe^{3+}、Cu^{2+} （4）Fe^{2+}：3%、5%、7%、10%、14%	……用栗壳或莲子壳煎煮一日，漉起，然后入铁砂、皂矾锅内，再煮一宵即成深黑色。 ——《天工开物》

染料	染色工艺	媒染剂	文献记载
桑寄生	（1）多浓度法：5个浓度梯度，pH=4 （2）多次复染法：1～6次复染，pH=4 （3）1∶100料液比下，不同媒染剂种类 （4）1∶100料液比下，不同媒染剂用量	（1）Fe^{2+} （2）Fe^{2+} （3）Fe^{2+}、Fe^{3+}、Cu^{2+} （4）Fe^{2+}：3%、5%、 7%、10%、14%	—
苏木	1∶25料液比下媒染	Fe^{2+}	—
石榴皮	1∶100料液比下媒染	Fe^{2+}	—
青核桃（皮）	1∶100料液比下媒染	Fe^{2+}	—

注：染液提取方案均采用水煎法，一定的料液比下，90℃持续加热60min；各浓度详见下文"各染料染色结果"。

第二节　各染料染色色相

一、黄色系

在先秦时期的色彩观念中，黄色代表土地之色，位之"五方正色"中央，是非常重要的一个颜色。如《周礼·冬官·考工记》即说，"东方谓之青，南方谓之赤，西方谓之白，北方谓之黑，天谓之玄，地谓之黄。"黄色象征着庄严、辉煌，是中国儒家思想中地位极高的色彩。众所周知，"黄"字与名词或副词组成丰富多彩的黄色系中的各种黄色相，如浅黄、嫩黄、鹅黄、杏黄等，说明自然界黄色染料之丰富。本节黄色系染色共用了6个染料，30个浓度梯度，其中4个染料做了多次复染实验，共获得50个黄色调。

1. 栀子

自秦汉以来，栀子一直是中原地区应用最广泛的黄色染料。司马迁《史记·货殖列传》载："若千亩巵茜，千畦姜韭，此其人皆与千户侯等。"这里的"巵"和"茜"就是栀子和茜草，种植"千亩巵茜"，其收益可与"千户侯等"。可见栀子在当时种植广泛，非常流行。表3-8、图3-1为栀子在不同浓度下对蚕丝的媒染效果。栀子所染黄色很亮，L值大于70，一般浓度下、铝媒染或直接染a值为正值，属于暖黄色。

表3-8　不同料液比下栀子黄对蚕丝染色的色度值

料液比	L值	a值	b值	C值	ΔE值
1：25	71.34	6.55	62.73	63.07	30.51
1：50	73.99	4.33	55.18	55.35	22.27
1：100	77.14	2.58	49.65	49.72	15.69
1：200	80.57	1.13	45.49	45.50	10.32
1：400	83.99	-0.65	35.91	35.92	—

注：染色 pH = 4，明矾后媒染；λ_m=440nm，ΔE 值以低浓度染色样品作为参照样。

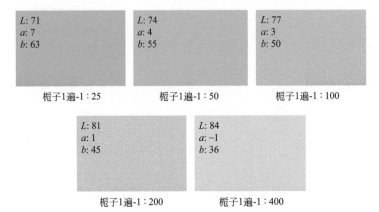

图3-1　不同料液比下栀子黄对蚕丝的媒染效果

2. 槐花、槐米

槐花（槐米）染黄至迟在唐代即已开始，后因其色牢度较其他黄色染材好，自宋代成为主流黄色染材之一。此时该染料的加工，也因为认识到花蕾色素含量较花开放后要多的现象，普遍分档使用花蕾和花朵，并制作槐花饼贮存，供常年染用之需。表 3-9、图 3-2 为不同染色次数下槐花对蚕丝的复染效果；表 3-10、图 3-3 为不同浓度下槐花、槐米对蚕丝的媒染效果。实验数据证明槐米与槐花相比，色泽确实更加浓郁。

表3-9　不同染色次数下槐花对蚕丝复染的色度值

染色次数	L值	a值	b值	C值	ΔE值
一染	80.93	2.11	74.14	74.17	—
二染	75.57	5.85	77.88	78.10	7.53
三染	69.94	9.61	77.80	78.40	13.81
四染	67.90	12.22	78.40	79.34	17.04
五染	63.34	14.43	73.34	74.75	21.49
六染	60.48	17.42	71.49	73.58	25.68

注：料液比 1：50，染色 pH = 4，明矾后媒染；ΔE 值以第一次染的色纱作为参照样，λ_m=410～430nm。

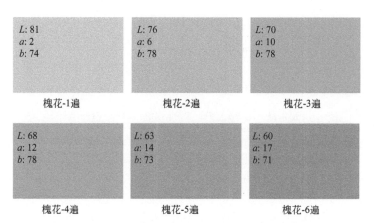

图3-2　不同染色次数下槐花对蚕丝的染色效果

表3-10　不同料液比下槐花、槐米对蚕丝染色的色度值

染料	料液比	L值	a值	b值	C值
槐花	1∶200	74.70	−0.61	56.56	56.56
	1∶150	75.27	1.28	60.60	60.62
	1∶100	73.58	3.26	62.40	62.49
槐米	1∶200	77.94	−3.17	56.00	56.09
	1∶150	72.10	2.87	64.63	64.69
	1∶100	71.19	4.47	69.21	69.36

注：染色 pH = 4，明矾后媒染；λ_m =410 ～ 430nm。

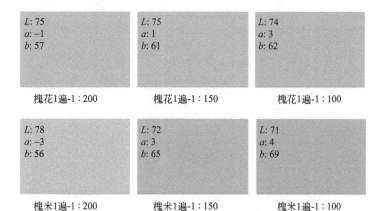

图3-3　不同料液比下槐花、槐米对蚕丝的媒染效果

3. 黄栌

黄栌是中国重要的观赏红叶树种，著名的北京香山红叶就是该树种。黄栌除

用于观赏外，很早以前便作为染材使用，而且在古代是一种非常重要的黄色染料，其染出的黄色，a 值为正值，在 4 ~ 14 之间，b 值在 35 ~ 60 之间，属于泛红光的黄色。表3-11、图3-4为不同料液比下黄栌对蚕丝的媒染效果。表3-12、图3-5为不同染色次数下黄栌对蚕丝的复染效果。

表3-11　不同料液比下黄栌对蚕丝媒染色度值

料液比	L值	a值	b值	C值	ΔE值
1：25	68.20	14.11	59.44	61.09	30.89
1：50	72.42	13.26	56.44	57.98	26.07
1：100	77.58	9.37	49.46	50.34	16.68
1：200	80.23	8.01	45.30	46.01	11.59
1：400	84.93	4.76	35.22	35.54	—

注：pH= 4，明矾后媒染；ΔE 值以低浓度染色样品作为参照样，λ_m=410nm。

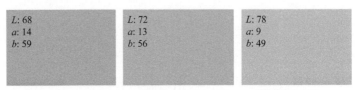

黄栌1遍-1：25　　黄栌1遍-1：50　　黄栌1遍-1：100

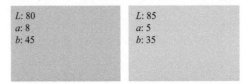

黄栌1遍-1：200　　黄栌1遍-1：400

图3-4　不同料液比下黄栌对蚕丝的媒染效果

表3-12　不同染色次数下黄栌对蚕丝复染的色度值

染色次数	L值	a值	b值	C值	ΔE值
一染	80.88	6.59	39.96	40.50	—
二染	76.40	9.51	46.98	47.93	8.83
三染	75.43	9.00	47.55	48.40	9.65
四染	69.67	10.94	50.24	51.42	15.82
五染	66.66	12.66	53.27	54.76	20.41
六染	64.60	12.07	52.32	53.69	21.16

注：料液比1：100；ΔE 值以第一次染的色纱作为参照样，λ_m=410nm。

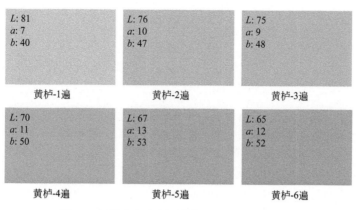

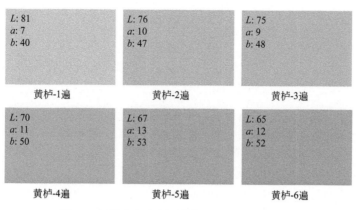

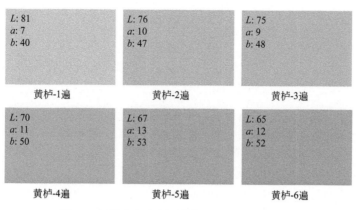

L: 81
a: 7
b: 40
黄栌-1遍

L: 76
a: 10
b: 47
黄栌-2遍

L: 75
a: 9
b: 48
黄栌-3遍

L: 70
a: 11
b: 50
黄栌-4遍

L: 67
a: 13
b: 53
黄栌-5遍

L: 65
a: 12
b: 52
黄栌-6遍

图3-5　不同染色次数下黄栌对蚕丝的染色效果

4. 柘木

柘木是古代重要的染黄材料之一。所染之黄色，名为柘黄或赭黄，有别于其他染料所染之黄色，从唐代到明代一直是皇帝服装的专用色，他人不得服用。宋应星《天工开物》"乃服"篇中有制作龙袍丝线需先染成赭黄色的记载，其色调如唐代封演《封氏闻见录》所载："赭黄，黄色之多赤者，或谓之柘木染。"表3-13、图3-6为不同料液比下柘木对蚕丝的媒染效果；表3-14、图3-7为不同染色次数下柘木对蚕丝的复染效果。

表3-13　不同料液比下柘木对蚕丝媒染色度值

料液比	L值	a值	b值	C值	ΔE值
1∶25	69.94	6.42	66.64	66.94	42.75
1∶50	76.86	1.38	60.39	60.40	33.21
1∶100	82.14	−1.83	44.71	44.75	16.40
1∶200	86.94	−4.20	34.47	34.73	4.86
1∶400	88.74	−5.59	30.18	30.69	—

注：染色条件为，pH =4，明矾后媒染；ΔE 值以低浓度染色样品作为参照样。

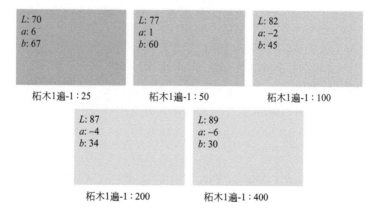

L: 70
a: 6
b: 67
柘木1遍-1∶25

L: 77
a: 1
b: 60
柘木1遍-1∶50

L: 82
a: −2
b: 45
柘木1遍-1∶100

L: 87
a: −4
b: 34
柘木1遍-1∶200

L: 89
a: −6
b: 30
柘木1遍-1∶400

图3-6　不同料液比下柘木对蚕丝的媒染效果

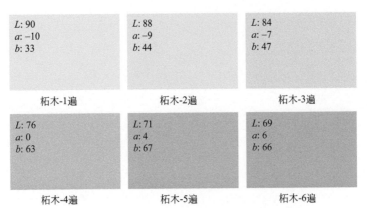

L: 90 a: −10 b: 33	L: 88 a: −9 b: 44	L: 84 a: −7 b: 47
柘木-1遍	柘木-2遍	柘木-3遍
L: 76 a: 0 b: 63	L: 71 a: 4 b: 67	L: 69 a: 6 b: 66
柘木-4遍	柘木-5遍	柘木-6遍

图3-7　不同染色次数下柘木对蚕丝的复染效果

表3-14　不同染色次数下柘木对蚕丝媒染色度值

染色次数	L值	a值	b值	C值	ΔE值
一染	90.09	−10.26	33.42	34.96	—
二染	87.66	−9.28	43.75	44.73	10.66
三染	84.11	−7.47	46.55	47.14	14.70
四染	75.75	0.12	63.34	63.34	34.77
五染	71.45	4.30	67.06	67.19	41.12
六染	68.82	5.67	66.07	66.31	42.10

注：料液比 1∶100，pH=4，明矾后媒染；ΔE 值以第一次染的色纱作为参照样，λ_m=420nm。

从染色结果看，柘木染出典型的黄色，黄值 b 可高达 67.06，正常在 30 ～ 67 之间；红值 a 最高达 6.42，深染正常在 5 ～ 6 之间，呈微带红光的暖黄色即赤黄色；L 值在 70 ～ 90 之间，因为黄色相的缘故，L 值较高；C 值在 30 ～ 67，特别是反复多次的深染时，柘木染出的黄色非常浓艳。柘黄作为皇服专用色，其黄色非常醒目。柘木薄染呈淡黄色，如表 3-13 中料液比（1∶100）、（1∶200）、（1∶400）的样品，表 3-14 中的一染、二染、三染样品，基本呈淡黄色，甚至稍有些冷黄的感觉。

5. 姜黄

姜黄为姜科姜黄属的多年生草本植物。其块根茎含可染黄的姜黄素，具有良好的染色价值，但所染之色不耐日晒。古文献中明文著录姜黄可以染色的记载出现很晚，不过因古人常将姜黄和郁金混为一谈，可能早在汉代即以用它染黄。表 3-15、图 3-8 为不同料液比下姜黄对蚕丝的媒染效果。

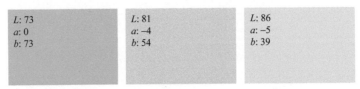

L: 73 a: 0 b: 73	L: 81 a: −4 b: 54	L: 86 a: −5 b: 39
姜黄1遍-1∶50	姜黄1遍-1∶100	姜黄1遍-1∶200

图3-8　不同料液比下姜黄对蚕丝的媒染效果

表3-15　不同料液比下姜黄对蚕丝媒染色度值

料液比	L值	a值	b值	C值
1∶50	73.18	0.29	72.77	72.77
1∶100	81.13	−4.47	53.54	53.73
1∶200	85.64	−5.07	38.51	38.84

注：染色 pH＝4，明矾后媒染，λ_m=400nm。

姜黄素在不同的媒染剂作用下，色相变化较大，在铜媒染剂下呈黄绿色、在铁媒染剂下呈棕黄色。同时，姜黄素对 pH 值也很敏感，遇碱呈红棕色，遇酸则呈现亮黄色。姜黄染色色牢度不佳，日晒牢度更差。

6. 黄柏

黄柏，又名黄檗。其材质内富含的小檗碱，属碱性染料，经过煎煮以后，可以直接染丝帛，而且小檗碱还具有杀虫防蠹的效果。从南北朝到明代，黄檗作为黄色染材一直盛行不衰。表 3-16、图 3-9 为不同染色次数下黄柏对蚕丝的复染效果。黄柏在反复多次复染、各种浓度下均染出冷黄色，即使在很低的浓度下，黄柏染色 a 值仍为负值，是黄色系中为数不多的冷黄色染料。对蚕丝染色，在铜或铁媒染剂的作用下获得带绿色调的黄色。黄柏与靛蓝套染，可获得各种绿色。

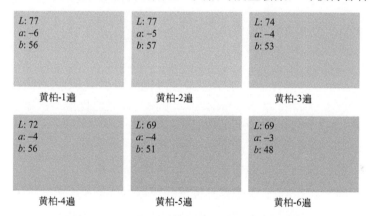

L: 77　a: −6　b: 56　黄柏-1遍　　L: 77　a: −5　b: 57　黄柏-2遍　　L: 74　a: −4　b: 53　黄柏-3遍

L: 72　a: −4　b: 56　黄柏-4遍　　L: 69　a: −4　b: 51　黄柏-5遍　　L: 69　a: −3　b: 48　黄柏-6遍

图3-9　不同染色次数下黄柏对蚕丝的复染效果

表3-16　不同染色次数下黄柏对蚕丝复染的色度值

染色次数	L值	a值	b值	C值
一染	77.47	−6.32	56.38	56.73
二染	76.99	−4.76	56.73	56.93
三染	74.47	−3.65	53.47	53.6
四染	71.67	−4.16	55.71	55.87
五染	68.92	−3.59	51.48	51.61
六染	68.98	−2.56	47.60	47.67

注：染色 pH＝4，明矾后媒染，λ_m=440nm。

7. 黄色系染料小结

不同黄色系植物染料对蚕丝染色 b 值范围由 30 ~ 79，a 值范围由 -10 ~ 17，L 值范围由 44 ~ 90，C 值范围由 31 ~ 79。黄色系所有颜色的 a-b 值分布见图 3-10，大多数为暖黄色调，少数为冷黄色调。

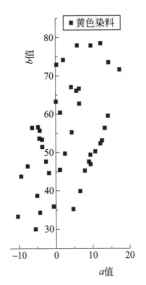

图3-10 不同染色工艺下的所有
黄色系色度值a-b值分布图

所有黄色染料，随着染料浓度的增加，L 值逐渐减小；黄柏、低浓度下柘木与姜黄染色的 a 值为负值，属冷黄类；槐花、栀子、高浓度下柘木、姜黄等 a 值介于冷黄与暖黄色调之间；其他染材染制出的黄色 a 值较大，属暖黄类，如黄栌；反复染的槐花、高浓度下姜黄的 b 值最大，黄光最强。柘木浓度越大，b、C 值越大，即色相的黄光增强，色彩饱和度增加；a 值随浓度增大，由负到正，色调由冷到暖，使柘木的色相发生改变。黄栌的黄光强度较大，a 值也较大，偏红光，黄色调偏暖。黄柏在黄色系中明度较高，黄度、彩度一般，a 值始终为负值，随着染色次数的增加，L 值减小。槐花、姜黄染色效果随浓度增加 a、b、C 值均增加，L 值减小。

黄色系中 a、b 和 C 值的最大值均出现在多次复染工艺中。槐花、黄栌、柘木、黄柏在不同染色次数下的染色结果中，L 值变化规律一致，均随着染色次数的增加而减小。在前三次染色中，柘木 b、C 值和黄栌相近，即黄光强度和色饱和度相似；柘木的 a 值均为负值，偏绿光，黄栌的 a 值为正值，偏红光，说明柘木为明亮的冷黄色调，黄栌为暖黄色调；槐花的明度与黄栌相似，其黄光和色饱和度均强于黄栌和柘木。在染色次数从三染增至六染的过程中，四种染料的明度继续降低，a、b、C 值出现不同的变化规律。槐花、黄柏 a 值不断增加，b、C 值在增加后开始降低；黄栌的 a、b、C 值呈增大趋势，五染至六染的过程中，稍有降低，但从 ΔE 值看色差非常小；柘木的 a 值变化最为明显，三染至四染时，色光从绿光转变为红光，a 值随染色次数增加而增大；b、C 值的变化规律与黄栌相似，经过三次染色后，柘木由冷黄色调转变为暖黄色调。

整体上看，多次复染后黄色 b 值提高，易得到较深的黄色。但不同浓度下的黄色由深至浅，可得到更丰富的色彩。不同染料在该两种染色工艺下所表现出的色度值变化规律不尽相同。

二、红色系

《说文》："赤，南方色也""红，帛赤白色"，《释名·释采帛》"红，绛也，白色之似绛者也。"古代称浅红色为红色，后又以红泛指朱、赤、绯、绛等一切红色。红色系热烈、鲜明之色，象征吉祥、幸福，位于高贵色之列。古代红色系染色多选用红花、茜草和苏木三种植物。同时为了节省红色染材的用量，或满足某个红色调的需要，常用黄色染材打底，如选择槐花、栀子、黄柏先薄染黄再染红。下面根据不同染色方案共染出70个红色。

1. 红花

红花，又名红蓝花，是古代染真红色的染料，也是古代最重要的红色染材。因其染色无需媒染剂，故系一种典型的直接染料。中国利用红花的时间较晚，据考证，红花先经中亚传入我国西北地区，然后传入中原，传入时间应是在汉代张骞通西域后。南北朝以后几乎各地都有红花种植。表3-17、图3-11为不同料液比下红花对蚕丝的染色效果；表3-18、图3-12为不同染色次数下红花对蚕丝的复染效果。

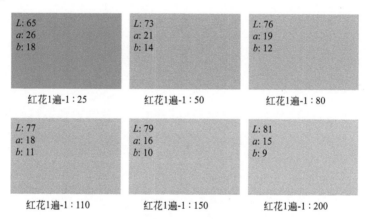

图3-11　不同料液比下红花对蚕丝的染色效果

表3-17　不同料液比下红花对蚕丝染色的色度值

料液比	L值	a值	b值	C值	ΔE值
1∶25	65.22	25.75	17.73	31.27	20.77
1∶50	72.73	20.58	13.51	24.62	10.72
1∶80	75.73	19.33	11.79	22.64	7.14
1∶110	77.46	18.48	10.82	21.42	5.06
1∶150	79.18	15.95	9.71	18.67	1.92
1∶200	80.66	15.10	8.81	17.49	—

注：λ_m=520nm，ΔE值以低浓度下的染色样品为参照样。

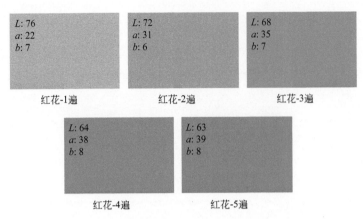

图3-12　不同染色次数下红花对蚕丝的复染效果

表3-18　不同染色次数下红花对蚕丝复染的色度值

染色次数	L值	a值	b值	C值	ΔE值
一染	76.04	22.05	6.53	23.00	—
二染	71.69	31.28	6.03	31.85	10.21
三染	68.31	34.80	6.67	35.44	14.91
四染	64.16	37.85	8.37	38.77	19.86
五染	63.37	39.03	8.00	39.84	21.24

注：pH=4，料液比1：50，λ_{m}=520nm，ΔE值以第一次染的样品作为参照样。

不同浓度红花对蚕丝的染色，黄光强度偏高，这与红花染料的色素含量有关，因为红花中红色素的含量极低，黄色素含量极高，在杀花过程中，极易残留黄色素，而使红花染色后偏黄。

红花染色的a、b、C值随染色浓度、染色次数的增加而增加，即红光、黄光及色饱和度均增强，其中随染色次数的增加，蚕丝的红光增加明显，a值从22增加到39，b值变化不大。经过5遍复染，红花对蚕丝染色最终获得L=63，a=39，b=8，C=40的色度值。红花的真红色表现为L值、a值大，b值小，这与其他红色染料有很大不同。

2. 苏木

苏木，又名苏枋木，或苏方。原产东南亚和中国的岭南地区，但因其是东南亚地区输入中国大宗货品之一，故古代很多人都认为是外来植物。它用于染色的记载始见于西晋嵇含《南方草木状》。与茜草和红花两种红色染材相比，苏木所染色彩比茜草艳丽，色素提取比之红花简便。表3-19、图3-13为不同料液比下苏木对蚕丝的染色效果；表3-20、图3-14为不同染色次数下苏木对蚕丝的复染效果。

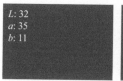

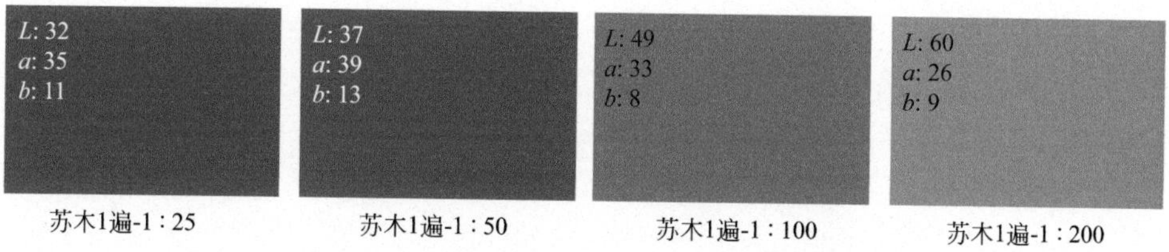

L: 32
a: 35
b: 11

苏木1遍-1：25

L: 37
a: 39
b: 13

苏木1遍-1：50

L: 49
a: 33
b: 8

苏木1遍-1：100

L: 60
a: 26
b: 9

苏木1遍-1：200

图3-13 不同料液比下苏木对蚕丝的染色效果

表3-19 不同料液比下苏木对蚕丝染色的色度值

料液比	L值	a值	b值	C值
1：25	32.04	35.10	11.30	36.87
1：50	36.72	38.57	12.95	40.68
1：100	49.31	32.76	8.42	33.83
1：200	59.57	26.10	9.37	27.73

注：pH=4，明矾后媒染；λ_m=520nm。

随着染料浓度增加，苏木对蚕丝染色的a、C值增大，L值逐渐减小，b值稍有增大，在较高浓度时，苏木染色的红光最强，色饱和度最大，同时L值大大减小，得到暗红色。

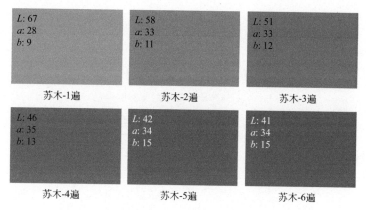

L: 67
a: 28
b: 9

苏木-1遍

L: 58
a: 33
b: 11

苏木-2遍

L: 51
a: 33
b: 12

苏木-3遍

L: 46
a: 35
b: 13

苏木-4遍

L: 42
a: 34
b: 15

苏木-5遍

L: 41
a: 34
b: 15

苏木-6遍

图3-14 不同染色次数下苏木对蚕丝的复染效果

表3-20 不同染色次数下苏木对蚕丝复染的色度值

染色次数	L值	a值	b值	C值	ΔE值
一染	66.55	28.02	9.25	29.50	—
二染	57.63	32.97	10.82	34.70	10.32
三染	51.13	33.19	11.82	35.23	16.47
四染	46.03	34.63	13.48	37.16	21.97
五染	42.45	34.45	14.84	37.51	25.57
六染	41.14	33.57	15.02	36.78	26.65

注：pH=4，料液比1：200，明矾后媒染；λ_m=510 nm，ΔE值以第一次染的样品作为参照样。

随染色次数增加，L 值减小，a、b、C 值增大，说明蚕丝染色红光不断增强、饱和度增加、颜色加深。与红花相比，苏木所染红色 L 值较小，b 值偏大。经过六次复染，苏木对蚕丝染色最终获得 $L=41$，$a=34$，$b=15$，$C=37$ 的色度值。

3. 茜草

茜草的根茎含茜草素，为天然优质红色染料，在红花传入中国之前，基本上是唯一红色染材，《诗经》中便有多处提到茜草和其所染服装的颜色。这种染材春秋两季皆能收采，以秋季采到的质量为好，以根部粗壮呈深红色者为佳。收采后晒干储藏，染色时可切成碎片，以热水煮用。表3-21、图3-15为不同料液比下茜草对蚕丝的染色效果；表3-22、图3-16为不同染色次数下茜草对蚕丝的复染效果。

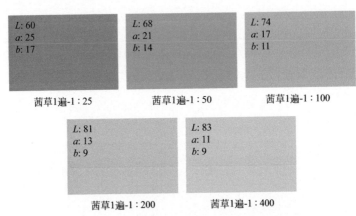

L: 60	L: 68	L: 74
a: 25	a: 21	a: 17
b: 17	b: 14	b: 11
茜草1遍-1∶25	茜草1遍-1∶50	茜草1遍-1∶100

L: 81	L: 83
a: 13	a: 11
b: 9	b: 9
茜草1遍-1∶200	茜草1遍-1∶400

图3-15　不同料液比下茜草对蚕丝的染色效果

表3-21　不同料液比下茜草对蚕丝染色的色度值结果

料液比	L值	a值	b值	C值	ΔE值
1∶25	59.69	25.45	17.19	30.71	28.78
1∶50	67.55	21.01	14.23	25.37	19.29
1∶100	74.23	17.13	11.13	20.43	11.05
1∶200	80.61	13.32	9.25	16.22	3.43
1∶400	83.37	11.30	8.99	14.44	—

注：乙醇浸泡提取，明矾媒染剂（Al³⁺）；λ_m=500nm，ΔE 值以低浓度下的染色样品为参照样。

茜草色素的提取工艺非常重要，经过摸索，醇浸泡提取的茜草染液最为理想。古代茜草的提取工艺多用水煎法，其红光、黄光、色饱和度均低，整体颜色偏黄，与肉粉色相似。从不同浓度下茜草染料的染色结果看，与红花、苏木相比，茜草染色黄光最强（与产地有关），b 值偏大，a 值较低，色饱和度偏低。随着染色浓度的增加，L 值减小，明度降低，a 值、b 值、C 值均增大，但 b 值增长幅度偏大。

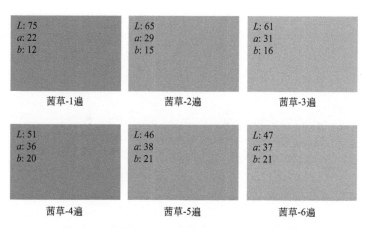

L: 75   a: 22   b: 12 茜草-1遍   L: 65   a: 29   b: 15 茜草-2遍   L: 61   a: 31   b: 16 茜草-3遍

L: 51   a: 36   b: 20 茜草-4遍   L: 46   a: 38   b: 21 茜草-5遍   L: 47   a: 37   b: 21 茜草-6遍

图3-16　不同染色次数下茜草对蚕丝的复染效果

表3-22　不同染色次数下的茜草对蚕丝复染的色度值

染色次数	L值	a值	b值	C值	ΔE值
一染	74.67	22.03	11.53	24.86	—
二染	65.09	28.52	15.29	32.36	12.17
三染	60.80	31.32	15.83	35.09	17.23
四染	50.95	35.99	20.23	41.29	28.87
五染	46.06	37.57	20.53	42.81	33.78
六染	46.74	36.62	21.13	42.28	32.94

注：乙醇提取茜草，pH=4，料液比1∶100，明矾媒染剂（Al^{3+}）；ΔE 值以第一次染的样品作为参照样，λ_m=510nm。

与染料浓度相比，染色次数增加，对于茜草染料红色的提升作用非常大。经过六次复染，最终获得 L=47，a=37，b=21，C=42 的色度值。

4. 黄色染材 + 苏木染材

表 3-23、图 3-17 为不同黄色染材与不同苏木料液比的套染效果；表 3-24、图 3-18 为不同黄色染材与不同浓度苏木的古法套染效果。

表3-23　黄色染料与不同料液比下的苏木套染染色的色度值

染料	苏木料液比	L值	a值	b值	C值	λ_m/nm	ΔE值
黄柏 + 苏木	1∶25	35.80	41.90	10.61	43.23	530	43.90
	1∶50	48.22	36.61	4.41	36.87	550	30.85
	1∶100	57.70	31.18	5.74	31.70	550	19.96
	1∶200	66.67	24.15	6.76	25.08	550	8.56
	1∶400	72.93	18.58	8.51	20.44	550	—

染料	苏木料液比	L值	a值	b值	C值	λ_m/nm	ΔE值
槐花+苏木	1：25	32.09	36.89	20.37	42.14	520	47.00
	1：50	40.18	35.14	27.65	44.72	520	36.43
	1：100	49.59	28.42	35.61	45.56	520	22.66
	1：200	57.70	20.53	42.81	47.48	520	10.49
	1：400	61.27	18.93	52.55	55.85	520	—
栀子+苏木	1：25	35.36	40.43	12.93	42.44	530	42.43
	1：50	45.98	37.61	13.25	39.88	530	32.44
	1：100	54.22	32.78	15.38	36.21	540	22.85
	1：200	63.11	25.57	21.23	33.24	510	10.05
	1：400	70.38	19.52	24.62	31.42	500	—

注：ΔE值以低浓度下的样品为参照样，槐花、黄柏、栀子的料液比均为1：200。

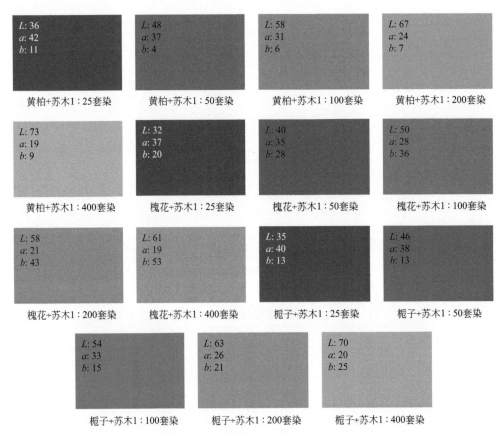

图3-17　黄色染料与不同料液比苏木的套染效果（槐花、黄柏、栀子的料液比均为1：200）

分别用黄柏、槐花、栀子与苏木套染得到的红色有很大变化。单染工艺下苏

木的 b 值在 $10 \sim 11$ 左右波动，经套染后 b 值发生了很大的变化。其中，与黄柏套染后 b 值降低，黄光减弱；与槐花、栀子套染后，b 值明显增加，黄光增强。这两种现象的出现与黄色染料的黄色色调有关，黄柏呈冷黄色调，故 b 值降低；反之，槐花、栀子相对较暖，故 b 值增大。套染工艺下，各红色的 b 值随苏木浓度的增加而降低，色饱和度增加。所有红色中，a 值的最大值出现在套染工艺中，薄染的黄柏使得最终呈现的红色更为纯正。

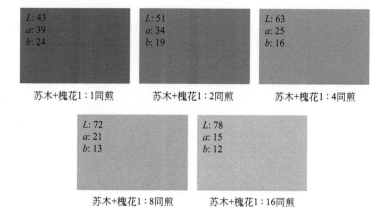

图3-18　不同比例下苏木与槐花同煎（古法）的染色效果

表3-24　古法红色染色的色度值

染料	料液比	媒染剂	L值	a值	b值	C值	λ_m/nm	ΔE值
苏木、槐花（按古法同煎）	1	Al^{3+}	42.94	39.04	23.51	45.57	550	44.26
	1:2		51.19	34.03	18.87	38.91	550	33.79
	1:4		63.31	24.55	15.54	29.05	550	18.08
	1:8		71.56	20.97	13.15	24.75	550	9.05
	1:16		78.08	14.90	11.59	18.88	550	—
苏木、槐花	1:50	Al^{3+}、Pb_3O_4	19.19	15.57	10.56	18.81	520	—
苏木、栀子	1:50	Al^{3+}、Pb_3O_4	26.49	25.54	3.24	25.75	560	—

注：ΔE 值以低浓度下的样品为参照样。在上表中，"1"指古法比例，"1:2""1:4"、…依次为按比例稀释后的料液比。

苏木与槐花同煎并以 Al^{3+} 为媒染剂染制出来的红色，明度高，红光强，黄光也强，色饱和度高，呈现出明亮的暖红色调。另外以苏木与槐花、苏木与栀子同煎并用明矾、Pb_3O_4 同时加入一起媒染出的红色差异较大，其中苏木与栀子染出的红色明度稍高，红光较强，黄光极弱，呈现出的红色与苏木和槐花染出的红色相比，稍显明亮，呈现较冷的红色调。

193

5. 红色系染料小结

总体上，红色系的 a 值范围为 11～42，b 值范围为 3～28（套黄染得橘色未归入），L 值范围为 19～83，C 值范围为 14～46（套黄染得橘色未归入），见图 3-19。红色系染料 a 值越大、b 值越小，色泽越纯正；b 值在 20～30 之间，黄光很明显；b 值达 30 以上，已不能称之为红色。红色色度值变化规律如下：多次复染工艺较多浓度工艺染制的红色 a 值大，b 值变化不大。苏木与黄色染料套染染制的红色，其 a 值均较大，b 值的大小取决于套染使用的黄色染料，与冷黄类染料套染出的红色，其 b 值较小；反之，与暖黄类染料套染出的红色，其 b 值较大。纯正的红花红 a 值大、b 值小（10 以下），明度高，呈正红色；苏木染色后，红光最强，色饱和度最大；经乙醇提取茜草的 a 值大，b 值较小，色饱和度中等，红色较为理想。

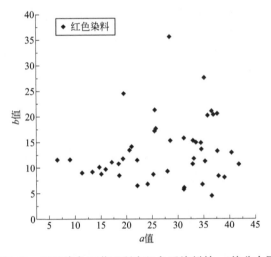

图3-19　不同染色工艺下所有红色系染料的 a-b 值分布图

不同染色次数和不同浓度的染色效果相比，不同浓度下红花染色 a、b 值变化均较大，且与染色浓度呈正相关；不同染色次数下的红花染色 b 值变化较小，a 值随染色次数增加而增长。两种染色工艺相比，不同染色次数下红花染色的 a 值大于不同浓度下染制出的红色，且 b 值均较低，即黄光弱，红色较纯正。不同浓度下，苏木的 b 值变化较小，a 值随浓度的增加而增加；不同染色次数下，a、b 值均有一定的增加，色饱和度增加。两种工艺相比较，不同染料浓度下的苏木，a 值大、L 值小，可获得暗红色。不同浓度和不同染次的茜草 a、b 值均呈线性增加，不同染次下茜草的 a、b 值均较对应浓度下茜草 a、b 值大。不同浓度下颜色的变化梯度较明显，可得到深浅差异较大的红色。

总之，从红色系测色结果，可知多次复染工艺染得的红色 a 值，比高浓度工艺染制的红值大，且 b 值增长不大；与黄色染料套染染制的红色，a 值均较大，

b值取决于套染使用的黄色染料；苏木的水提取液染色样品红光最强，色饱和度最大；茜草经乙醇浸泡提取液的a值最大、b值较低，色饱和度中等，是茜草最为理想的提取方法。

三、蓝色系

1. 靛蓝

在中国传统五色中，蓝色归于青色范畴。《说文》："青，东方色也"。自汉代起，穿着青衣者，多地位不高。唐、宋、明时期，六品以下官员服青（蓝、绿）色，地位低下的婢女，多穿青衣。但给人宁静、广博的蓝色，深受民间百姓欢迎，是日常着装服饰色彩。自然界蓝色染材——蓝草，能染出极为浓郁、纯正的蓝色，也算是天作之美。本篇蓝色系，是由蓼蓝植物经打靛后获得的靛蓝染料，在不同浓度和不同染色次数的工艺条件下染制而成，共16个蓝色。表3-25、图3-20和表3-26、图3-21分别是不同料液比、不同染色次数下靛蓝对蚕丝的染色效果。

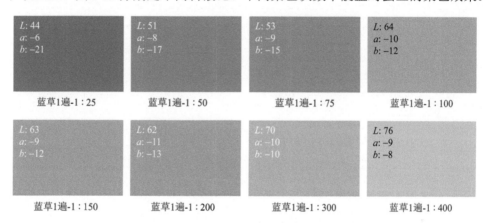

图3-20　不同料液比下靛蓝对蚕丝的染色效果

表3-25　不同料液比下靛蓝对蚕丝染色的色度值

料液比	L值	a值	b值	C值	ΔE值
1：25	43.60	-5.73	-20.67	21.45	34.79
1：50	50.70	-7.74	-16.86	18.55	26.66
1：75	53.24	-8.59	-15.39	17.62	23.75
1：100	63.85	-10.42	-11.82	15.76	12.61
1：150	62.80	-9.23	-11.99	15.13	13.60
1：200	61.88	-10.53	-12.68	16.49	14.76
1：300	70.15	-9.95	-10.12	14.19	6.10
1：400	75.71	-9.21	-7.73	11.99	—

注：ΔE值以低浓度下的样品为参照样，λ_{max} = 630～650nm。

195

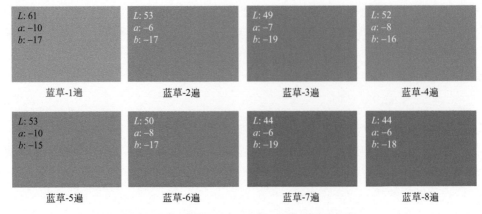

图3-21 不同染色次数下靛蓝对蚕丝的染色效果

表3-26 不同染色次数下靛蓝对蚕丝复染的色度值

染色次数	L值	a值	b值	C值	ΔE值
一染	60.55	-9.62	-16.67	19.25	—
二染	53.31	-6.21	-16.87	17.97	8.00
三染	48.73	-7.10	-19.36	20.62	12.39
四染	52.02	-8.00	-16.28	18.13	8.69
五染	52.87	-10.02	-15.37	18.35	7.80
六染	49.65	-7.73	-17.26	18.91	11.08
七染	44.46	-5.87	-19.08	19.96	16.70
八染	43.56	-6.31	-18.40	19.45	17.40

注：靛蓝料液比1：75，ΔE值以第一次染的样品作为参照样，λ_m=630～640nm。

随染料浓度的增大，靛蓝对蚕丝染色的明度呈递减趋势，色饱和度呈增加趋势，整体偏蓝绿色光；靛蓝浓度高时，色光偏蓝；靛蓝浓度低时，色光偏绿。ΔE值从6.10增加到34.79，为肉眼清晰辨识范围。随染料浓度的增大，靛蓝染色色彩显著加深。

随染色次数的增加，靛蓝染色L值减小，a值、ΔE值增大，b值、C值变化不大，即明度变暗、绿光有所减弱，蓝光、色饱和度变化不明显。经多次复染后靛蓝虽逐渐加深，但色相变化不大。不同浓度、不同染色次数下染制的靛蓝色度值规律有所不同。

2. 蓝色系染料小结

蓝色系测色结果表明，多次复染工艺下靛蓝a值（-6～-10）、b值（-15～-19）、L值（44～61）较为集中；不同浓度染色工艺下a值（-6～-11）、b值（-8～-21）、L值（44～76）差异较大，颜色深浅差异大，可得到较为丰富的色彩。虽然增加染料浓度、反复多次染都可以加深布面颜色（见图3-22），但是

196

前者对染料浪费较大、后者对染料的充分利用更加合理。

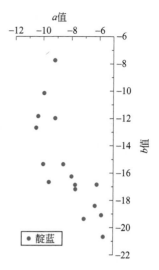

图3-22　不同染色工艺下靛蓝染料的a-b值分布图

四、绿色系

1. 与多种黄色染料的套染

虽然自然界满目绿色，但是能够对纺织材料上染绿色的染料却似乎只有鼠李一种，这是因为在自然界呈现绿色的叶绿素无法上染纤维。幸好，大自然赋予了人类蓝色，故古代大多采用套染的方法获得绿色。黄色与蓝色套染可得绿色，兼之自然界有着非常丰富的黄色染料，所以可获得多种多样的绿色。下面分别使用 10 个黄色染料与靛蓝套染，共染制出 54 个绿色，图 3-23 和表 3-27 为相同料液比的靛蓝与不同黄色染材的染色效果及测色值。

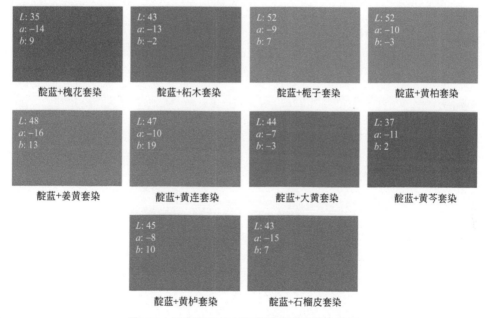

L: 35 a: –14 b: 9	L: 43 a: –13 b: –2	L: 52 a: –9 b: 7	L: 52 a: –10 b: –3
靛蓝+槐花套染	靛蓝+柘木套染	靛蓝+栀子套染	靛蓝+黄柏套染
L: 48 a: –16 b: 13	L: 47 a: –10 b: 19	L: 44 a: –7 b: –3	L: 37 a: –11 b: 2
靛蓝+姜黄套染	靛蓝+黄连套染	靛蓝+大黄套染	靛蓝+黄芩套染
L: 45 a: –8 b: 10	L: 43 a: –15 b: 7		
靛蓝+黄栌套染	靛蓝+石榴皮套染		

图3-23　不同黄色染材与靛蓝套染的染色结果

表 3-27 中色度值 a 值均为负值，说明所有染料套染后均获得绿色，a 值范围为 -7 ～ -16；b 值为正值的染料有栀子、姜黄、黄连、槐花、黄栌、黄芩、石榴皮等，得到黄绿色调；柘木、黄柏、大黄等染料套染后 b 值为负值，得到蓝绿色调。图 3-23 中，绿色的黄、蓝色光的变化除了与靛蓝、黄色染料的浓度有关外，还与黄色染料的种类有关。前文黄色系染色分析中得出，黄柏、柘木属冷黄类，与其他

197

黄色染料相比，其本身色调偏绿光，故套染后绿色偏蓝绿色光，颜色较冷；其他黄色染料，如栀子、槐花、姜黄等，因黄光很重，与靛蓝套染后，呈现出黄绿色调。

表3-27　不同黄色染材与靛蓝套染的色度值

染料	L值	a值	b值	C值
槐花	35.40	−13.54	9.00	16.26
柘木	43.25	−12.69	−2.20	12.88
栀子	52.30	−9.11	7.37	11.72
黄柏	52.27	−10.22	−2.52	10.53
姜黄	48.11	−16.40	13.01	20.93
黄连	47.00	−10.34	19.29	21.89
大黄	44.36	−6.82	−2.63	7.31
黄芩	36.79	−10.84	1.66	10.96
黄栌	44.71	−8.21	10.25	13.13
石榴皮	43.02	−15.07	6.66	16.48

注：靛蓝料液比 1∶25；黄色染料的料液比 1∶200，媒染剂为 Al^{3+}；λ_m=650nm。

2. 不同浓度的染料套染

表3-28、表3-29、表3-30、表3-31 与图3-24、图3-25、图3-26、图3-27 分别为同一料液比的靛蓝与不同料液比黄色染材的染色效果及测色值。

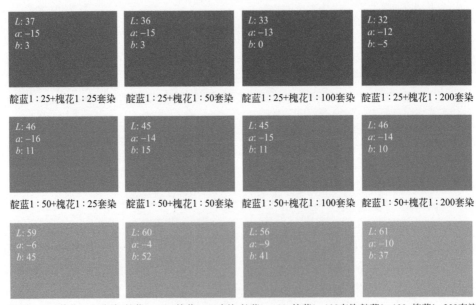

图3-24　不同料液比下槐花与靛蓝套染的染色效果

表3-28 不同料液比下槐花与靛蓝套染的色度值

染料1	料液比	染料2	料液比	L值	a值	b值	C值	ΔE值
靛蓝	1：25	槐花	1：25	37.04	−14.53	2.59	14.76	42.09
			1：50	35.68	−15.07	3.40	15.45	42.29
			1：100	33.05	−13.38	−0.09	13.38	46.48
			1：200	31.71	−11.75	−4.88	12.72	51.05
	1：50		1：25	45.70	−15.58	10.97	19.05	30.64
			1：50	45.32	−14.17	15.19	20.77	27.11
			1：100	44.75	−15.30	11.14	18.93	30.93
			1：200	45.72	−14.42	9.70	17.38	31.53
	1：100		1：25	59.16	−5.92	45.03	45.41	9.14
			1：50	60.17	−3.92	51.99	52.14	16.18
			1：100	56.21	−9.38	40.71	41.78	6.02
			1：200	60.89	−9.86	36.96	38.25	—

注：槐花媒染剂为 Al^{3+}，ΔE 值以低浓度下的样品为参照样；λ_m=650nm。

不同浓度的槐花与靛蓝套染，得到的色度值范围是：L 值为 31 ~ 61，a 值为 −15 ~ −4；b 值为 −5 ~ 51，C 值为 13 ~ 52，总体来看，各个浓度下多以黄绿色调为主，极少呈蓝绿色调。蓝色较深时，绿色显著；蓝色过淡时，呈冷黄色。

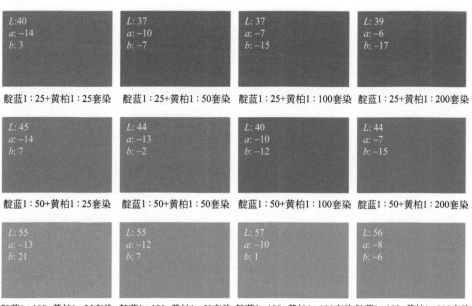

靛蓝1：25+黄柏1：25套染　靛蓝1：25+黄柏1：50套染　靛蓝1：25+黄柏1：100套染　靛蓝1：25+黄柏1：200套染

靛蓝1：50+黄柏1：25套染　靛蓝1：50+黄柏1：50套染　靛蓝1：50+黄柏1：100套染　靛蓝1：50+黄柏1：200套染

靛蓝1：100+黄柏1：25套染　靛蓝1：100+黄柏1：50套染　靛蓝1：100+黄柏1：100套染　靛蓝1：100+黄柏1：200套染

图3-25 不同料液比下黄柏与靛蓝套染的染色效果

表3-29　不同料液比下黄柏与靛蓝套染的色度值

染料1	料液比	染料2	料液比	L值	a值	b值	C值	ΔE值
靛蓝	1：25	黄柏	1：25	40.32	-13.89	3.03	14.21	18.83
			1：50	37.37	-10.37	-7.08	12.56	18.77
			1：100	36.76	-7.42	-14.68	16.45	21.18
			1：200	38.79	-5.63	-16.95	17.86	20.64
	1：50		1：25	45.05	-14.18	6.94	15.79	17.80
			1：50	44.12	-13.18	-1.63	13.28	13.50
			1：100	39.74	-9.54	-12.16	15.46	17.48
			1：200	43.85	-6.80	-15.04	16.51	15.31
	1：100		1：25	54.72	-13.07	20.74	24.51	27.00
			1：50	55.13	-12.45	7.42	14.50	13.90
			1：100	56.58	-10.45	1.39	10.54	7.54
			1：200	55.96	-8.21	-5.79	10.05	—

注：黄柏媒染剂为 Al^{3+}，ΔE 值以低浓度下的样品为参照样；λ_m=650nm。

　　不同浓度的黄柏与靛蓝套染，得到的色度值范围是：L 值为 37 ~ 57，a 值为 -14 ~ -6；b 值为 -17 ~ 21，C 值为 10 ~ 25，总体来看，各个浓度下蓝色较深时，呈蓝绿色调；蓝色淡时，呈绿色调。蓝绿色调显著。

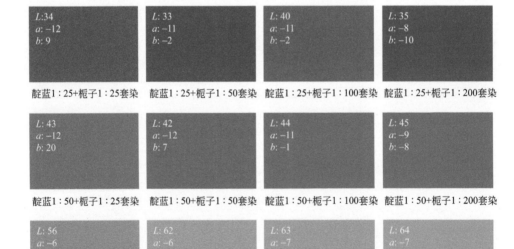

图3-26　不同料液比下栀子与靛蓝套染的染色效果

表3-30　不同料液比下栀子与靛蓝套染的色度值

染料1	料液比	染料2	料液比	L值	a值	b值	C值	ΔE值
靛蓝	1：25	栀子	1：25	33.68	−11.92	8.68	14.74	31.02
			1：50	32.71	−10.51	−2.21	10.74	35.08
			1：100	40.37	−10.89	−2.46	11.17	26.28
			1：200	34.70	−7.89	−10.47	13.11	37.75
	1：50		1：25	43.17	−12.28	19.52	23.06	22.29
			1：50	41.80	−12.18	7.37	14.23	23.54
			1：100	43.64	−10.83	−0.79	10.86	25.08
			1：200	44.86	−8.65	−8.47	12.11	29.09
	1：100		1：25	55.65	−5.89	39.23	39.67	27.08
			1：50	62.37	−5.72	33.09	33.58	19.73
			1：100	63.14	−6.52	23.75	24.63	10.33
			1：200	63.88	−6.71	13.44	15.03	—

注：栀子媒染剂为Al^{3+}，ΔE值以低浓度下的样品为参照样；λ_m=650nm。

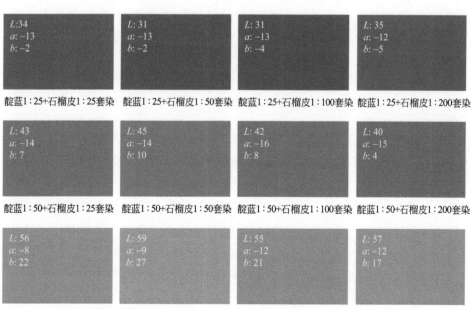

图3-27　不同料液比下石榴皮与靛蓝套染的染色效果

表 3-31　不同料液比下石榴皮与靛蓝套染的色度值

染料1	料液比	染料2	料液比	L值	a值	b值	C值	ΔE值
靛蓝	1∶25	石榴皮	1∶25	33.63	-12.97	-1.86	13.11	30.32
			1∶50	30.95	-13.06	-2.10	13.23	32.58
			1∶100	31.04	-12.69	-4.45	13.45	33.95
			1∶200	34.76	-12.44	-5.01	13.41	31.56
	1∶50		1∶25	42.68	-13.95	7.15	15.67	17.75
			1∶50	45.16	-13.87	9.51	16.81	14.39
			1∶100	42.36	-16.30	7.52	17.95	18.22
			1∶200	40.04	-15.44	4.05	15.97	21.88
	1∶100		1∶25	55.65	-7.95	22.01	23.40	6.41
			1∶50	58.55	-8.93	26.86	28.31	10.19
			1∶100	54.94	-12.10	21.10	24.33	4.47
			1∶200	57.16	-11.94	17.22	20.96	—

注：石榴皮媒染剂为 Al^{3+}，ΔE 值以低浓度下的样品为参照样，$\lambda_m=650nm$。

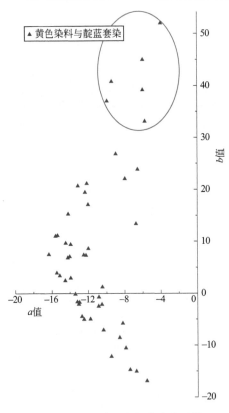

图3-28　黄色染料与靛蓝套染后的
绿色a-b值分布图

3. 绿色系染料小结

绿色以套染方式获得，测色结果表明，靛蓝浓度高时，获得偏蓝绿色光的绿色；靛蓝浓度过低时，套染颜色呈黄绿色（见图 3-28 圈中点）。

所有绿色中，各色度值的变化规律基本为：与低浓度靛蓝套染时，得色 b 值较高，黄光强，且随黄色染料浓度增加 b 值增长幅度较大；a 值变化幅度较小，各绿色整体上偏黄光，颜色较为鲜亮。与高浓度靛蓝套染时，各绿色 a 值变化较小，b 值大多分布在 -17～9 之间，表明此时大部分绿色偏蓝绿色光，色调较冷。黄、蓝色光的变化主要取决于靛蓝染料的浓度。与中等浓度靛蓝套染时，a 值较高浓度靛蓝套染的绿值大，即绿光加重，b 值大部分为正值，呈现偏黄绿色光的绿色，这时的绿色较高浓度靛蓝套染下更为鲜亮（见图 3-28）。

黄色染料的浓度与性质也对绿色的

黄、蓝色光有影响。与低浓度黄色染料或冷黄染料套染时，获得偏蓝绿色光的绿色；与高浓度黄色染料或暖黄染料套染时，获得偏黄绿色光的绿色。

五、黑色系

在现代色彩学体系中，黑色是无彩色系，与白色形成黑白变化中的另一端。可是在古代，黑色被当作颜色看待，而且是主色。在甲骨文中就有"黑、乌、玄、幽、皂"等文字表达黑的色彩含义。黑色在服饰上的社会地位波动起伏很大。秦汉时期尚黑，黑色是高贵的象征，用于官服或王服的色彩。古代多以深色的概念阐释黑色，如以蓝草的蓝染，经过几十次的反复染色，呈现出接近黑的深色，便称之为黑色。自然界并没有真正的黑色染料，都是建立在深染概念下的黑色，如五倍子、莲子壳、冻柿子、皂斗等。因为古代深染的程序很复杂，而且深染的颜色色牢度优于浅色。在我国封建社会的服饰制度中，深色服饰也成为同色中较高阶的象征，官品位的服饰也是从深至浅递减的。在此并没有将所有的深色纳入黑色系中，仍按照色系划分。

自然界可用于染黑色的材料很多，如多数植物的树皮、枝叶。在古代常用的黑色染料，如五倍子、莲子壳、皂斗、薯莨、冻柿子、桑寄生等物质中，均含有鞣质，又称单宁，染出的颜色大多是棕色、棕黑色。下面共使用了 6 个染料，尝试在不同的工艺条件下，即反复多次染、不同浓度、不同媒染剂等所能达到的"黑色"效果，共染制出 56 个黑色。

1. 五倍子

五倍子是一种蚜虫寄生于橡树花蕾或树皮上，树皮受到蚜虫的刺激而形成的肿瘤状突起的物质，所以严格地说，五倍子是动物染料，但是真正起染色作用的物质不是昆虫，而是植物单宁作用的结果。五倍子中含有丰富的鞣酸（鞣质），当鞣酸与铁离子结合时，产生黑色的沉淀。

五倍子对蚕丝的染色结果，在铜媒染剂作用下，明度高、深色效果不佳；在铁媒染剂作用下，Fe^{3+}、Fe^{2+} 对其红光、黄光及色饱和度的影响相差不大，仅在明度上 Fe^{2+} 媒染的五倍子颜色稍暗（见图3-29、表3-32）。

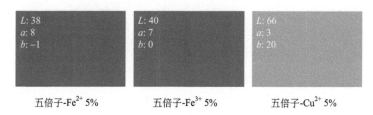

L: 38　a: 8　b: -1　　五倍子-Fe^{2+} 5%

L: 40　a: 7　b: 0　　五倍子-Fe^{3+} 5%

L: 66　a: 3　b: 20　　五倍子-Cu^{2+} 5%

图3-29　不同媒染剂下五倍子对蚕丝的染色效果

表3-32　不同媒染剂下五倍子对蚕丝染色的色度值

媒染剂	L值	a值	b值	C值
Fe^{3+}	40.19	6.60	-0.22	6.60
Fe^{2+}	37.74	7.81	-1.05	7.88
Cu^{2+}	66.28	2.80	20.35	20.54

注：料液比均为1∶100，媒染剂用量5%，$\lambda_m = 500nm$。

由表3-33看出，随媒染剂用量的增加，五倍子染色色度值L值不断减小，a值、b值出现一定的差异，ΔE值有较大变化。在7%之后，色差变化减小，几乎肉眼不可辨（见图3-30）。

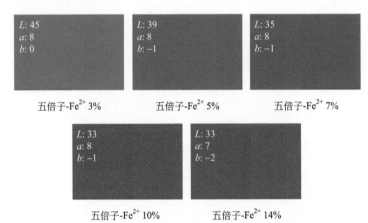

L: 45 a: 8 b: 0	L: 39 a: 8 b: -1	L: 35 a: 8 b: -1
五倍子-Fe^{2+} 3%	五倍子-Fe^{2+} 5%	五倍子-Fe^{2+} 7%
L: 33 a: 8 b: -1	L: 33 a: 7 b: -2	
五倍子-Fe^{2+} 10%	五倍子-Fe^{2+} 14%	

图3-30　不同Fe^{2+}媒染剂用量下五倍子对蚕丝的染色效果

表3-33　不同Fe^{2+}媒染剂用量下五倍子对蚕丝染色的色度值

媒染剂用量	L值	a值	b值	C值	ΔE值
3%	45.19	8.07	0.21	8.07	—
5%	39.05	8.15	-0.89	8.19	6.24
7%	34.81	7.97	-1.08	8.04	10.46
10%	33.04	7.65	-1.45	7.79	12.27
14%	32.67	7.29	-1.61	7.46	12.68

注：料液比均为1∶100，$\lambda_m = 520nm$，ΔE值以低媒染剂用量下的样品为参照样。

五倍子对蚕丝染色，在第一遍染色时就获得了很低的明度（$L=34.59$），至最后一遍染色后明度在所有黑色染料中最低（$L=18.93$）。随染色次数增加a值减小、b值增大，更加趋近于零。整体来看五倍子的红光较强（a值稍大），明度低，复染可获得棕黑色。不同媒染剂浓度、不同染料浓度、不同染色次数比较，多次复染的深染效果最佳，最终达到$L \approx 19$、$a \approx 3$、$b \approx -3$、$c \approx 4$的黑色（见图3-31、图3-32与表3-34、表3-35）。

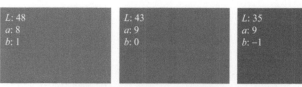

五倍子1遍-1∶400　　　　　五倍子1遍-1∶200　　　　　五倍子1遍-1∶100

五倍子1遍-1∶50　　　　　　五倍子1遍-1∶25

图3-31　不同料液比下五倍子对蚕丝的染色效果

表3-34　不同料液比下五倍子对蚕丝染色的色度值

料液比	L值	a值	b值	C值	ΔE值
1∶400	47.96	7.90	0.76	7.93	25.93
1∶200	42.95	8.82	0.22	8.82	21.20
1∶100	35.39	8.60	−1.02	8.66	13.83
1∶50	30.33	6.82	−2.98	7.44	8.13
1∶25	23.03	4.03	−5.21	6.59	—

注：Fe^{2+}媒染剂用量5%，λ_m=550nm，ΔE值以低浓度下的样品为参照样。

五倍子-1遍　　　　　　　五倍子-2遍　　　　　　　　五倍子-3遍

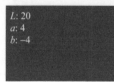

五倍子-4遍　　　　　　　五倍子-5遍

图3-32　不同染色次数下五倍子对蚕丝的复染效果

表3-35　不同染色次数下五倍子对蚕丝复染的色度值

染色次数	L值	a值	b值	C值	λ_m/nm	ΔE值
一染	34.59	3.88	−6.45	7.53	560	—
二染	26.12	3.94	−6.02	7.20	560	8.48
三染	22.98	3.62	−5.42	6.52	540	11.66
四染	20.29	3.50	−4.02	5.33	540	14.51
五染	18.93	2.76	−3.32	4.32	540	16.01

注：料液比均为1∶100，Fe^{2+}媒染剂用量5%，ΔE值以第一次染色样品为参照样。

2. 莲子壳

莲子壳为睡莲科植物莲（*Nelumbo nucifera*）的老熟果实，果皮坚硬，熟时呈黑褐色。因经久坚黑如石质而又得名石莲子。

由表 3-36、图 3-33 知，Fe^{2+}、Fe^{3+}、Cu^{2+} 三种媒染剂相比较，亚铁媒染剂的深染效果更好。表 3-37、图 3-34 中，增加媒染剂浓度，对颜色的加深作用不大。从表 3-38、图 3-35 不同浓度莲子壳对蚕丝的染色效果，可以看出莲子壳染色的 a 值很小，b 值随染料浓度增大、色彩加深而减小；高浓度下，L 值依然较大，难于染深。

总之，对莲子壳而言，不同媒染剂浓度、不同染料浓度、不同染色次数下的深染效果相比较（见图 3-34～图 3-36，表 3-37～表 3-39），黑色相差异不大，在高浓度下达到 L 值 ≈ 42、a ≈ 2、b ≈ 3、C ≈ 3 的黑色。与五倍子相比，莲子壳对蚕丝染色呈现灰黑色。

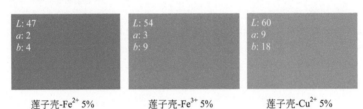

莲子壳-Fe^{2+} 5%　　莲子壳-Fe^{3+} 5%　　莲子壳-Cu^{2+} 5%

图3-33　不同媒染剂下莲子壳对蚕丝的染色效果

表3-36　不同媒染剂下莲子壳对蚕丝染色的色度值

媒染剂	L值	a值	b值	C值
Fe^{3+}	54.28	2.81	9.23	9.64
Fe^{2+}	47.24	1.70	3.56	3.94
Cu^{2+}	59.75	8.84	17.69	19.78

注：料液比均为 1 : 100，媒染剂用量 5%，λ_m=500nm。

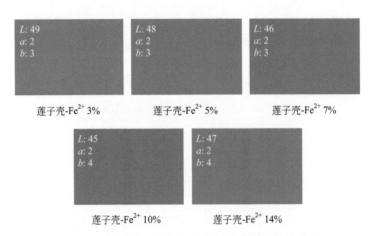

莲子壳-Fe^{2+} 3%　　莲子壳-Fe^{2+} 5%　　莲子壳-Fe^{2+} 7%

莲子壳-Fe^{2+} 10%　　莲子壳-Fe^{2+} 14%

图3-34　不同媒染剂用量下莲子壳对蚕丝的染色效果

表3-37　不同Fe²⁺媒染剂用量下莲子壳对蚕丝染色的色度值

媒染剂用量	L值	a值	b值	C值	ΔE值
3%	48.62	1.56	2.80	3.20	—
5%	47.43	1.64	2.56	3.92	1.42
7%	46.35	1.58	3.29	3.65	2.33
10%	45.07	1.69	3.72	4.09	3.67
14%	46.91	1.63	3.75	4.09	1.97

注：料液比均为 1：100，λ_m=500nm，ΔE 值以低媒染剂用量下的样品为参照样。

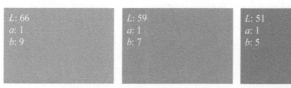

莲子壳1遍-1：400　　　莲子壳1遍-1：200　　　莲子壳1遍-1：100

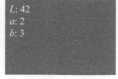

莲子壳1遍-1：50　　　　莲子壳1遍-1：25

图3-35　不同料液比下莲子壳对蚕丝的染色效果

表3-38　不同料液比下莲子壳对蚕丝染色的色度值

料液比	L值	a值	b值	C值	ΔE值
1：400	66.37	1.43	8.51	8.63	—
1：200	59.46	1.47	7.40	7.54	6.99
1：100	51.27	1.47	4.88	5.09	15.53
1：50	46.24	1.33	2.79	3.09	20.92
1：25	41.85	2.26	2.65	3.48	25.22

注：Fe²⁺ 媒染剂用量 5%，λ_m=500nm，ΔE 值以低浓度下的样品为参照样。

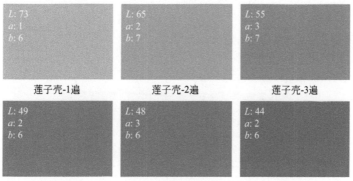

莲子壳-1遍　　　　　莲子壳-2遍　　　　　莲子壳-3遍

莲子壳-4遍　　　　　莲子壳-5遍　　　　　莲子壳-6遍

图3-36　不同染色次数下莲子壳对蚕丝的染色效果

表3-39　不同染色次数下莲子壳对蚕丝复染的色度值

染色次数	L值	a值	b值	C值	ΔE值
一染	72.61	1.47	6.40	6.57	—
二染	64.89	2.37	6.64	7.05	7.78
三染	55.16	3.11	6.71	7.39	17.54
四染	49.31	2.36	5.93	6.38	23.32
五染	48.21	2.42	6.35	6.80	24.42
六染	44.22	2.28	6.04	6.45	28.40

注：料液比均为1：100，Fe^{2+}媒染剂用量5%，λ_m=500nm，ΔE值以一次染色样品为参照样。

3. 桑寄生

桑寄生，别称桃树寄生，苦楝寄生等。灌木，高 0.5 ～ 1 米；嫩枝、叶密被褐色或红褐色星状毛，有时具散生叠生星状毛，小枝黑色，无毛，具散生皮孔。传统的黑色染料之一。不同媒染剂种类、媒染剂用量的实验结果见表3-40、表3-41，图3-37、图3-38。其变化规律与莲子壳类似。

图3-37　不同媒染剂下桑寄生对蚕丝的染色效果

表3-40　不同媒染剂下的桑寄生对蚕丝染色的色度值

媒染剂	L值	a值	b值	C值
Fe^{3+}	45.61	1.85	6.49	6.75
Fe^{2+}	40.57	1.26	2.01	2.38
Cu^{2+}	58.45	8.28	18.79	20.53

注：料液比均为1：100，媒染剂用量5%，λ_m=500 ～ 520nm。

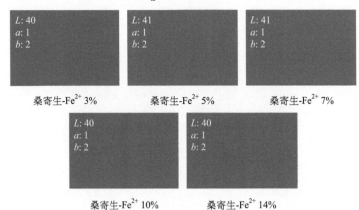

图3-38　不同媒染剂用量下桑寄生对蚕丝的染色效果

表3-41　不同Fe²⁺媒染剂用量下桑寄生对蚕丝染色的色度值

媒染剂用量	L值	a值	b值	C值	ΔE值
3%	40.42	1.30	1.65	2.10	/
5%	40.89	1.33	2.05	2.44	0.61
7%	40.76	1.22	2.08	2.41	0.55
10%	40.19	1.25	2.15	2.48	0.55
14%	39.86	1.26	2.22	2.55	0.80

注：料液比均为1∶100，ΔE值以低媒染剂用量下的样品为参照样，λ_m=500nm。

表3-42、图3-39是桑寄生在不同染料浓度下的染色结果，与莲子壳L、a、b、C值的变化规律非常相似。随浓度的增大，明度降低，红光和色饱和度先减弱后增强，黄光一直呈减弱的状态。整体上，桑寄生染色的色度值稍低于莲子壳。不同染色次数下桑寄生的染色效果与莲子壳相似，呈现明度偏高的黑灰色。随染色次数增加桑寄生的染色a值稍有增大，b值减小（见表3-43、图3-40）。

桑寄生1遍-1∶400　　　桑寄生1遍-1∶200　　　桑寄生1遍-1∶100

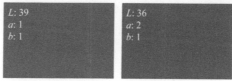

桑寄生1遍-1∶50　　　桑寄生1遍-1∶25

图3-39　不同料液比下桑寄生对蚕丝的染色效果

表3-42　不同料液比下桑寄生对蚕丝染色的色度值

料液比	L值	a值	b值	C值	ΔE值
1∶400	60.16	1.38	6.14	6.29	—
1∶200	54.68	1.29	4.29	4.48	5.78
1∶100	45.56	1.28	2.16	2.51	15.13
1∶50	38.83	1.47	1.01	1.78	21.94
1∶25	36.14	2.32	0.99	2.53	24.58

注：Fe²⁺媒染剂用量5%，λ_m=500nm，ΔE值以低浓度下的样品为参照样。

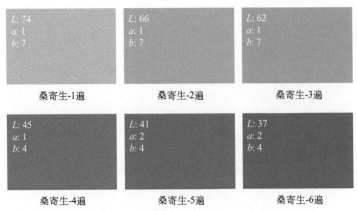

图3-40　不同染色次数下桑寄生对蚕丝的复染效果

表3-43　不同染色次数下桑寄生对蚕丝复染的色度值

染色次数	L值	a值	b值	C值	ΔE值
一染	73.92	0.42	6.79	6.80	—
二染	66.39	0.83	6.52	6.57	7.55
三染	62.13	0.95	6.70	6.77	11.81
四染	44.55	1.48	3.70	3.99	29.56
五染	41.35	2.01	3.95	4.44	32.73
六染	36.87	2.08	3.78	4.32	37.21

注：Fe^{2+} 媒染剂用量5%，λ_m=500nm，ΔE 值以一次染色的样品为参照样。

4. 其他黑色染料

苏木在 Fe^{2+} 作用下呈黑紫色调，俗称苏木黑，从表3-44、图3-41中可以看出，苏木黑的明度非常低，与五倍子相似。胡桃（拉丁学名 *Juglans regia* L.），俗称核桃。核桃的青皮又叫"青龙衣"，内含鞣质（即单宁酸）和没食子酸等物质，被氧化后变黑，所染黑色色牢度非常好。核桃皮的黑色明度偏高，黄值 b 值稍大，需要反复多次复染才能接近黑色。石榴皮在亚铁媒染剂下，也可获得较好的黑色。

表3-44　其他黑色染料对蚕丝染色的色度值

染料	L值	a值	b值	C值
苏木	17.07	4.35	−2.83	5.19
核桃皮	54.25	2.89	7.51	8.04
石榴皮	41.03	1.21	5.99	6.11

注：苏木料液比为1：25；其他染料料液比为1：100；Fe^{2+} 媒染剂用量5%，λ_m=500nm。

L: 17
a: 4
b: -3

L: 54
a: 3
b: 8

L: 41
a: 1
b: 6

苏木Fe^{2+}-1:25   核桃皮Fe^{2+}-1:100   石榴皮Fe^{2+}-1:100

图3-41　苏木、核桃皮与石榴皮对蚕丝的染色效果

5. 黑色系染料小结

从五倍子、莲子壳和桑寄生三种黑色系染料的测色结果可知，①用 Fe^{2+} 媒染后，染色试样得色 L、a、b、C 值均比 Fe^{3+}、Cu^{2+} 媒染后低，即明度较暗，红光、黄光、色饱和度均较弱。综合比较，Fe^{2+} 更适合作为黑色系的媒染剂。②在不同媒染剂（Fe^{2+}）用量下，桑寄生经过不同用量的 Fe^{2+} 媒染后，色度值几乎没有变化，肉眼无法识别；莲子壳的各色度值 L、a、b、C 值差异较小，ΔE 值色差极小；五倍子随媒染剂用量的增加，出现较大的色差，但在 7% 之后，色差变化减小。总之，黑色系染料染色时使用 5% 的 Fe^{2+} 媒染剂获得良好的黑色效果。③桑寄生在不同染料浓度下的染色结果与莲子壳 L、a、b、C 值的变化规律非常相似。随浓度的增大，明度降低，红光和色饱和度先减弱后增强，黄光一直呈减弱的状态。④经 5% Fe^{2+} 媒染，三种染材均获得了棕褐色至黑灰色。其中，五倍子对蚕丝染色的红光最强，但 L 值远低于莲子壳和桑寄生；莲子壳的各色度值稍高于桑寄生；高浓度、反复多次染的莲子壳、桑寄生染制出的颜色更接近于黑色，其 L、a、b、C 值更低。最终五倍子染得黑色的 L 值=19、a 值=3、b 值=-3，C 值=4（见图 3-42）。

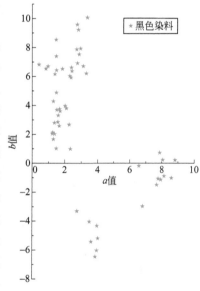

图3-42　不同染色工艺下所有黑色系染料的 a-b 值分布图

六、其他色系

1. 紫草

紫色是一个高贵而神奇的颜色。紫色是唐代色彩等级地位最高的色彩，三品以上官服着紫色。紫草中含乙酰紫草素，不溶于水，可溶于醇，故用乙醇浸泡提取色素。此外，乙酰紫草素不耐高温，提取和染色均不可在高温下进行。紫草对

211

蚕丝染得的紫色，L=33，a=8，b=-10。不同媒染剂下的紫草对蚕丝的染色效果见图3-43，媒染色度值见表3-45。

图3-43　不同媒染剂下的紫草对蚕丝的染色效果

表3-45　不同媒染剂下紫草对蚕丝的媒染色度值

媒染剂	L值	a值	b值	C值
无	35.77	6.83	-4.46	8.16
Al^{3+}	32.58	8.49	-9.70	12.89
Cu^{2+}	37.41	4.48	-5.30	6.94

注：料液比为1∶100。

2. 红茶

红茶在铝媒染剂作用下，依据染色色相数据，可归为褐色系。明代方以智撰写的《物理小识》对于"褐"有这样的记载，"荷叶煮布为褐"。明代《多能鄙事》里"皂巾纱"染色配方中提到"生纱以皂斗子铁兆内煮褐色"。"褐"字在此是染色加工上染的一种染色的名称。褐色在明清非常普遍。红茶的褐色色牢度非常好，不同浓度的染料可以获得深浅不一的棕褐色。从表3-46、图3-44中可以看出，随染料浓度的减小，红茶对蚕丝染得的色彩呈现出 a、b 值越来越小，L 值越来越大，彩度 C 值越来越小的变化。

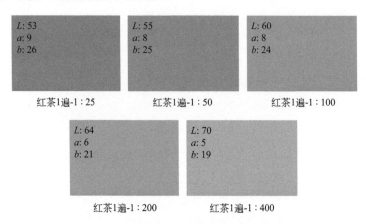

图3-44　不同料液比下红茶对蚕丝的染色效果

表3-46 不同料液比下红茶对蚕丝的媒染色度值

料液比	L值	a值	b值	C值
1∶25	52.68	9.38	26.17	27.80
1∶50	55.35	8.44	24.87	26.26
1∶100	60.08	7.73	23.94	25.16
1∶200	64.27	6.20	21.36	22.24
1∶400	70.49	5.02	18.68	19.35

注：媒染剂为5%明矾（Al^{3+}）；λ_m=400nm。

　　说明：本篇中的染色实验，因染料的不同产地、不同采摘时间以及不同的染色操作手法，而呈现不完全相同的结果，但是总体规律是不变的。

　　本书从理论到实践、从宏观到微观，从对植物染料染色的概况到某一种植物染料的染色进行了阐述与实践。希望帮助读者对植物染料染色的历史、技艺等有全面的了解。